高职高专园林类立体化创新系列教材

园林植物栽培与养护

第 2 版

主　编　潘　利　姚　军
副主编　闫　妍　雍东鹤
　　　　李利博
参　编　王　阳　胡　超
　　　　徐　硕　陈志萍
　　　　邢　强　赵　霞
主　审　江润清　高　卿

机械工业出版社

本书采用学习项目和学习任务的形式进行编写，共设四个学习项目，分别为园林植物苗木培育技术、园林植物保护地栽培技术、园林植物栽植技术和园林植物养护管理技术；每个项目包括多个学习任务，全书共有18个学习任务，每个学习任务按照实际生产过程划分为不同的技能，每个技能均由"技能描述、技能情境、技能实施、技术提示、知识链接、学习评价、练习设计"等环节组成。

本书既可以作为高职高专院校、应用型本科院校、成人高校及二级职业技术院校、继续教育学院和民办高校的园林专业、园艺专业的教材，也可作为园林绿化工、育苗工、花卉工职业技能鉴定及岗位培训的学习资料。

图书在版编目（CIP）数据

园林植物栽培与养护/潘利，姚军主编 . —2 版 . —北京：机械工业出版社，2022. 10（2025. 4 重印）

高职高专园林类立体化创新系列教材

ISBN 978-7-111-71629-7

Ⅰ.①园… Ⅱ.①潘…②姚… Ⅲ.①园林植物—观赏园艺—高等职业教育—教材 Ⅳ.①S688

中国版本图书馆 CIP 数据核字（2022）第 174374 号

机械工业出版社（北京市百万庄大街 22 号 邮政编码 100037）

策划编辑：时 颂   责任编辑：何文军 时 颂
责任校对：陈 越 张 薇 封面设计：张 静
责任印制：张 博
北京建宏印刷有限公司印刷
2025 年 4 月第 2 版第 3 次印刷
184mm×260mm · 19. 25 印张 · 474 千字
标准书号：ISBN 978-7-111-71629-7
定价：59. 00 元

电话服务   网络服务
客服电话：010-88361066   机 工 官 网：www.cmpbook.com
         010-88379833   机 工 官 博：weibo.com/cmp1952
         010-68326294   金 书 网：www.golden-book.com
封底无防伪标均为盗版   机工教育服务网：www.cmpedu.com

前　　言

党的二十大报告提出了"推动绿色发展，促进人与自然和谐共生""推进美丽中国建设"，大力推进了我国园林行业的高质量快速发展。在建设美丽中国、加快发展方式绿色转型的过程中，园林植物栽培与养护管理工作将越来越重要。为了适应社会经济和市场的发展需要，针对高等职业教育人才培养目标和园林专业建设要求，机械工业出版社组织编写了本书。

本书的开发和编写，基于工作过程，以学生为中心，以提升学生综合素质为本，以学习项目和任务为主线，融入思政元素，贯穿人才培养全过程，打破学科本位思想，在课程结构设计上尽可能适应行业需要，结合社会需求、学校实际情况和学生个体需求，遵循国家职业技能鉴定标准，突出职业岗位与职业资格的相关性。

在第1版的基础上，本次修订根据《园林绿化养护标准》（CJJ/T 287—2018）等新的规范，对照园林产业发展和新技术进行内容的调整，增加了思政拓展模块，并针对每个技能配套了相应的视频微课，从而满足社会对实用型和应用型园林技术人才的培养需要和园林专业相关人员及爱好者的自学需求。

本书由潘利、姚军担任主编，闫妍、雍东鹤、李利博担任副主编，参编人员包括王阳、胡超、徐硕、陈志萍、邢强、赵霞。全书由潘利、姚军负责统稿，武汉东湖风景生态旅游风景区磨山景区江润清和湖北城市建设职业技术学院高卿负责审稿。本书具体章节编写分工为：湖北城市建设职业技术学院潘利负责并编写项目一，湖北生物科技职业学院胡超参与编写项目一的任务二和任务三，湖北城市建设职业技术学院赵霞参与编写项目一的任务一和任务四；武汉市园林科学研究院的姚军负责项目二，编写其中任务一，湖北城市建设职业技术学院王阳编写项目二任务二，唐山职业技术学院徐硕编写项目二任务三、任务四；上海农林职业技术学院闫妍负责项目三并编写任务一和任务二的部分内容，上海农林职业技术学院陈志萍编写项目三任务二部分内容，上海辰山植物园邢强编写项目三任务三；甘肃农业职业技术学院雍东鹤参与编写项目四任务一、任务二、任务三、任务七，唐山职业技术学院李利博编写项目四中的任务四、任务五、任务六。本书的编写得到了湖北城市建设职业技术学院、上海农业职业技术学院、甘肃农业职业技术学院、唐山职业技术学院等院校和上海辰山植物园、武汉市园林科学研究院等相关企业的领导、专家、老师的大力支持和关心，在此表示感谢。本书还引用了大量前辈学者的观点、研究成果、文字和图片，一并对他们表示衷心感谢。

本书内容先进科学、简明实用、指导性强，可以作为"行动导向教学法"改革的主要教材，也可以作为园林绿化工、育苗工和花卉工职业技能鉴定及岗位培训的教材，还可作为广大园林绿化人员、园林植物栽培和管理者以及养花爱好者的参考资料。

由于编者水平有限，书中难免有不足之处，诚请各位专家、同行和广大读者批评指正。

编　者

目　　录

项目一

园林植物苗木培育技术

项目引言

园林苗木是园林绿化的基础，培育数量充足、质量好的苗木是保证园林绿化成功的关键之一。凡在苗圃中培育的活体，无论年龄大小，在出圃前都称为苗木。园林植物苗木培育的任务就是要在最短的时间内，以最低的成本，培育出优质高产的苗木。本项目依据实际工作情景，设置了苗圃建立、实生苗的培育、营养繁殖苗的培育、大苗的培育与出圃四个任务，全面系统介绍了园林植物苗木培育技术及相关理论知识。

学习目标

具备常用园林苗木的生产和管理能力，主要包括：

（1）了解园林苗圃的建立。

（2）熟知苗圃的类型，苗木规格及播种、扦插、嫁接、压条、分生繁殖的类型。

（3）能运用园林苗木生产的相关理论知识进行实生苗、营养苗和大苗培育，并能根据苗木订购情况完成苗木出圃。

（4）具备一定的分析问题和解决问题的能力。

任务一　苗圃建立

【任务分析】

能在特定的区域建立一个苗圃。

【任务目标】

（1）了解苗圃的类型。

（2）能进行苗圃选择与定位。

（3）掌握苗圃规划与建立。

（4）能进行苗圃技术档案建立和技术资料的整理。

（5）具备查阅资料并进行分析的能力。

技能一　苗圃选址与定位

【技能描述】

根据要求，进行苗圃定位，选择合适苗圃场地。

苗圃选址
与定位

【技能情境】

（1）场地：校园周围场地或者给定区域场地。

（2）工具：图纸、皮尺、pH 试纸、GPS、水准仪等。

【技能实施】

1. 调查研究

学生通过网络、实地考察等多种方式了解园林苗圃各种生产方式的差异与优势，了解本地区园林苗圃发展现状。

2. 明确苗圃类型与目标客户群体

根据调研研究情况和投资者的需求，初步进行苗圃的近期、中期、远期规划，明确苗圃类型与目标客户群体。

3. 选择合适区域，确定苗圃的位置

进行不同区域外部环境的考察和实地勘察，综合比较，确定建圃位置。

【技术提示】

（1）考察时注意安全。

（2）在苗圃选址时也要综合考虑场地的气象条件、病虫害情况、周围环境、电力、人力等情况。

【知识链接】

（一）园林苗圃类型

根据不同的分类依据可以将园林苗圃划分为不同的类型，如按苗圃用途划分为生产性苗圃和观赏性苗圃，目前常用的分类方式如下：

1. 按苗木种植方式划分

按照苗木种植方式，可划分为地栽苗圃和容器栽培苗圃。

（1）地栽苗圃。地栽苗圃也包括一些小型的容器苗和裸根苗的混合生产苗圃。

（2）容器栽培苗圃。容器栽培苗圃其苗木主要种植在容器中，优点是种植的苗木生长一致，四季都可用于移植，而不影响树木的生长，避免了地栽起苗对苗木生长的影响和对树形的损伤。其缺点是主要依靠人工灌溉；根系生长受到容器的限制，随着苗木的生长需更换更大的容器，增加了劳动成本；冬天需要防寒等。容器苗木售价相对于地栽苗木来说要高一些。

2. 按园林苗圃面积划分

按照园林苗圃面积的大小，可划分为大型苗圃、中型苗圃和小型苗圃。

（1）大型苗圃。大型苗圃面积在 $20hm^2$ 以上。生产的苗木种类齐全，拥有先进设施和大型机械设备，技术力量强，能承担一定的科研和开发任务，生产技术和管理水平高，生产经营期限长。

（2）中型苗圃。中型苗圃面积为 $3 \sim 20hm^2$。生产苗木种类多，设施先进，生产技术和管理水平较高，生产经营期限长。

（3）小型苗圃。小型苗圃面积为 $3hm^2$ 以下。生产苗木种类较少，规格单一；经营期限不固定，往往随市场需求变化而更换生产苗木种类。

3. 按园林苗圃所在位置划分

按照园林苗圃所在位置可划分为城市苗圃和乡村苗圃。

（1）城市苗圃。城市苗圃位于市区或郊区，能够就近供应所在城市绿化用苗，运输方便，且苗木适应性强，成活率高，适宜生产珍贵的和不耐移植的苗木，以及露地花卉和节日摆放用盆花。

（2）乡村苗圃（苗木基地）。乡村苗圃是随着城市土地资源紧缺和城市绿化建设迅速发展而形成的新类型，现已成为供应城市绿化建设用苗的重要来源。由于土地成本和劳动力成本低，适宜生产城市绿化用量较大的苗木，如绿篱苗木、花灌木大苗、行道树大苗等。

4. 按园林苗圃育苗种类划分

按照园林苗圃育苗种类可划分为专类苗圃和综合性苗圃。

（1）专类苗圃。专类苗圃面积较小，生产苗木种类单一。有的只培育一种或少数几种要求特殊培育措施的苗木，如专门生产果树嫁接苗、月季嫁接苗等；有的专门从事某一类苗木生产，如针叶树苗木、棕榈苗木等；有的专门利用组织培养技术生产组培苗等。

（2）综合性苗圃。综合性苗圃多为大、中型苗圃，生产的苗木种类齐全、规格多样化，设施先进，生产技术和管理水平较高，经营期限长，技术力量强，往往将引种试验与开发工作纳入其生产经营范围。

5. 按园林苗圃经营期限划分

按照园林苗圃经营期限可划分为固定苗圃和临时苗圃。

（1）固定苗圃。固定苗圃规划使用年限通常在 10 年以上，面积较大，生产苗木种类较多，机械化程度较高，设施先进。大、中型苗圃一般都是固定苗圃。

（2）临时苗圃。临时苗圃通常是在接受大批量育苗合同订单，需要扩大育苗生产用地面积时设置的苗圃。经营期限仅限于完成合同任务，以后往往不再继续生产经营园林苗木。

（二）园林苗圃选址影响因素

园林苗圃选址是苗圃建设的第一步，要充分考虑苗木生产销售和运输的便利性，还要考虑到未来苗圃扩建增建问题，主要考虑以下因素：

1. 地理位置及经营条件

园林苗圃场址的选择首先要考虑到是否有足够的土地和劳动力可以使用，还要考虑路况、交通网络以及水电设施是否基本满足苗圃要求。选择交通方便的地方，以便于苗木的出圃和育苗物资的运入。在城市附近设置苗圃，主要应考虑在运输通道上有无空中障碍或低矮涵洞，如果存在这类问题，必须另选地点。乡村苗圃距离城市较远，为了方便快捷地运输苗木，应当选择在等级较高的省道或国道附近建设苗圃，过于偏僻和路况不佳的地方不宜建设园林苗圃。

2. 自然条件

（1）地形。地势较高的开阔平坦地带，便于机械耕作和灌溉，也有利于排水防涝。坡度一般以 1°～3° 为宜，在南方多雨地区，选择 3°～5° 的缓坡地对排水有利，坡度大小可根据不同地区的具体条件和育苗要求确定。在质地较为黏重的土壤上，坡度可适当大些，在沙质土壤上，坡度可适当小些。如果坡度超过 5°，容易造成水土流失，降低土壤肥力。地势低洼、风口、寒流汇集、昼夜温差大等地形，容易造成苗木冻害、风害、日灼等灾害，严重影响苗木生产，不宜选作苗圃场地。

（2）土壤。苗木生长所需的水分和养分主要来源于土壤，植物根系生长所需要的氧气、温度也来源于土壤，所以，土壤对苗木的生长，尤其是对苗木根系的生长影响很大。因此，选择苗圃时，必须认真考虑土壤条件。土层深厚、土壤孔隙状况良好的壤质土（尤其是沙壤土、轻壤土、中壤土），具有良好的持水保肥和透气性能，适宜苗木生长。沙质土壤肥力低，保水力差，土壤结构疏松，在夏季日光强烈时表土温度高，易灼伤幼苗，带土球移植苗木时，因土质疏松，土球易松散。黏质土壤结构紧密，透气性和排水性能较差，不利于根系生长，水分过多易板结，土壤干旱易龟裂，实施精细的育苗管理作业有一定的困难。因此，选择适宜苗木生长的土壤，是建立园林苗圃、培育优良苗木必备的条件之一。

苗木生长适宜的土层厚度应在 50cm 以上，有机质含量应不低于 2.5%。在土壤条件较差的情况下建立园林苗圃，虽然可以通过不同的土壤改良措施克服各种不利因素，但苗圃生产经营成本将会增大。

（3）水源及地下水位。培育园林苗木对水分供应条件要求较高，建立园林苗圃必须具备良好的供水条件。水源可划分为天然水源（地表水）和地下水源。将苗圃设在靠近河流、湖泊、池塘、水库等附近，修建引水设施灌溉苗木，是十分理想的选址。但应注意监测这些天然水源是否受到污染和污染的程度如何，避免水质污染对苗木生长产生不良影响。在无地表水源的地点建立园林苗圃时，可开采地下水用于苗圃灌溉。这需要了解地下水源是否充足、地下水位的深浅、地下水含盐量高低等情况。如果在地下水源情况不明时选定了苗圃场地，可能会对苗圃的日后经营带来难以克服的困难；如果地下水源不足，遇到干旱季节，则会因水量不足造成苗木干旱；地下水位很深时，打井开采和提水设施的费用增高，因此会增加苗圃建设投资；地下水含盐量高时，经过一定时期的灌溉，苗圃土壤含盐量升高，土质变劣，苗木生长将受到严重影响，因此，苗圃灌溉用水其水质要求为淡水，水中含盐量一般不超过 1/1000，最多不超过 1.5/1000。

（4）病虫害。要做好病虫害的调查，特别是曾种过农作物的耕地，如果该地点曾发生过大量病虫害，尤其是金龟子、立枯病应特别注意。

3. 其他因素

建设园林苗圃还要综合考虑气候条件、目标客户群体类型、附近其他苗圃生产经营情况等进行选址。

【学习评价】

采用多元化的评价体系，将学生专业知识、技能操作、技能成果和个人的职业素养有效地结合在一起考评（表 1-1-1）。

表 1-1-1　学生考核评价表

考核项目		权重	考核要点	考核评价		
				自我	小组	教师/专家
知识		20%	苗圃类型、苗圃选址			
技能	操作过程	30%	外部环境与实地考察，记录考察地情况			
	技能成果	25%	考察记录完整正确，苗圃选址地点符合要求			
素质		25%	态度端正，纪律性强，小组合作分工，具备一定查阅资料与分析能力			

注：考核评价等级分为 A（优秀）、B（良）、C（及格）、D（不及格）四个等级。后文不再赘述。

【练习设计】

一、填空题

1. 按照园林苗圃面积的大小，可划分为_____、_____、_____苗圃。

2. 按照园林苗圃育苗种类可划分为_____、_____苗圃。

3. 园林苗圃应建在地势较高的开阔平坦地带，坡度一般以_____为宜。

二、单项选择题

1. 根据多种苗木生长状况来看，适宜的土层厚度应在（　　）cm 以上。

A. 20　　　　　　B. 30　　　　　　C. 50　　　　　　D. 60

2. 某苗圃面积为 15hm²，它应属于（　　）苗圃。

A. 大型　　　　　B. 中型　　　　　C. 小型　　　　　D. 微型

三、简答题

简述影响园林苗圃选址的因素。

技能二　苗圃规划与建立

【技能描述】

能进行苗圃的规划。

【技能情境】

（1）场地：校园周围场地或者给定区域场地。

（2）工具：图纸、笔、计算机等。

苗圃规划
与建立

【技能实施】

（一）园林苗圃规划设计

1. 踏勘

由设计人员会同施工人员、经营管理人员以及有关人员到已确定的苗圃场地范围内进行踏勘和调查访问工作，了解苗圃场地的现状、地权地界、历史、地势、土壤、植被、水源、交通、病虫害、草害、有害动物以及周围环境、自然村落等情况，并提出规划的初步意见。

2. 测绘地形图

地形图是进行苗圃规划设计的基本材料。进行园林苗圃规划设计时，首先需要测量并绘制苗圃的地形图。地形图比例尺为1/500～1/2000，等高距为20～50cm。对于苗圃规划设计直接有关的各种地形、地物都应尽量绘入图中，重点是高坡、水面、道路、建筑等。

3. 苗圃用地面积计算

园林苗圃用地一般包括生产用地和辅助用地两部分。在苗圃里，计算确定生产用地与辅助用地的面积，划分出生产用地和辅助用地的界限。

（1）生产用地面积计算。计算生产用地面积的依据有：计划培育苗木的种类、数量、规格、要求出圃年限、育苗方式、单位面积产量等。具体计算公式如下：

$$p = NA/n \times B/C$$

式中　p——某树种所需的育苗面积；

　　　N——该树种的计划年产量；

　　　A——该树种的培育年限；

　　　n——该树种的单位面积产苗量；

　　　B——该树种育苗地轮作区的区数；

　　　C——该树种每年育苗所占轮作区的区数。

为节约集约用地，我国一般不采用轮作制，故B/C常常不计算。在实际生产中，苗木的抚育、起苗、储藏等工序中苗木都会受到一定的损失，在计算面积时要留有余地，故每年的计划产苗量应适当增加，一般增加3%～5%。

（2）辅助用地面积计算。辅助用地又称非生产用地，一般大型苗圃的辅助用地面积占总用地面积的 15% ~ 20%，中、小型苗圃占 18% ~ 25%。

4. 苗圃用地区域划分

（1）生产用地区域划分。在生产用地里，进行播种繁殖区、营养繁殖区、采穗区、移植区、大苗培育区、设施育苗区等区域划分。

（2）辅助用地区域划分。在辅助用地里进行苗圃的管理区建筑用地和苗圃道路、排灌设施、防护林带、办公室区、仓库等区域的划分，并进行排灌、道路等设计。

5. 园林苗圃设计图的绘制和设计说明书的编写

（二）苗圃施工与验收

设计图绘制完毕后，可以采用招标施工或者自行施工的方法进行施工并验收。

【技术提示】

（1）苗圃选择要资料详尽。

（2）生产用地和辅助用地的设计比例符合相对应苗圃的规模。

（3）用于容器种植的苗圃生产区主要包括温室育苗区、遮阴过渡区、容器苗木生产区、道路、灌溉系统。非生产区（功能区）主要包括办公室、停车场、储藏区、工具房、介质储层与准备区、苗木集结与运输等区域。

【知识链接】

（一）生产用地的设置

生产用地是直接用来生产苗木的地块，为了方便耕作，通常将生产用地再划分为若干个作业区。所以，作业区可视为苗圃育苗的基本单位，一般为长方形或正方形，若采用轮作制，则应划分轮作区。

1. 播种繁殖区

播种繁殖区应靠近管理区；地势较高而平坦，坡度小于 2°；接近水源，灌溉方便；土质优良，深厚肥沃；背风向阳，便于防霜冻。如是坡地，则应选择最好的坡向。

2. 营养繁殖区

为培育扦插、嫁接、压条、分株等营养繁殖苗而设置的生产区。营养繁殖的技术要求也较高，并需要精细管理，一般要求选择土层深厚、灌溉方便的地段作为营养繁殖区。

3. 移植区

为培育移植苗而设置的生产区。由播种繁殖区和营养繁殖区中繁殖出来的苗木，需要进一步培养成较大的苗木时，则应移入苗木移植区进行培育。

苗木移植区要求面积较大，地块整齐，土壤条件中等。由于不同苗木种类具有不同的生态习性，对一些喜湿润土壤的苗木种类，可设在低湿的地段，而不耐水浸的苗木种类则应设在较干燥而土层深厚的地段。进行裸根移植的苗木，可选择土质疏松的地段栽植，而需要带土球移植的苗木，则不能移植在沙质地段。有些喜阴植物还可以适当遮阴。

4. 大苗培育区

大苗培育区特点是株行距大，占地面积大，培育的苗木大、规格高、根系发达且可直接用于园林绿化建设。

大苗的抗逆性较强，对土壤要求不太严格，但以土层深厚、地下水位较低的整齐地块为宜。为便于苗木出圃，位置应选在便于运输的地段。

5. 采穗区

为获得优良的种子、插条、接穗等繁殖材料而设置的生产区。母树区不需要很大的面积和整齐的地块，大多是栽植在一些零散地块，以及防护林带和沟、渠、路的旁边等处。

6. 引种驯化区（试验区）

为培育、驯化由外地引入的树种或品种而设置的生产区（试验区）。需要根据引入树种或品种对生态条件的要求，选择有一定小气候条件的地块进行适应性驯化栽培。

7. 设施育苗区

为利用温室、阴棚等设施进行育苗而设置的生产区。设施育苗区应设在管理区附近，主要要求用水、用电方便。

（二）辅助用地的设置

辅助用地包括道路、排灌系统、防风林及管理区建筑等用地。

1. 道路系统的设置

一般设有一、二、三级道路和环路。一级路（主干道）多以办公室、管理处为中心（一般在苗圃的中央附近），设置1条或相互垂直的2条路为主干道，宽6~8m，其标高应高于耕作区20cm；二级路通常与主干道相垂直，与各耕作区相连接，一般宽4m，其标高应高于耕作区10cm，中、小型苗圃可不设二级路；三级路是沟通各耕作区的作业路，一般宽1.5~2m；在大型苗圃中，为了运输方便，需在苗圃周围设置环圃路。

2. 排灌系统的设置

灌溉系统包括水源（地面水、地下水）、提水设备（抽水机或水泵）和引水设施（地面渠道引水和暗管引水）三部分。

（1）明渠灌溉：渠道有主渠（一级渠道）、支渠（二级渠道）和毛渠（三级渠道）。主渠是直接从水源引水，是永久性的大渠道；支渠是从主渠引水灌溉苗圃某一生产区的渠道，规格比主渠小；毛渠是直接供应苗床用水的小渠，规格更小。各种渠道的具体尺寸应根据水量、灌溉面积等决定。为了提高流速，减少渗漏，一、二级渠道多在底部及两侧加设水泥板或做成水泥槽。

（2）管道灌溉：主管和支管均埋入地下，其深度以不影响机械化耕作为宜，开关设在地端，使用方便。喷灌和滴灌是常用管道灌溉的方法。

（3）排水系统：排水系统由大小不同的排水沟组成，排水沟包括明沟和暗沟。排水系统的设置根据苗圃的地形、土质、水量等因素决定。一般主要排水沟、灌溉渠应各居道路一侧，形成沟、路、渠相结合。

3. 管理区建筑的设置

管理区建筑包括房屋建筑和圃内场院等部分，如仓库、办公室、宿舍、机具房、种子储藏室、晒场、堆肥场等。一般设在交通方便，地势高燥，靠近水源、电源或不适宜育苗的地方。

4. 防护林带的设置

苗圃周围应设置防护林带，以保护苗木不受干热风及寒流的危害。防护林带的占地面积一般为苗圃总面积的5%～10%。

林带结构以乔、灌木混交半透风式为宜。一般小型苗圃与主风向垂直设置一条林带，中型苗圃在四周设置林带，大型苗圃除在四周设置林带外，还应在苗圃内结合道路等设置与主风向垂直的辅助林带。一般主防护林带宽8～10m，株距1～1.5m，行距1.5～2m；辅助防护林带一般为1～4行乔木。林带的树种选择应尽量选用适应性强、生长迅速、树冠高大的乡土树种。

（三）设计说明书编写

设计说明书是园林苗圃设计的文字材料，它与设计图是苗圃设计两个不可缺少的组成部分。图纸上表达不出的内容，都必须在设计说明书中加以阐述。设计说明书一般分为总论和设计两个部分进行编写。

1. 总论部分

分析苗圃的经营条件和自然条件，指出对育苗工作的有利和不利因素，提出相应的改造措施。

（1）经营条件。主要包括苗圃所处位置，当地的经济、生产、劳动力情况及其对苗圃生产经营的影响；有无铁路、公路，交通线的分布及道路情况，能否满足苗木及其他物资运输的需要；电力和机械化条件；周边环境条件，如附近有无河、湖、水库等可提供灌溉用水等。

（2）自然条件。主要包括地形坡度、坡向，土壤种类、土层厚度、养分状况及地下水位等，土壤病虫害感染程度、杂草滋生情况和该地区的气候条件，以及苗圃拟种植植物种类等。

2. 设计部分

包括苗圃面积、苗圃的区划说明（耕作区大小、各育苗区配置、道路系统设计、排灌系统设计、防护林带及篱垣设计）、育苗技术设计、投资和苗木成本计算等。

【学习评价】

采用多元化的评价体系，将学生专业知识、技能操作、技能成果和个人的职业素养有效地结合在一起考评（表1-1-2）。

表1-1-2　学生考核评价表

考核项目		权重	考核要点	考核评价		
				自我	小组	教师/专家
知识		20%	苗圃用地设置			
技能	操作过程	30%	苗圃计算、设计说明的编制			
	技能成果	25%	规划设计方案			
素质		25%	态度端正，纪律性强；小组合作分工，具备一定查阅资料与分析能力；认真，能吃苦耐劳；不旷课，不迟到早退			

【练习设计】

一、名词解释

生产用地　营养繁殖区

二、填空题

1. 园林苗圃用地一般包括_____和_____两部分。

2. 苗圃生产用地常划分为 _____、_____、_____、_____、_____ 和 _____ 等。

三、单项选择题

1. 一般大型苗圃的辅助用地面积占总用地面积的 （　　　）。

A. 18%～25%　　　B. 15%～25%　　　C. 18%～20%　　　D. 15%～20%

2. 辅助用地的二级路通常与主干道相垂直，与各耕作区相连接，一般宽（　　　）m。

A. 5　　　　　　　B. 4　　　　　　　C. 3　　　　　　　D. 2

四、简答题

设计说明书包括哪些部分？

五、计算题

某苗圃每年出圃 2 年生侧柏苗 40000 株，用 3 区轮作（每年 1/3 土地休闲，2/3 土地育苗）单位面积产苗量为 120000 株/hm²。问理论上需要多少 hm² 的土地才能完成育苗任务？

技能三　苗圃技术档案建立

【技能描述】

能进行苗圃技术档案填写、汇总。

【技能情境】

（1）场地：苗圃地。

（2）工具：图纸、采集箱、竹筐、纸张等。

【技能实施】

（1）建立与健全育苗档案及其管理制度。

（2）观察并按照要求填写技术档案。按作业小区填写技术档案，分别记载施工日期、整地方式和标准、土壤消毒、育苗树种、种子来源及处理、育苗方法、播种量、播种期、出苗日期、生长状况、间苗定株日期及浇水施肥等管理措施，以及出苗量和苗木质量等情况。

（3）签字保存。填写完毕的技术档案，由业务领导或者技术人员审查签字并保存。

【技术提示】

（1）苗圃技术档案是对园林苗圃生产和经营管理的历史记载，必须长期坚持，实事求是，保证资料的连续性、完整性和准确性。

（2）应设专职和兼职档案管理人员，专门负责苗圃技术档案工作。人员应保持稳定，如有工作变动，要及时做好交接工作。

（3）每年必须对材料及时收集汇总，进行整理、装订和分析总结，为今后的苗圃生产提供依据。

【知识链接】

（一）园林苗圃技术档案的作用

园林苗圃技术档案是园林技术档案的一种，通过不间断地记录，对苗圃土地利用情况、苗木生长状况、育苗的技术措施、物资材料的消耗和各项作业的用工量等提供系统的记载，作为档案资料加以保存。将这些逐年积累的档案资料进行整理和分析，为掌握各种苗木的生长规律、制订苗木的产量和质量指标，为总结育苗技术经验，探索土地、劳力、机具和物料的合理使用并实行科学管理，提供可靠的依据。

（二）园林苗圃技术档案的主要内容

1. 苗圃基本情况档案

苗圃基本情况档案主要包括苗圃的位置、面积、经营条件、自然条件、地形图、土壤分布图、苗圃区划图、固定资产、仪器设备、机具、车辆、生产工具、人员及组织机构等情况。

2. 苗圃土地利用档案

苗圃土地利用档案以作业区为单位，主要记载各作业区的面积、苗木种类、育苗方法、整地、改良土壤、灌溉、施肥、除草、病虫害防治以及苗木生长质量等基本情况（表1-1-3）。

表1-1-3　苗圃土地利用表

作业区号：　　　　　　　　　　　　作业区面积：

年度	树种	育苗方法	作业方式	整地方式	施肥情况	除草情况	灌溉情况	病虫害防治情况	苗木生长质量状况	备注

填表人：

3. 苗圃作业档案

苗圃作业档案以日为单位，主要记载每日进行的各项生产活动及劳动力、机械工具、能源、肥料、农药等的使用情况（表1-1-4）。

表1-1-4　苗圃作业日记

年　月　日

苗木名称	作业区号	育苗方法	作业方式	作业项目	人工	机工	作业量		进度			工作质量说明	备注
							单位	数量	名称	单位	数量		
总计													
记事													

填表人：

4. 育苗技术措施档案

育苗技术措施档案以树种为单位，主要记载各种苗木从种子、插条等繁殖材料的处理开始，直到起苗、假植、包装、出圃等育苗操作的全过程（表1-1-5）。

表1-1-5 育苗技术措施表

苗木种类： 育苗年度：

育苗面积	苗龄	前茬			
繁殖方法	实生苗	种子来源	储藏方式	储藏时间	催芽方法
		播种方法	播种量	覆土厚度	覆盖物
		覆盖起止日期	出苗率	间苗时间	留苗密度
	扦插苗	插条来源	储藏方法	扦插方法	扦插密度
		成活率			
	嫁接苗	砧木名称	来源	接穗名称	来源
		嫁接日期	嫁接方法	绑缚材料	解缚日期
	移植苗	移植日期	移植苗龄	移植次数	移植株行距
		移植苗来源	移植苗成活率		
整地	耕地日期	耕地深度		作畦日期	
施肥	—	施肥日期	肥料种类	施肥量	施肥方法
	基肥				
	追肥				
灌溉	次数	日期			
中耕	次数	日期	深度		
病虫害	—	名称	发生日期	防治日期	药剂名称	浓度	方法
	病害						
	虫害						
出圃	日期	起苗方法	储藏方法		
育苗新技术应用情况					
存在问题及改进意见					

填表人：

5. 苗圃生产调查档案

苗圃生产调查档案主要对各种苗木的生长发育情况进行定期观测，并用表格形式（表1-1-6、表1-1-7）记载各种苗木的整个生长发育过程，以便掌握其生长发育周期以及自然条件和培育管理对苗木生长发育的影响，确定合适的培育技术措施。

表1-1-6 育苗生长发育表

育苗年度：

苗木种类	苗龄	育苗繁殖方法	移植次数
开始出苗		大量出苗	
芽膨大		芽展开	
顶芽形成		叶变色	
开始落叶		完全落叶	
生长量			

（续）

项目	月日	月日	月日	月日	月日	月日	月日	月日	月日	月日	月日
苗高											
地径											

育苗面积		种条来源		繁殖方法	

	级别	分级标准	单产	总产
出圃	一级	高度		
		地径		
		根系		
		冠幅		
	二级	高度		
		地径		
		根系		
		冠幅		
	三级	高度		
		地径		
		根系		
		冠幅		
	等外级			
	其他			
备注			合计	

填表人：

表1-1-7　苗木生长总表（　　）年度

树种_____，播种（扦插、嫁接、移植）期_____；播种量（kg/hm²，粒/m²）_____，种子催芽方式_____；发芽日期_____，发芽最盛期_____；耕作方式_____，土壤_____，酸碱度_____，厚度_____，坡度_____；施肥种类_____，施肥量（kg/hm²）_____，施肥时间_____

调查次序	调查日期	标准地			前次调查各点合计株数	损失株数				现存株数	生长情况									灾害发展情况摘记
		行数	标准地	合计面积		病害	虫害	田间	作业损失		苗高		苗粗		苗根			冠幅		
											较高	一般	较粗	一般	较细	根长	较窄	一般	较窄	

6. 苗木销售档案

苗木销售档案主要记载各年度销售苗木的种类、规格、数量、价格、日期、购苗单位及用途等。

7. 其他档案

在苗圃技术档案里面还有一些其他档案，比如气象观测档案和科学实验档案。气象观测档案以日为单位，主要记载苗圃所在地每日的日照长度、温度、湿度、风向、风力等气象情况（可抄录当地气象台的观测资料）。

如果苗圃进行了苗圃试验，需建立科学实验档案。以试验项目为单位，主要记载试验目的、试验设计、试验方法、试验结果、结果分析、年度总结以及项目完整的总结报告等。

【学习评价】

采用多元化的评价体系，将学生专业知识、技能操作、技能成果和个人的职业素养有效地结合在一起考评（表1-1-8）。

表1-1-8　学生考核评价表

考核项目		权重	考 核 要 点	考核评价		
				自我	小组	教师/专家
知识		25%	苗圃技术档案内容			
技能	操作过程	30%	考察详细，记录完整			
	技能成果	20%	技术档案完整正确			
素质		25%	态度端正，纪律性强；小组合作分工，能与同学很好配合，具备一定查阅资料与分析能力；认真，能吃苦耐劳；不旷课，不迟到早退；能提前预习和总结，具备一定解决实际问题的能力			

【练习设计】

一、简答题

1. 苗圃技术档案建立时的注意事项？

2. 苗圃技术档案包括哪些内容？

二、实训

建立苗圃技术档案。

要求：分组通过对苗圃参观、调查的形式收集资料，整理下列内容，填写档案表格。

（1）苗圃利用情况。

（2）技术措施执行情况。

（3）气象观测资料。

（4）苗木生长情况，填写苗木生长总表和苗木生长调查表。

（5）建立苗圃作业日记。

任务一总结

任务一详细阐述了园林苗圃的建立，包括园林苗圃类型，园林苗圃选择与规划，苗圃技术档案的内容与建立。通过任务一的学习，学生可以全面系统地掌握园林苗圃建立的知识和技能。

任务一　思政拓展

一个圃地是一个故事，是一个个专家匠人挥洒汗水的地方。

武汉东湖梅园于 1956 年在中国工程院院士陈俊愉老先生的帮助下始建，经过我国著名梅花专家赵守边及一代又一代园林工作者的不懈努力，通过引种、驯化、杂交育种等多种途径，东湖梅园的梅花品种从 20 世纪 50 年代的 74 个达到了现有的 300 多个，品种还在不断增加。1991 年，中国花卉协会批准在东湖梅园成立"中国梅花研究中心"。如今，东湖梅园已成为世界规模最大、品种最全的梅花品种资源圃，是国际梅花研究和品种登录的重要基地。

"杂交水稻之父"袁隆平院士一生只做一件事，为了大家不再饿肚子，一直坚守在稻田，稻田就是他耕耘的圃地。即使在他住院前仍坚持每天下田，多少次用双手拨开长叶，缓缓地触摸一层层稻穗，就这样一株一株、一粒一粒地观察。多少个日日夜夜，袁隆平与稻田相伴，坚守着心中的梦想，创造了一个又一个的奇迹。

任务二　实生苗的培育

【任务分析】

能进行实生苗的培育。

【任务目标】

（1）了解种子休眠、幼苗年生长规律。
（2）熟知种子调制贮藏方法、播种前种子处理方法。
（3）能确定采种期和播种期，掌握园林种子采集、苗床播种和播种后管理技术。
（4）能进行实地播种操作。
（5）培养学生学习能力、计划能力和分析解决实际问题的能力。

技能一　种子采集与处理

【技能描述】

能进行种子的采集、筛选、储藏和处理。

种子采集
与处理

【技能情境】

（1）场地：校园绿地和实训基地。

（2）工具：枝剪、采集箱、竹筐、淘洗箩筐等。

【技能实施】

（一）选择母树

在校园绿地中选择树龄进入稳定而正常结实的成年期植株为采种母树，根据培育目标对母树性状进行选择。如培育目标为行道树，母树应具有主干通直、树冠整齐匀称等特点；花灌木则应选冠形饱满，叶、花、果具有典型的观赏特征。同时要求所选母树有品种纯正、生长健壮、无病虫害、丰产稳产、品质优良等性状。

（二）采种

在采集过程中，必须能够识别种子的形态特征，了解种子成熟和脱落的规律，掌握种子采集的时期，并根据不同的类别，选择适当的采种方式和采种工具（图1-2-1）。

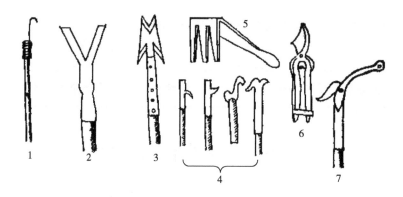

图1-2-1　不同采种工具

1—采种钩　2—采种叉　3—采种刀　4—采种钩镰　5—球果梳　6—剪枝剪　7—高枝剪

（1）对种子较小、已成熟尚未开裂的树种子，如侧柏、桧柏等，先在树下铺好采种布，用采种钩采种，或进行手采，然后将采集的种子全部集中。对已开裂的，在铺好采种布后，可用竹竿振动果枝，然后采集（图1-2-2a）。

（2）对种子大的树种，如海棠、山楂、银杏、核桃等，可用竹竿击打采种或手摘种子（图1-2-2b）。

（3）对大果穗或翅果树种，如臭椿、元宝枫、国槐等，可用高枝剪、采种钩将果穗剪下（图1-2-2c）。

（4）对树体不高的灌木类，如紫薇，可用剪枝剪将种子剪下或手采（图1-2-2d）。

（三）种子调制

种子调制是指种子采集后，为了获得纯净而优质的种子并使其达到适宜储藏或播种的程度所进行的一系列处理措施。多数情况下，采集的种子若含有鳞片、果荚、果皮、果肉、果翅、果柄、枝叶等杂物时，必须经过及时晾晒、脱粒、清除夹杂物、去翅、净种、分级、干

a)

b)

c)

d)

图 1-2-2　不同树种采种方式
a）侧柏　b）山楂　c）元宝枫　d）紫薇

燥等处理工序，才能得到纯净的种子。种子调制的内容包括脱粒、干燥、净种、分级等。

对于不同类别以及不同特性的种子，具体地调制要采取相应的调制工序。

1. 脱粒和干燥

（1）干果类。调制工序主要是使果实干燥，清除果皮、果翅、各种碎屑、泥土和夹杂物，取得纯净的种子，然后晾晒，使种子达到储藏所要求的干燥程度（图 1-2-3）。

1）蒴果类：杨、柳等树种含水量高，采集后晾晒几小时后，放入室内通风凉爽处阴干，并注意经常翻动，以防止发热。蒴果开裂后，敲打脱粒。丁香、连翘、泡桐、香椿等果实可直接晾晒，果皮开裂后，敲打脱粒。

2）荚果类：含水量较低，如刺槐、格木、皂荚、合欢、相思树和锦鸡儿等的果实，采集后可直接晾晒，待荚果开裂，敲打脱粒，去除杂物，获得纯净种子。

3）翅果类：阴干法干燥，不必脱去果翅，如五角槭、色木槭、水曲柳、枫杨、枫树、槭树、臭椿、白蜡、榆树、杜仲等。

4）坚果类：含水量较高，采后通过水选或手选，除去虫蛀果实，放置通风处阴干，注意经常翻动，以防止发热。当含水量降低到一定程度后，进行储藏，如栎类、板栗、茅栗等。

a）
b）
c）

图 1-2-3 干果类种子调制
a）合欢荚果 b）槭树翅果 c）板栗坚果

（2）肉质果类。肉质果（图 1-2-4）如浆果（樟、桑）、核果（楝、油桐）、肉质果（银杏、榧）、梨果（苹果、梨）等的果肉含有较多的果胶和糖类，水分含量也高，容易发酵腐烂，采集后需要及时调制。调制工序主要为软化果肉，揉碎果肉，水淘洗出种子，然后干燥和净种。通常，从肉质果实中取出的种子含水率高，不宜在阳光下暴晒，应放在通风良好的地方摊放阴干，达到安全含水量时进行储藏。

a）
b）
c）
d）

图 1-2-4 肉质类种子调制
a）川楝核果 b）樟树浆果 c）榧肉质果 d）苹果梨果

（3）球果类。包括绝大多数针叶树种，如松属、冷杉属、落叶松属、杉科和柏科。

1）自然干燥脱粒：将球果放在阳光下暴晒，待球果鳞片裂开后，用棒敲打，然后将杂物和种子分开。

2）人工干燥脱粒：在球果干燥室进行，人工控制温度和通风条件，促进球果干燥，使种子脱出。

2. 净种与分级

（1）净种。净种是指清除在调制过程中未清除干净和混进杂物以及破损瘪粒的种子，如果皮、树枝、树叶、果翅、鳞片、土块等。通过净种可提高种子的净度，提高储藏的安全性。根据种子大小、夹杂物大小及比重的不同，可采用风选、水选等不同方式进行。

1）风选：由于杂质和种子的重量不同，可以用风力将杂物从种子中吹走，达到净种的目的。风选适用于中小粒种子，可用风车、簸箕等简单工具，或借助自然风进行风选（图1-2-5a）。

2）水选：是利用杂质与种子的不同相对密度，将待选种子倒入水中进行漂选的净种方法，如银杏、侧柏、栎类、花椒等（图1-2-5b）。

a) b)

图 1-2-5 种子净种的方式

a）风选 b）水选

（2）分级。种子分级是将某一园林植物的一批种子按种粒大小进行分类。种子的分级标准可以参考国家标准《林木种子质量分级》（GB 7908—1999），该标准根据种子净度、发芽率（或生活力、优良度）和含水量等品质指标，将我国115个主要造林树种种子质量划分为3个等级（表1-2-1）。

表 1-2-1 林木种子质量分级表

| 序号 | 树种 | Ⅰ级 | | | | Ⅱ级 | | | | Ⅲ级 | | | | 各级种子含水量不高于% |
		净度不低于%	发芽率不低于%	生活力不低于%	优良度不低于%	净度不低于%	发芽率不低于%	生活力不低于%	优良度不低于%	净度不低于%	发芽率不低于%	生活力不低于%	优良度不低于%	
1	冷杉	75	18			65	10							10
2	岷江冷杉	85	20			80	10							10
3	杉松（沙松）	90	40			85	30							10
4	柳杉	95	40			90	30			90	20			12

（续）

序号	树种	Ⅰ级				Ⅱ级				Ⅲ级				各级种子含水量不高于%
		净度不低于%	发芽率不低于%	生活力不低于%	优良度不低于%	净度不低于%	发芽率不低予%	生活力不低于%	优良度不低于%	净度不低于%	发芽率不低于%	生活力不低于%	优良度不低于%	
5	杉木	95	50			90	40			90	30			10
6	干香柏	90	30			80	20							10
7	柏木	95	40			95	30			90	20			12
8	……													

种粒大小在一定程度上反映了种子品质的优劣。通常大粒种子的营养物质含量高、活力高、发芽率高、幼苗生长好。因此分级也是体现种子品质优劣的必要环节。分级工作通常与净种工作同时进行，亦可采用风选、筛选及粒选法进行。可利用筛孔大小不同的筛子进行筛选分级，也可利用风力进行风选分级，还可借助种子分级器进行种粒分级。种子分级器的设计原理是，种粒通过分级器时，比重小的种粒被气流吹向上层，比重大的种粒留在底层，受振动后，即可分离出不同比重的种子。

（四）种子储藏

种子经净种、分级后，因播种季节、生产计划等因素的影响，不能立即播种，需将种子按一定的方法储藏一段时间，在一定的时间内保持种子的生命力。

1. 干藏法

干藏法适合储藏含水量低的种子，大多数乔、灌木及草花种子即可用此法，如大多数针叶树种（杉木、柳杉、侧柏）、白蜡树类、槭树类、楝树、槐树、刺槐、合欢、金合欢、相思、黑荆等。储藏应充分干燥，然后装入种子袋或桶中，放置在阴凉、通风干燥的室内。密封干藏法将干燥种子放置于密闭容器中，并在容器中加入适量干燥剂，并定期检查，更换干燥剂。密封干燥法可有效延长种子寿命（图1-2-6）。

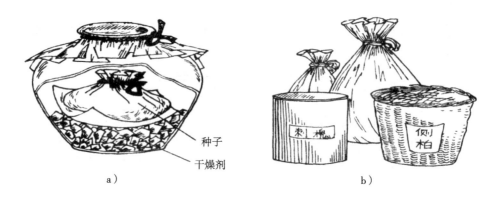

　　　　a）　　　　　　　　　　　　　　　b）

图1-2-6　干藏法

a）普通干燥法　b）密封干燥法

2. 湿藏法

湿藏法适用于含水量高或者干藏效果不好的种子，如壳斗科、七叶树、核桃、油茶、檫树、胡桃、银杏、榛子、厚朴等，常多限于越冬储藏，并往往和催芽结合。湿藏法可分为室内堆藏和室外露天埋藏，室外湿藏法如图 1-2-7 所示。

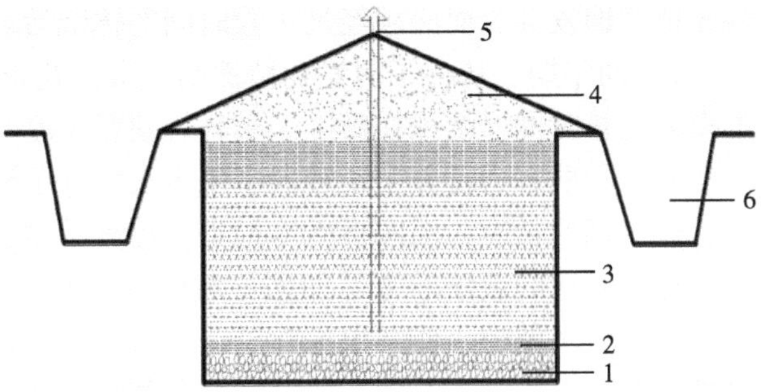

图 1-2-7　室外湿藏法
1—卵石　2—沙子　3—种沙混合物
4—覆土　5—通气竹管　6—排水沟

【技术提示】

（1）选择母树是壮龄阶段的。

（2）种子必须是成熟的。

（3）采集后的种子必须及时处理。

（4）种子分级后要做好登记。

（5）湿藏法进行种子储藏时要定期观察，以防止湿度偏大引起种子发霉。

【知识链接】

（一）园林植物的生长发育

1. 园林植物的生命周期

园林植物在个体发育中，一般要经历种子休眠和萌发、营养生长及生殖生长三个阶段（无性繁殖的种类可以不经过种子时期）。每个阶段对外界环境条件要求不同，栽培养护管理技术不一样。但各类植物的生长发育阶段之间没有明显的界线，是渐进的过程，各个阶段的长短受植物本身系统发育特征及环境的影响（图 1-2-8）。因此要根据阶段不同采取不同的栽培养护管理技术，也可以通过合理的栽培养护技术，在一定的程度上加速或延缓某一阶段的到来。

园林植物的种类很多，不同种类园林植物生命周期长短相差甚大，下面分别就木本植物和草本植物播种苗（实生苗）进行介绍。

（1）木本植物。木本植物在个体发育的生命周期中，实生树种从种子的形成、萌发到生长、开花、结实、衰老等，其形态特征与生理特征变化明显。从园林树木栽培养护的实际需要出发，将其整个生命周期划分为以下几个年龄时期：

1）种子期（胚胎期）。植物自卵细胞受精形成合子开始，至种子萌发为止。胚胎期主要是促进种子的形成、安全储藏和在适宜的环境条件下播种并使其顺利发芽。胚胎期的长短因植物而异，有些植物种子成熟后，只要有适宜的条件就发芽，有些植物的种子成熟后，给予适宜的条

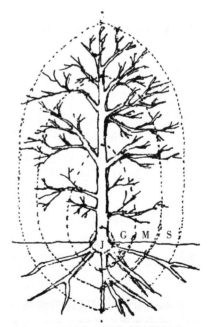

图 1-2-8　树木生长发育阶段划分
J—幼年阶段　　G—生长阶段
M—成熟阶段　　S—开始衰老阶段

件不能立即发芽，而必须经过一段时间的休眠后才能发芽。

2）幼年期。从种子萌发到植株第一次开花止。幼年期是植物地上、地下部分进行旺盛的离心生长时期。植株在高度、冠幅、根系长度、根幅等方面生长很快，体内逐渐积累起大量的营养物质，为营养生长转向生殖生长做好了形态上和内部物质上的准备。

幼年期的长短，因园林树木种类、品种类型、环境条件及栽培技术而异。

这一时期的栽培措施是加强土壤管理，充分供应水肥，促进营养器官健康而均衡地生长，轻修剪多留枝，使其根深叶茂，形成良好的树体结构，制造和积累大量的营养物质，为早见成效打下良好的基础，注意病虫害防治，减少生物危害。对于观花、观果树木则应促进其生殖生长，在定植初期的1~2年中，当新梢长至一定长度后，可喷洒适当的抑制剂，促进花芽的形成，达到缩短幼年期的目的。

目前园林绿化中，常用多年生的大规格苗木，所以幼年期多在园林苗圃中度过，要注意应根据不同的绿化目的培养树形，移植或切根，促发大量的须根和水平根，以提高出圃后的定植成活率。

3）青年期。从植株第一次开花时始到大量开花时止。其特点是树冠和根系加速扩大，是离心生长最快的时期，能达到或接近最大营养面积。植株能年年开花和结实，但数量较少，质量不高。这一时期的栽培措施：应给予良好的环境条件，加强肥水管理，加强树体内营养物质的累积。对于以观花、观果为目的的树木，轻剪和重肥是主要措施，目标是使树冠尽快达到预定的最大营养面积；同时，要缓和树势，促进树体生长和花芽形成，如生长过旺，可少施氮肥，多施磷肥和钾肥，必要时可使用适量的化学抑制剂。

为了促使青年期的植株多开花，不能采用重修剪。过重修剪从整体上削弱了植物的总生长量，减少了光合产物，同时又从局部上刺激了部分枝条进行旺盛的营养生长，新梢生长较多，会大量消耗养料。

4）壮年期。从树木开始大量开花结实时始到结实量大幅下降、树冠外延小枝出现干枯时止。其特点是花芽发育完全，开花结果部位扩大，数量增多。叶片、芽和花等的形态都表现出定型的特征。骨干枝离心生长停止，树冠达最大限度以后，由于末端小枝的衰亡或回缩修剪而又趋于缩小。根系末端的须根也有死亡的现象，树冠的内膛开始发生少量生长旺盛的更新枝条。

这一时期的栽培措施应加强水、肥的管理，增强树势；早施基肥，分期追肥；加强精细修剪，维持生长势；加强病虫害防治，提高保护能力；同时切断部分骨干根，促进根系更新；并将病虫枝、老弱枝、下垂枝、交叉枝等疏剪，改善树冠通风透光条件。

青年期与壮年期都是植物的成熟期，植株从第一次开花时始到树木衰老时期止。

5）衰老期。以骨干枝、骨干根逐步衰亡，生长显著减弱到植株死亡为止。其特点是骨干枝、骨干根大量死亡，营养枝和结果母枝越来越少，树木生长势衰退，离心秃裸严重，枝条纤细且生长量很小，树体平衡遭到严重破坏，树冠更新复壮能力很弱，抗逆性显著降低，木质腐朽，树皮剥落，树体衰老，逐渐死亡。

这一时期的栽培技术措施应视目的的不同而不同。对于一般花灌木来说，可以萌芽更新，或砍伐重新栽植；而对于古树名木来说则应采取各种复壮措施，尽可能延续生命周期，只有在无可挽救、失去任何价值时才予以伐除。

对于无性繁殖树木的生命周期，除没有种子期外，也可能没有幼年期或幼年阶段相对较短。因此，无性繁殖树木生命周期中的年龄时期，可以划分为幼年期、成熟期和衰老期三个时期。各个年龄时期的特点及其管理措施与实生树相应的时期基本相同。

（2）草本植物。

1）多年生草本植物。多年生草本植物的生命周期与木本植物相似，一生也需经过种子期、幼年期、青年期、壮年期、衰老期。但因其寿命仅 10 年左右，故各个生长发育阶段与木本植物相比要短一些。

2）一、二年生草本植物。一、二年生草本植物生命周期很短，仅 1～2 年的寿命，但其一生也必须经过种子期、幼苗期、青年期、壮年期和衰老期。各个生长发育期比较短，一生只开一次花。

幼苗期一般 2～4 个月。二年生草本花卉多数需要通过冬季低温，翌春才能进入开花期。一、二年生草本花卉，在地上、地下部分有限的营养生长期内应精心管理，使植株能尽快达到一定的株高和株形，为开花打下基础。

青年期、壮年期是观赏盛期，自然花期约 1～2 个月。为了延长其观赏盛期，除进行水、肥管理外，应对枝条进行摘心或扭梢，使其萌发更多的侧枝并开花。

衰老期是从开花量大量减少、种子逐渐成熟开始，至植株枯死。此期是种子收获期，种子成熟后应及时采收，以免散落。

2. 园林植物的年生长周期

植物的年生长周期是指植物在一年之中随着环境，特别是气候（如水、热状况等）的季节性变化，在形态和生理上与之相适应的生长和发育的规律性变化。

植物有规律地年复一年地生长（重演），构成了植物一生的生长发育。植物有节律的与季节性气候变化相适应的树木器官动态时期，称为生物气候学时期，即植物在一年中随着气候变化各生长发育阶段开始和结束的具体时期，简称物候期。而发生相应的形态（萌芽、抽枝、展叶、开花、结实及落叶、休眠等）有规律性变化的现象，称为物候现象。年周期是生命周期的组成部分，物候期则是年周期的组成部分。

园林植物的年生长周期是园林植物区域规划以及制订科学栽培措施的重要依据。此外，园林植物所呈现的季相变化，对园林植物种植设计具有艺术意义。

（1）木本园林植物的生长周期。树木都具有随外界环境条件的季节变化而发生与之相适应的形态和生理功能变化的能力。不同树种或品种对环境反应不同，因而在物候进程上也会有很大的差异。差异最大的是落叶树种和常绿树种两类。

温带地区的气候在一年中有明显的四季。作为落叶树种与气候相对应的物候季相变化尤为明显。落叶树在一年中可明显地分为生长和休眠两大物候期。从春季开始进入萌芽生长后，在整个生长期中都处于生长阶段，表现为营养生长和生殖生长两个方面。到了冬季为适应低温和不利的环境条件，树木处于休眠状态，为休眠期。在生长期与休眠期之间又各有一个过渡期，即从生长转入休眠的落叶期和由休眠转入生长的萌芽期。常绿树的年生长周期不如落叶树那样在外观上有明显的生长和休眠现象，因为常绿树终年有绿叶存在。但常绿树种并非不落叶，而是叶寿命较长，多在一年以上至多年。每年仅脱落一部分老叶，同时又能增生新叶，因此，从整体上看全树终年连续有绿叶。以温带地区落叶植物为例，乔木植物的生长周期主要分为以下几个时期：

1）萌芽期。萌芽期从芽萌动膨大开始，经芽的开放到叶展出为止，是休眠转入生长的过渡阶段。对一个植株来说，以芽的萌动、芽鳞片的开绽是植物由休眠期转入生长期的形态标志。

树木由休眠转入生长要求一定的温度、水分和营养条件。树木萌芽主要决定于温度，土壤过于干旱，树木萌动推迟，空气干燥有利于芽萌发。当温度和水分适合时，经过一定时间，树体开始生长，首先是树液流动，根系加大活动。经一定积温后，芽开始膨大，生长。

这一阶段，新叶形成，根系、枝梢加长生长，应加强松土、除草、施肥。但抗寒能力较低，遇突然降温，萌动的芽会发生冻害，在北方特别容易受到晚霜的危害。可通过早春灌水、萌动前涂白、施用维生素和青鲜素（MH）等生长调节剂，延缓芽的开放，或在晚霜发生之前，对已开花展叶的树木根外喷洒磷酸二氢钾等，提高花、叶的细胞液浓度，增强抗寒能力。

2）生长期。在萌动之后，幼叶初展至叶柄形成离层、开始脱落为生长期。这一时期在一年中占有的时间较长，也是树木的物候变化最大、最多的时期，反映物候变化的连续性和顺序性，同时也显示各树种的遗传特性。树木在外形上发生极显著的变化。其中成年树的生长期表现为营养生长和生殖生长两个方面。每个生长期都经历萌芽、抽枝展叶、芽的分化与形成和开花结果等过程。

树木由于遗传性和生态适应性的不同，生长期的长短、各器官生长发育的顺序、各物候期开始的迟早和持续时间的长短也会不同。即使是同一树种各个器官生长发育的顺序也有不同。生长期是落叶树的光合生产时期，也是其生态效益与观赏功能发挥最好的时期。

生长期是树木营养生长和生殖生长的主要时期，这一时期的长短和光合效率的高低，对树木的生长发育和功能效益都有极大的影响。人们只有根据树木生长期中各个物候期的特点进行栽培，才能取得预期的效果。如在树木萌发前通过松土、施肥、灌水等措施，提高土壤肥力，使其形成较多的吸收根，促进枝叶生长和开花结果。此时可追施以氮肥为主的液体肥料，减少与幼果争夺养分的矛盾。在枝梢旺盛生长时，对幼树新梢摘心，可增加分枝次数，提前达到整形要求；在枝梢生长趋于停滞时，根部施肥应以磷肥为主，叶面喷肥则有利于促进花芽分化。

3）落叶期。落叶期从叶柄开始形成离层至叶片落尽或完全失绿为止。枝条成熟后的正常落叶是生长期结束并将进入休眠的形态标志，说明树木已做好了越冬的准备。

秋季日照变短，气温降低是导致树木落叶进入休眠的主要因素。温度下降是通过影响光合作用、蒸腾作用、呼吸作用等生理活动以及生长素和抑制剂的合成而影响叶片衰老和植物衰老的。光是生物合成的重要能源，它可以影响植物的多种生理活动，包括生长素和抑制剂（如脱落酸）的合成而改变落叶期。如果用增加光照时间来延长正常日照的长度，即可推迟树木的落叶期；当接受的光照短于正常日照时，树木的落叶期提前。

树体的不同器官和组织，进入休眠的早晚不同。皮层和木质部进入休眠早，形成层进入休眠最迟，故初冬遇寒流形成层容易受冻害。地上部分主枝、主干进入休眠较晚，而以根颈最晚，故最易受冻害，因此，生产上常用根颈培土的办法防止冻害。

4）休眠期。休眠期是从秋季叶落尽或完全变色至树液流动、芽开始膨大为止的时期。树木休眠是在进化中为适应不良环境，如低温、高温、干旱等所表现出来的一种特性。正常的休眠有冬季、旱季和夏季休眠。树木夏季休眠一般只是某些器官的活动被迫休止，而不是表现为落叶。温带、亚热带的落叶树休眠，主要是对冬季低温所形成的适应性，以保证下一年能进行各种正常的生命活动并使得生命得以延续。休眠期是相对生长期而言的一个概念，从树体外部观察，休眠期落叶树地上部分的叶片脱落，枝条变色成熟，冬芽成熟，没有任何生长发育的表现，而地下部分的根系在适宜的情况下可能有微小的生长，因此休眠是生长发育暂时停顿的状态。

在生产实践中，为达到某种特殊的需要，可以通过人为的降温，而后加温，以缩短处理时间，提前解除休眠，促使树木提早发芽开花。

（2）草本园林植物的年周期。园林植物与其他植物一样，在年周期中表现最明显的有两个阶段，即生长期和休眠期。但是，由于草本园林植物的种类和品种繁多，原产地立地条件也极为复杂，年周期的变化也不一样，尤其是休眠期的类型和特点多种多样：一年生植物由于春天萌芽后，当年开花结实，而后死亡，仅有生长期的各时期变化而无休眠期，因此，年周期就是生命周期；二年生植物秋播后，以幼苗状态越冬休眠或半休眠；多数宿根花卉和球根花卉则在开花结实后，地上部分枯死、地下储藏器官形成后进入休眠状态越冬（如萱草、芍药、鸢尾以及春植球根类的唐菖蒲、大丽花等）或越夏（如秋植球根类的水仙、郁金香、风信子等，它们在越夏时进行花芽分化）；部分多年生常绿草本园林植物，在适宜的环境条件下，周年生长保持常绿状态而无休眠期，如万年青、书带草和麦冬等。

3. 园林植物生长发育的相关性

园林植物是统一的有机体，在其生长发育的过程中，各器官和组织的形成及生长表现为相互促进或相互抑制的现象，即园林植物生长发育表现为整体性，也可称为相关性。

（1）地上部分和地下部分的相关性。根与茎、叶之间具有密切关系，在生长过程中表现出相互促进又相互抑制。这是因为根能供给叶片水分和无机盐，而叶片供给根光合作用产物。此外，根所需要的维生素、生长素是靠地上部分供应，而叶片所需要的细胞分裂素等物质，又是靠根供应。根与茎、叶在物质上的相互供应，使根和茎、叶处于相互依赖和相互促进的关系中。地上部分和地下部分的相对生长强度通常用根冠比来表示，即根系的干物质总重与全株枝、叶的干物质重的比值。外界条件对根冠比的影响较大。

但是植物的根和茎、叶所处的环境不同，两者所要求的条件也不一样，当环境条件发生变化时，往往对根和茎、叶的影响并不一致，使这两部分的关系除了相互促进外，还经常处于矛盾的互相抑制中。如水分和氮肥过多、光照弱，能促使茎、叶徒长，抑制根系生长；又如土壤干旱、氮肥少、光照强，根系常较发达，但茎、叶生长又受到抑制。除环境条件外，修剪整枝有减缓根系生长而促进地上部分生长的作用，而松土、断根则能抑制茎、叶的生长，促进根系的发展。

（2）极性与顶端优势。极性指植物体或其离体部分的两端具有不同的生理特性，如新芽在形态学上端长出，而根部从形态学下端长出。极性现象的产生是因为植物体内生长素的向下极性运输。生长素的向下极性运输使茎的下端集中了足够浓度的生长素，有利于根的形成。生长素浓度低的形态学上端则长出芽来。

这种相关性广泛应用到栽培中。在树木整形上，为使树木主干通直，就必须保持顶端优势，适当除掉侧枝；而绿篱、盆栽花卉因欲达矮化丛生的目的，就必须除去顶端优势。在苗木移栽时，常要截断主根，为的是使移植后侧根能大量发生。但是对于栽培在较干燥的土壤中的树木，则要保持主根的顶端优势。因为在较干燥的土壤里，主根深入土壤深层是树苗顺利生长的保证。

（3）营养生长和生殖生长的相关性。旺盛的营养生长是得到良好的生殖器官（花和果）的基础。二者的生长是协调的，但有时会产生因养分的争夺造成生长和生殖的矛盾。一般情况下当植株进入生殖生长占优势时期，植物的养分便集中供应生殖生长。在栽培过程中，如果肥、水供应不足，枝、叶生长不良，而使开花结实量少或不良，或是引起树势衰退，造成植株过早进入生殖（开花和结果）阶段；在营养生长阶段水分和氮肥供应过多，会造成枝叶生长过于旺盛引起徒长现象，导致花芽分化不良、开花迟、落花落果或果实不能充分发育。栽培上利用控制水、肥，合理修剪，抹芽或疏花疏果等措施来调节营养体生长和生殖器官发育的矛盾。

（二）种子成熟

种子成熟，是卵细胞受精以后种子发育过程的终结。从种子发育的内部生理特征和外部形态特征看，种子的成熟一般包括生理成熟和形态成熟。

1. 生理成熟

当种子发育到一定程度时，体积不再有明显的增加，营养物质的积累日益增多，水分含量逐渐变少，整个种子内部发生一系列的生理生化变化。当种胚发育完全，种子具有发芽能力时称为生理成熟。

生理成熟的种子的特点是：含水量较高，营养物质处于易溶状态，种子不饱满，种皮还不够致密，尚未完全具备保护功能的特性，内部易溶物质容易渗出表皮而遭受微生物的危害，不利于储藏，因而此时不宜采集种子。但对于一些休眠期很长且不易打破其休眠的植物种子，如椴树、水曲柳等的种子，可采集生理成熟的种子后立即播种，以缩短休眠期，提高发芽率。

2. 形态成熟

种子的外部形态呈现出成熟特征时称为形态成熟。

形态成熟的种子的特点是：含水量降低，营养物质结束积累并由易溶状态转化为难溶状态；种皮致密、坚硬，抗病力强；呼吸作用微弱，耐储藏。一般园林植物种子多在此时采集。

多数园林植物的种子达到生理成熟后，隔一定时间才能达到形态成熟，这样的种子不耐储藏而且成苗率低。但有些植物的种子，其形态成熟与生理成熟几乎同时完成，如杨、柳等的种子。

3. 生理后熟

有少数树种的生理成熟在形态成熟之后，如银杏、冬青和水曲柳等，其种子在达到形态成熟时，假种皮呈黄色变软，由树上脱落，但此时种胚很小，还未发育完全，只有在采收后再经过一段时间，种胚才发育完全，具有正常的发芽能力，这种现象称为"生理后熟"。

总的来看，种子成熟应该包括形态上的成熟和生理上的成熟两个方面的条件，只具备其中一个方面的条件时，则不能称其为真正成熟的种子。

（三）采种期的确定

适宜的种子采集期应该综合考虑种子的成熟期、脱落方式、脱落时期及天气情况和土壤等因素，一般园林植物种子多在形态成熟期时采集，为了避免种子散落或被鸟兽盗食，生产上常以一部分种子进入形态成熟作为采种信号，这时的成熟状况称为收获成熟。

1. 种子成熟度

鉴别种子的成熟程度是确定种子采集时期的基础。依据种子成熟度适时采收种子，获得的种子质量高，有利于种子储藏、种子发芽及其幼苗生长。可用解剖、化学分析等方法判断种子成熟与否，但生产上一般根据物候观察经验和形态成熟的外部特征来判断种子成熟程度。绝大多数园林植物的种子成熟时，其种子的形态、色泽和气味等常常呈现出明显的特征。

（1）颜色变化。多数种子成熟后，颜色由浅变深，种皮坚韧，种粒饱满坚硬。

肉质果类成熟时果实变软，颜色由绿变红、黄、紫等色，有光泽。如蔷薇、冬青、枸骨、火棘、南天竹、小檗、珊瑚树等变为朱红色；樟、紫珠、檫木、金银花、小蜡、女贞、楠木等变红、橘黄、紫等色，多能自行脱落（图1-2-9a）。

干果类（荚果、蒴果、翅果）：成熟时果皮变为褐色，并干燥开裂，如刺槐、合欢、相思树、皂荚、油茶、海桐、卫矛等（图1-2-9b）。

球果类成熟时果鳞干燥硬化变色，如油松、马尾松、侧柏等变成黄褐色，杉木变为黄色，并且有的种鳞开裂，散出种子（图1-2-9c）。

a）　　　　　　　　　　b）　　　　　　　　　　c）

图1-2-9　几种园林植物种子成熟度
a）南天竹果实　b）合欢树果实　c）马尾松果实

（2）果皮变化。果实成熟过程中，果皮也有明显的变化。干果类及球果类在成熟时由于果皮水分蒸发而发生木质化，故变得致密坚硬。肉质果类在成熟时果皮含水量增高，果皮变软且肉质化。在多数情况下，成熟种子的种皮色深且具有较明显的光泽，未成熟种子则色浅而缺少光泽。

（3）味道变化。种子成熟时，多数树种的果实涩味消失，酸味减少，果实变甜。

2. 种子脱落方式

种子成熟后，还需根据种子脱落方式和脱落时间的不同调整采种期。

（1）成熟期和脱落期非常相近，种子轻小，有翅或有毛，成熟后易随风飞散的种子，应在成熟后脱落前采收，如杨、柳、榆等。

（2）成熟后虽不立即脱落，但一经脱落，难以从地面收集的种子，如落叶松、油松、侧柏、杉、泡桐、木荷等，应在种子脱落前从树上采集球果。

（3）成熟后经较短时期即脱落的大粒种子，如栎类、板栗、核桃、银杏、七叶树、油桐等，可在成熟脱落后从地面上收集。但收集应及时，否则种子易遭受动物危害或腐烂。

（4）成熟后较长时间不脱落的阔叶树种，如苦楝、皂角、槐树、悬铃木等，虽然可延长采种时期，但不能延迟太长，以免因长期挂在树上降低种子品质。

（5）成熟后易遭病虫鸟兽危害的种子，要及时采摘，如檫树、樟树、刺槐等。

总之，形态成熟后，果实开裂快的，应在未开裂前进行采种，如杨、柳等；形态成熟后，果实虽不马上开裂，但种粒小，一经脱落则不易采集，也应在脱落前采集，如杉木；形态成熟后挂在树上长期不开裂，不会散落者，可以适当延迟采种期，但也不宜久留母株上，以免招引鸟类啄食或感染病虫害，如槐、女贞、樟、楠等；成熟后立即脱落的大粒种子，可在脱落后立即从地面上收集，如壳斗科的种子。

【学习评价】

采用多元化的评价体系，将学生专业知识、技能操作、技能成果和个人的职业素养有效地结合在一起考评（表1-2-2）。

表1-2-2 学生考核评价表

考核项目		权重	考核要点	考核评价		
				自我	小组	教师/专家
知识		20%	种子成熟			
技能	操作过程	40%	采种、调制、储藏方法正确			
	技能成果	15%	采种数量和质量符合要求			
素质		25%	态度端正，纪律性强；小组合作分工，具备一定查阅资料与分析能力；认真，能吃苦耐劳；不旷课，不迟到早退			

【练习设计】

一、名词解释

形态成熟　生理成熟

二、填空题

1. 种子成熟包括_____和_____两个过程。

2. 种子调制的一般过程为_____、_____、_____、_____。

3. 种子精选常用的方法有_____、_____、_____、_____。

三、简答题

1. 如何选择采种母树？

2. 常用的种子采集方法有哪些？

技能二　播种前种子处理

【技能描述】

能进行种子播种前处理。

【技能情境】

播种前
种子处理

（1）场地：校园绿地和实训基地。
（2）工具：枝剪、竹筐、淘洗箩筐等。

【技能实施】

1. 种子筛选

播种前，根据种子的特性和夹杂物的情况进行筛选（小粒种子）、风选（小粒种子）、水选或粒选（大粒种子）等，再把种子按大小进行分级，以便分别播种，使幼苗出苗出土整齐一致，便于管理。

2. 种子消毒

播种前对种子进行消毒，既可杀虫防病，又能预防保护。杀虫防病是指杀死种子本身所带的病菌和害虫，使种子在土壤中避免病虫的危害。种子消毒一般采用药剂拌种或浸种的方法。

（1）福尔马林（甲醛）溶液浸种。在播种前 1～2d，将种子放入 0.15% 的福尔马林溶液中，浸 15～30min，取出后密闭 2h，用清水冲洗后阴干再播种。

（2）硫酸铜和高锰酸钾溶液浸种。此法适用于针叶树及阔叶树种子杀虫消毒，用硫酸铜溶液进行消毒时以 0.3%～1% 的溶液浸种 4～6h 即可。若用高锰酸钾消毒，用其含量（质量分数）为 0.5% 的溶液浸种 2h，或用含量 3% 的溶液浸种 30min。胚根已突破种皮的种子，禁止用高锰酸钾消毒，以免种子受毒害，影响发芽、出苗。

（3）药剂拌种。赛力散（醋酸苯汞）拌种。此法适用于针叶树种子，一般于播种前 20d 进行拌种，每千克种子用药 2g，拌种后密封储藏，20d 后进行播种，既有消毒作用也起防护作用。

西力生（氯化乙基汞）拌种。此法适用于松柏类种子，消毒好，且有刺激种子发芽的作用。用法及作用与赛力散相似，每千克种子用药 1～2g。

（4）敌克松。用种子质量 0.2%～0.5% 的药粉再加上药量 10～15 倍的细土配成药土，然后用药土拌种。

（5）升汞（氯化汞）浸种。此法适用于松柏类及樟树等种子。用升汞进行种子消毒，一般用 0.1% 溶液浸种 15min。

（6）石灰水浸种。用 1%～2% 的石灰水浸种 24h 左右，对落叶松等种子有较好的灭菌作用。利用石灰水进行浸种消毒时，种子要浸没 10～15cm 深，种子倒入后，应充分搅拌，然后静置浸种，使石灰水表层形成并保持一层碳酸钙膜，提高隔绝空气的效率，达到杀菌目的。

种子消毒过程中，应特别注意药剂浓度和操作安全，胚根已突破种皮的种子进行消毒易受伤害。

3. 种子催芽

对于某些园林植物的种子，尤其是 F_2 代的种子，可以直接进行播种。但大多数的园林植物，尤其是树木类的种子必须采取一定的方式对其进行催芽，可提高种子的发芽率，减少播种量，节约种子，使幼苗出土整齐，缩短出苗期，提高苗木产量和质量。

播种前除了种子准备外，还应进行土壤消毒，各种工具、用品、机械的调试维修和人员培训及计划安排等工作，使播种工作有条不紊地进行。

【技术提示】

（1）种子消毒的药剂、浓度和时间一定要严格控制，同时要做好防护措施。

（2）种子催芽，特别是低温层积催芽当种子露出胚根时要及时进行播种。

【知识链接】

（一）种子休眠

种子休眠是指有生命的种子，由于外界条件或自身的原因，一时不能发芽或发芽困难的自然现象。它是植物在系统发育中形成的适应特殊环境而保持物种不断发展进化的生态特性，它对物种的长期生存和繁衍是有利的。按种子休眠程度的不同可分为被迫休眠和自然休眠两种情况。

1. 被迫休眠

有生活力的种子因外界条件（水分、温度和氧气等）不能满足发芽需要，使种子一时不能萌发。一旦种子发芽的环境条件得到满足，就能很快发芽。它也被称为强迫性休眠或浅休眠、短期休眠。如榆、桦、杨、落叶松、侧柏、栓皮栎等的种子就属于这种休眠。

2. 自然休眠

由于种子自身的某些特性而引起的休眠，这类种子即使给予其发芽所需要的水分、温度、氧气等条件，也不能发芽或发芽十分困难。它也称为生理性休眠或深休眠、长期休眠。如银杏、山楂、对节白蜡、圆柏、冬青等的种子就属于这种休眠。

3. 种子自然休眠的原因

（1）种皮（果皮）的障碍。这主要是由种皮构造所引起的透性不良和机械阻力的影响。有些种子由于种皮致密其通气性或透水性差，导致种子的有氧代谢或吸水困难，阻碍种子的萌发，如皂荚、苹果、葡萄、刺槐、相思树等的种子；有些种子的种皮坚硬不易开裂，种胚难以突破种皮，因而发芽困难，如核桃、杏、三叶草等的种子。

（2）抑制物质的影响。有些种子不能萌发是由于其种子或果实内含有萌发抑制剂。抑制剂的种类很多，主要包括激素（如脱落酸）、氰化氢、生物碱、香豆素、酚类、醛类等。充足的降水可将这些抑制物质淋洗出来，如女贞、红松、水曲柳、沙枣、山杏等的种子。

（3）种胚发育不全而引起的休眠。一般生理后熟的种子，虽然其外部形态已表现为成熟状态，但胚还尚未分化完全，仍需从胚乳中吸收养料，继续分化发育，直至完全成熟才能发芽。如白蜡树、山楂、七叶树、冬青、香榧等的种子。必须指出，各种园林植物种子的休眠，有些是一种原因引起的，有些是多种原因引起的，如圆柏、红松的种子种皮坚硬，又含有单宁物质，不透气、不透水，同时，胚及胚乳内还含有抑制剂。

（二）常见种子催芽方法

催芽就是用人为的方法打破种子的休眠。催芽可提高种子的发芽率，减少播种量，节约种子；还可以使出苗整齐，便于管理。催芽的方法需根据种子的特性及具体条件来确定。

1. 低温层积催芽

种子与其体积 2～3 倍的湿润基质（河沙、泥炭、锯末等）混合起来或分层堆放，在 0～10℃ 的低温下，打破休眠促进种子萌发的方法。这种方法能有效打破因含萌发抑制物质造成的休眠，对被迫休眠和生理性休眠的种子也适用。在层积过程中注意观察，当有 40%～50% 种子开始"咧嘴"时即可播种。

（1）基本要求。

1）地点：露天埋藏、室内堆藏、窖藏，或在冷库、冰箱中进行。

2）基质：可用沙子、泥炭、蛭石、碎水苔等，湿润程度以手捏成团，又不出水为度。还可以加入杀菌剂以保护种子。

3）容器：室外挖坑，箱子、瓦罐、玻璃瓶（有带孔的盖）或其他容器，能提供氧气、防止干燥、不被鼠咬即可。

（2）方法。低温层积催芽多数在室外进行，具体方法如下：

1）挖坑：一般选择地势干燥排水良好的地方，坑的宽度以 1m 为宜。长度随种子的多少而定，深度一般应在地下水位以上、冻层以下，由于各地的气候条件不同，可根据当地的实际情况而定。

2）种子处理：干种子要浸种、消毒，如果是干种子应先水浸 12～24h。

3）层积：坑底铺一些鹅卵石或碎石，其上铺 10cm 的湿河沙，坑底也可不铺卵石或碎石，直接铺 10～20cm 的湿河沙，在坑中央直通到种子底层放一小捆秸秆或下部带通气孔的竹制或木制通气管，以流通空气。然后将种子与沙按 1:3～1:5 的比例混合放入坑内，或者一层种子、一层沙放入坑内（注意沙子的含水量为 70%～80%），每层厚度 5cm，当沙与种子的混合物放至距地面 10～20cm 左右时为止。

4）最后用土培成屋脊形，坑的两侧各挖一条排水沟（图 1-2-10）。

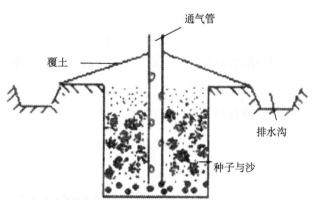

图 1-2-10　低温层积催芽示意图

2. 水浸催芽

多数园林植物种子用水浸泡后会吸水膨胀，种皮变软，打破休眠，除去发芽抑制物，促进种子萌发，缩短发芽时间。在较高温的水中还可杀死种子的部分病原菌。

浸种的水温和时间因树种而异，包括冷水浸种、温水浸种和热水浸种三种方式。一般用冷水浸种的是种皮薄的种子，如杨、柳、泡桐、榆等小粒种子；宜用温水浸种的是种皮比较坚硬、致密的种子，如马尾松、侧柏、紫穗槐等树种的种子；采用热水浸种的是种皮特别坚硬、致密的种子，如合欢、相思树、刺槐等树种的种子。

浸种时，首先应根据种子特点确定水温，然后将 5 ~ 10 倍于种子体积的温水或热水倒在盛种容器中，不断搅拌，使种子均匀受热，自然冷却。浸种过程中，一般 12 ~ 24h 换水一次。坚实种子可以如此反复几次直至种皮吸胀。

部分园林植物种子浸种后可直接播种，但还有一些园林植物种子浸种后需要继续放在温暖处催芽。方法是：捞出水浸后的种子，放在无釉泥盆中，用湿润的纱布覆盖，放置温暖处继续催芽，注意每天淋水或淘洗 2 ~ 3 次；或将浸种后的种子与 3 倍于种子的湿沙混合，覆盖保湿，置温暖处催芽。这两种方法催芽时应注意温度（25℃）、湿度和通气状况。当 1/3 种子"咧嘴露白"时即可播种。

3. 药剂催芽

种壳坚硬或种皮有蜡质的种子，亦可浸入有腐蚀性的浓硫酸或氢氧化钠溶液中，经过短时间的处理，使种皮变薄、蜡质消除、透性增加，利于萌芽。浸后的种子必须用清水冲洗干净。例如，用草木灰或小苏打水溶液洗漆树、马尾松等种子，对催芽有一定的效果；对刺槐、栾树、梧桐、厚朴等硬实种子，可用 60% 的浓硫酸（过稀的硫酸易浸入种子内部，破坏发芽）浸种；用赤霉素发酵液（稀释 5 倍）处理，浸种 24h，对臭椿、白蜡、刺槐、乌柏、大叶桉等种子都有较显著的效果；对种皮具有蜡质的种子如乌柏，可用 1% 的碱溶液、洗衣粉溶液或草木灰溶液浸种除去蜡质。

除了上述药剂，还可用微量元素如硼、锰、铜等浸种以提高种子的发芽势和苗木的质量。但是利用植物激素浸种时，一定要掌握适宜浓度和浸种时间，浓度过低，效果不明显，浓度过高对种子发芽有抑制作用。

4. 机械损伤催芽

通过机械擦伤种皮，增强种皮的透性，促进种子吸水萌发。在砂纸上磨种子，用锉刀锉种子，用铁锤砸种子，或用钢丝钳夹开种皮都是适用于少量的大粒种子的简单方法。小粒种子可用 3 ~ 4 倍的沙子混合后轻捣轻碾。进行破皮时不应使种子受到损伤。或用超声波处理，可促使空气、水分进入种子，促进萌发。

机械损伤催芽方法主要用于种皮厚而坚硬的种子，如山楂、紫穗槐、油橄榄、厚朴、铅笔柏、银杏、美人蕉、荷花等。

【学习评价】

采用多元化的评价体系，将学生专业知识、技能操作、技能成果和个人的职业素养有效地结合在一起考评（表 1-2-3）。

表 1-2-3　学生考核评价表

考核项目		权重	考 核 要 点	考核评价		
				自我	小组	教师/专家
知识		20%	种子休眠与催芽			
技能	操作过程	40%	筛选、消毒、催芽方法正确，操作规范			
	技能成果	15%	采种数量和质量符合要求			

（续）

考核项目	权重	考核要点	考核评价		
			自我	小组	教师/专家
素质	25%	态度端正，纪律性强；小组合作分工，具备一定查阅资料与分析能力；认真，能吃苦耐劳；不旷课，不迟到早退			

【练习设计】

一、名词解释

自然休眠　被迫休眠

二、简答题

1. 常用的种子消毒方法？

2. 导致种子自然休眠的原因？

三、实训

低温层积催芽

要求：分组采集种子，进行室内低温层积催芽。

（1）低温层积催芽法处理时期：当室外温度 1～10℃时进行。

（2）浸种：毛桃露天埋藏层积法种子浸泡时间 2～3d；山定子种子埋藏层积法种子浸泡时间 1～2d。不同的植物种子根据种子特点选择适宜的浸泡时间。

（3）挖层积沟：选择地势高燥、排水良好、土质疏松、背风的地方挖层积沟。长度视种子数量而定，宽 1～1.5m，深度根据当地气候和地下水位而定。原则上将种子储放在土壤冻结层以下、地下水位以上，一般 0.8～1.5m，温度保持在 1～10℃之间，沟四周挖好排水沟。

（4）露天埋藏法层积处理：先在沟底铺一层 5～10cm 厚的细沙，沙的湿度以手握成团不滴水为宜，沟中央每隔 1～2m 插一束高出坑面20cm 的秸秆，以便通气，将种子与湿沙按 1:3 的体积比分层交替（每层厚 5cm 左右）或混合放于沟内，放至冻土层为止，用 10～20cm 湿沙填满坑，再培土成屋脊形，盖土厚度根据当地的气温而定。

（5）作业：完成实训报告。

技能三　播　　种

【技能描述】

能进行田间苗床播种技术。

播种

【技能情境】

（1）场地：苗圃等。

（2）工具：锄头、水桶、喷水壶等。

（3）材料：种子、杀虫剂、杀菌剂。

【技能实施】

为了提高播种质量，保证早出苗，出全苗，必须认真做好播种的各项工作，包括整地做床、土壤消毒等。

（一）整地作床

1. 整地

播种用地通常选择地势较高并具备良好的排水和灌溉条件的地块，这是给种子发芽创造有利条件的重要前提。土壤以沙壤土为宜，土壤化学性质多以中性或中性偏酸为宜，并且要求无盐分积累。土壤播种前的整地是指在作床或做垄之前进行播种地的整平碎土和保墒等工作。深翻熟土，可以改善土壤结构和理化性状，增加土壤孔隙度，提高土壤保水力、保肥力、透水性和透气性；同时，增加土壤微生物分解难溶性有机物的能力，引导根系向土壤深处扩展。

2. 作床或做垄

按培育树种的生物学特性，生产上采用的育苗方式有苗床育苗和垄作育苗两种。

（1）苗床育苗。苗床是在经过整地后的圃地上修作而成。作床时间应与播种时间密切配合，在播种前5~6d内完成。常见的苗床有高床和低床两种（图1-2-11）。

1）高床，床面高于地面，两床之间设人行步道。一般规格为床长100~200cm，床面宽100cm，床高15cm左右。床面高，排水良好，地温高，通气，肥土层厚，苗木发育良好，便于灌溉，床面不致发生板结，适用于南方多雨地区及北方培育要求土壤排水好、通气佳的树种，如白皮松、油松、玉兰、牡丹等。

2）低床，床面低于步道，作床比高床省工，一般规格为床长100~200cm，床面宽度100~150cm，床面低于步道15cm，灌溉省水，保墒性较好，适宜于北方降雨量较少或较干旱的地区应用。

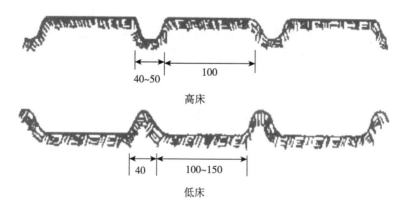

图1-2-11 高床与低床（单位：cm）

（2）垄作育苗。对那些种粒较大、容易出苗、不要求精细管理的树种，多采用这种方式育苗，如椴树、刺槐、榆树、板栗、合欢等大部分的阔叶园林树种。垄作育苗有高垄和低垄两种类型。

1）高垄：即垄面高出地面，因高垄土壤较疏松、通气良好、地温较高，有利于灌溉和排水（图1-2-12）。

一般规格为：垄底宽60～70cm，垄面宽经镇压保持在30cm左右，垄高15～20cm。垄向尽量采用南北向。

2）低垄：垄面低于地面。主要利于抗旱保墒，灌溉方便，节约用水。

低垄和高垄不同的是垄面低于地面10～15cm，其他规格要求是相同的。

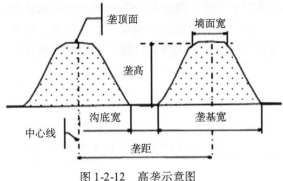

图1-2-12　高垄示意图

（二）土壤消毒

土壤消毒可控制土传病害，消灭土壤有害生物，为园林植物种子和幼苗创造有利的生存环境。根据设备条件和需要从下面几种常用的方法中选择一种方法或者几种方法结合进行土壤消毒。

1. 日光暴晒消毒

当对土壤消毒要求不严时，可采用日光暴晒消毒的方法，尤其是夏季，将土壤翻晒，可有效杀死大部分的病原菌和虫卵，在温室中土壤翻新后灌满水再暴晒，效果更好。

2. 烧土法

对林区、山区枯枝落叶丰富和柴草方便的地方，在苗圃堆放柴草焚烧，使土壤耕作层加温，达到灭菌的目的。这种方法不但能消灭病原菌和地下害虫，而且有提高土壤肥力的作用。适用于小面积苗圃。

3. 熏蒸法

将甲醛、溴甲烷等有熏蒸作用的药剂加入到土壤里，上面覆盖薄膜，密闭熏蒸。几天后打开，让剩余的药剂挥发。

4. 拌土法

具体的方法是在播种前将适量的辛硫磷、百菌清等杀菌药剂与土壤搅拌均匀。

（三）播种

1. 开沟

播种开沟宽度一般2～5cm，如采用宽幅条播，可依其具体要求来确定播种沟的宽度。开沟深浅要一致，沟底要平，沟的深度要根据种粒大小来确定，粒大的种子要深一些，粒小的如杨、柳等种子可不开沟。

2. 播种

大粒的种子可采用点播，对于中粒的种子可以条播，小粒种子混沙后直接撒播。

3. 覆土

覆土是播种后用床土、细沙或腐殖质土等覆盖种子，避免播种沟内的土壤和种子干燥而影响发芽。覆土厚度常影响种子萌发，一般覆土厚度为种子直径的1～3倍，但小粒种子以不见种子为度。覆土要均匀一致，否则会影响幼苗出土的整齐度，影响苗木产量和质量。

覆土应选用疏松土壤或木屑、细沙、草木灰和泥炭等，不宜用黏重土壤。覆土不仅要厚度适当，而且要求均匀一致，否则幼苗出土不齐，疏密不均，影响苗木的产量和质量。

（四）镇压与覆盖

1. 镇压

播种覆土后应及时镇压，将床面压实，使种子与土壤紧密结合，便于种子从土壤中吸收水分而发芽。对疏松干燥的土壤进行镇压更为重要，若土壤黏重或潮湿，不宜镇压。在播种小粒种子时，有时可先将床面镇压一下再播种、覆土。一般用平板压紧，也可用木质滚筒滚压。

2. 覆盖

镇压后，用草帘、薄膜等覆盖在床面上，以提高地温，保持土壤水分，促使种子发芽。覆盖要注意厚度，使土面似见非见即可，并在幼苗大部分出土后及时分批撤除。一些幼苗，撤除覆盖后应及时遮阳。

（五）浇水

播种后立即浇一次透水，以后保持苗床湿润。浇水次数和浇水量要根据覆盖物的有无、树种和覆土厚度等灵活掌握。

【技术提示】

（1）采用药剂对土壤进行消毒处理时，需等药剂散发后才能进行播种。
（2）条播与撒播要注意播种均匀度控制。
（3）播种后的覆土和覆盖要根据种子的大小和特性决定。

【知识链接】

（一）育苗方式

1. 苗床育苗

苗床育苗在园林苗圃的生产上应用很广，用于生长缓慢、需要细心管理的小粒种子以及量少或珍贵树种的播种，如金钱松、油松、侧柏、落叶松、马尾松、杨、柳、连翘、紫薇等园林树种，一般均采用苗床播种育苗。

2. 大田育苗

大田育苗又称农田式育苗，不作苗床，将树木种子直接播于圃地，便于机械化生产和大面积的连续操作，工作效率高，节省人力。由于株距、行距较大，光照通风条件好，苗木生长健壮而整齐，可降低成本、提高苗木质量，但苗木产量略低。为了提高工作效率、减轻劳动强度、实现全面机械化，在面积较大的苗圃中多采用大田育苗。常采用大田育苗的树种有山桃、山杏、海棠、合欢、枫杨、君迁子等。

3. 容器育苗

利用各种容器装入培养基质进行育苗的方式，是现代苗圃中育苗的重要方式。

（二）播种期的选择

我国南北气候差异甚大，树种多样，播种期的选择要根据当地的土壤、气候条件和种子的特性来确定。我国大部分地区多在春秋季育苗，在南方温暖地区多数种类以秋播为主；在北方冬季寒冷，多数种类以春播为主。但如果在控温温室内进行播种及栽植，可全年进行播种生产；如果进行促成或抑制栽培，其播种时期会有很大差别。应根据园林植物树种自身的特点及当地的气候条件，分别选择适宜的播种季节，提高发芽率，使出苗整齐，抗性增强。根据播种季节，可将播种时期分为春播、夏播、秋播和冬播。

1. 春播

春播适合于绝大多数的园林植物。春播播种时间较短，在幼苗出土后不受晚霜危害的前提下，越早越好，以增加幼苗生长期，提高幼苗的抗性。一般当土壤5cm深处的地温稳定在10℃左右时即可播种，如果采用塑料薄膜育苗和施用土壤增温剂等方法，可以将春播提早至土壤解冻后立即进行。对晚霜敏感的树种应适当晚播。一般北方地区在3月下旬至4月中旬播种，华东地区在3月上旬至4月上旬播种，南方地区在2月下旬至3月上旬播种。

2. 夏播

夏播主要适宜于春、夏成熟而又不宜储藏的种子或生命力较差而不耐储藏的种子。一般随采随播，如杨、柳、榆、桑等的种子。夏播宜早不宜迟，以保证苗木在越冬前能充分木质化。夏播应于雨后或灌溉后播种，并采取遮阳等降温保湿措施，以保持幼苗出土前后合理的土壤含水量。

3. 秋播

秋季适合于种皮坚硬的大粒种子和休眠期长、发芽困难的种子，如山桃、山杏、白蜡等。秋播可以起到低温沙藏处理和催芽的作用。

秋播要以种子当年不发芽为前提，以防萌发的幼苗越冬遭受冻害，一般宜在土壤冻结前晚播。秋播后，种子可在自然条件下完成催芽过程，翌春发芽早，出苗整齐，苗木发育期延长，苗木的规格高。但秋播后播种地的管理时间长，种子本身可能遭受各种自然灾害。

4. 冬播

冬播是秋播的延续和春播的提前。在冬季气候温暖湿润、土壤不冻结、雨量较充沛的南方，可使用冬播。如南方冬季不冻结地区，杉木、马尾松等可在冬季1~2月播种。

值得一提的是，我国各地气温不一样，播种的具体时间应因地制宜。另外，温室花卉的播种，受季节影响较小，因此播种期常随预计花期而定。

（三）播种方法

园林植物生产中常见的播种方法有撒播、条播、点播三种，在蕨类植物播种繁殖中还用到双盆法进行生产。

1. 撒播

撒播即将种子均匀地撒于苗床上。根据植物的不同特性及当地具体条件，撒播后可覆土或不覆土。其特点是：产苗量高，但种子不易分布均匀；覆土深浅不一，后期不便中耕除草，不便于抚育管理；由于苗木密度大，光照不足，通风不良，苗木生长细弱，抗性差，易感染病虫害。撒播适用于草坪种子、小粒树木种子,如杨树、梧桐、悬铃木、泡桐等。

2. 条播

条播即将种子成行地播入土层中。其特点是:播种深度较一致,种子在行内的分布较均匀,便于进行行间中耕除草、施肥等管理措施和机械操作,光照和通风条件好,苗木生长健壮,质量高,比撒播节约种子,因而是目前广泛应用的一种方式。按行距及播幅的不同,条播分为宽行条播和窄形条播等。

3. 点播

点播又称穴播,即在播行上每隔一定距离开穴播种。点播能保证株距和密度,有利于节省种子,便于间苗、中耕。如果采用精量播种机播种,可按一定的距离和深度,精确地在每穴播下1粒或者2粒种子。此外,还可结合播种撒入除草剂和农药。点播多用于大粒和发芽势强、种子较稀少的树种,如银杏、油桐、核桃、板栗等。在现代花卉生产中常用穴盘进行点播,能大大节约种子,并且有利于花卉后期的管理。

(四)苗木密度与播种量计算

1. 苗木密度

苗木密度是指单位面积(或单位长度)上苗木的数量。要实现苗木的优质高产,必须在保证每株苗木生长发育健壮的基础上获得单位面积(或单位长度)上最大限度的产苗量,这就必须要有合理的苗木密度。

当苗木密度过大时,营养面积不足,通风不良,光照不足,光合作用的产物减少,必然使苗木质量下降。在这种条件下培育的苗木高径比值大,苗木细弱,叶量少,顶芽不健壮,根系不发达,干物质少。

当苗木密度过小时,不能保证单位面积上的产苗量,苗冠横向发展,苗木质量降低,苗间空地过大,土地利用率低,易滋生杂草,同时增加了土壤中水分、养分的损耗。

合理的密度可以克服由于过密或过稀所出现的缺点,从而达到苗木的优质高产。

2. 播种量计算

播种量是单位面积(或单位长度)上播种种子的重量。适当的播种量对苗木的产量和质量很重要。播种量计算公式如下:

$$X = C \times \frac{A \times W}{P \times G \times 1000^2}$$

式中　X——单位面积(或单位长度)实际所需的播种量(kg);

　　　A——产苗量(单位面积或长度);

　　　W——千粒重(g);

　　　P——净度(小数);

　　　G——发芽势(小数);

　　　C——损耗系数。

损耗系数因树种本身的种子发芽特性、苗圃的土壤及环境条件、育苗技术水平等的差异而不同。损耗系数的变化范围如下:

1)大粒种子(千粒重在700g以上)的损耗系数为1。

2）中小粒种子（千粒重在 3 ~ 700g）的损耗系数为 1 ~ 5。

3）极小粒种子（千粒重在 3g 以下）的损耗系数为 5 ~ 20。

【学习评价】

采用多元化的评价体系，将学生专业知识、技能操作、技能成果和个人的职业素养有效地结合在一起考评（表 1-2-4）。

表 1-2-4　学生考核评价表

考核项目		权重	考 核 要 点	考核评价		
				自我	小组	教师/专家
知识		20%	播种季节与方法			
技能	操作过程	40%	整地、消毒、播种方法正确，操作规范			
	技能成果	15%	采种数量和质量符合要求			
素质		25%	态度端正，纪律性强；小组合作分工，具备一定查阅资料与分析能力；认真，能吃苦耐劳；不旷课，不迟到早退			

【练习设计】

一、判断正误（认为正确的请在括号内打"√"，错误的打"×"）

1. 种子的播种时期按季节划分为春播、随采随播、秋播。　　　　　　　　（　　）

2. 露地播种春播的时期为三月下旬至四月上旬。　　　　　　　　　　　　（　　）

3. 为减轻各种危害，秋播应掌握"宁晚勿早"的原则。　　　　　　　　　　（　　）

4. 常用的播种方法有条播和点播。　　　　　　　　　　　　　　　　　　（　　）

5. 人工播种过程包括播种、覆土、镇压三个过程。　　　　　　　　　　　（　　）

6. 覆土厚度约为种子直径的 2 倍。　　　　　　　　　　　　　　　　　　（　　）

二、计算题

生产一年生油松播种苗 $1hm^2$，$1m^2$ 计划产苗 500 株，种子净度 0.95，发芽势 0.9，千粒重 37g，需购买多少 kg 种子？（损耗系数值为 2）

三、实训

穴盘苗的播种

1. 内容：分组按照下列步骤进行穴盘播种。

育苗土的配制：按照 50% 园土（塘泥）、25% 草木灰（或椰糠、泥炭）、25% 腐熟鸡粪（或其他腐熟有机肥）、加 $150g/m^2$ 多菌灵混拌土壤进行培养土的配制。

培养土的装盘：在培养穴盘里直接装入培养土。

种子消毒：自采种子进行消毒，购买的种子可以不进行消毒。

播种：点播。

覆土：播后应及时覆土，覆土厚度为种子直径的 2 ~ 4 倍。

浇水：浇水浇透，浇水量至少达到使 10 ~ 15cm 深的土壤湿润。

覆盖：应用塑料薄膜或玻璃覆盖育苗盘或育苗箱，以保温保湿。当覆膜水滴过多取下覆膜，去掉水珠，直到出苗撤膜。

2. 作业：完成实训报告。

技能四 播种后的苗期管理

【技能描述】

能进行播种后的苗期管理，保证成活。

播种后的
苗期管理

【技能情境】

（1）场地：苗床等。

（2）工具：枝剪、天平、量筒、喷水壶、塑料薄膜、盆、皮尺、卷尺、竹棒。

（3）材料：已经播种的苗圃。

【技能实施】

（1）分配任务，建立播种后苗期管理制度。

（2）定期观察，并根据苗木的需求采取相应的管理措施。根据苗木的生长情况和外界环境因素，有针对性地对苗木进行间苗、补苗、移栽、水肥等管理，并随时进行记载。

（3）汇总记载结果，并写出总结。

【技术提示】

（1）在出苗期，每天进行观察，并进行水分管理。

（2）在进行观察记载的时候，必须对天气情况、苗木生长情况和采取的管理措施等方面进行详细记载。

（3）在苗木生长异常时，能根据记载结果和自己的专业知识分析出原因，并采取积极的管理措施。

【知识链接】

（一）播种苗的生长规律

林木个体的一生始于受精卵细胞的分裂和分化，逐步形成一个具有种皮、子叶、胚轴、幼芽、幼根等幼小器官的生命体——种子。人们常看到的种子发芽，并不是林木个体生命周期的开始，而是生命活动暂停（休眠）后的重新开始。播种育苗就是从打破种子休眠开始到苗木出圃为止的一项苗木繁育生产活动，它区别于以营养器官为材料而成苗的一点就是它以种子为繁育材料，因此也叫实生苗。从种子播种到苗木出圃，不同树种其生长发育特点与出圃时间各不相同。为了便于生产上管理，常规上将苗木分为四个不同阶段：出苗期、幼苗期、速生期和苗木硬化期。

1. 出苗期

出苗期是指幼苗刚出土的时期，从播种到幼苗地上部出现真叶、地下部出现侧根为止。

出苗期的幼苗有子叶无真叶，不能制造营养物质；有主根无侧根，地下部分生长迅速。因此管理的技术要点如下：

（1）保持土壤的湿润，可采用喷雾浇水。

（2）及时遮阴：刚出土的幼苗纤细脆嫩，无论南方北方，适当的遮阴都是必要的，但遮阴的程度应有所不同。通常，针叶树宜重遮阴，阔叶树或阳性树种宜轻度遮阴。

出苗期尽量做到早、多、齐：所谓"早"就是要使播种后的种子早萌发出土，减少病虫危害；"多"则是要做到每亩有足够的苗量；"齐"指的是出土整齐，防止苗木出土不一。

要做到早、多、齐，首先要做好播种前的催芽，下种均匀，覆土厚度适宜，土壤水分适中。北方为了提高地温，要减少春灌次数，要避免晚霜危害。

2. 幼苗期

幼苗期是从幼苗地上部出现真叶、地下部出现侧根开始，到幼苗的高生长量开始大幅度上升时为止。该期真叶出现，可自行制造营养物质，高生长较慢；侧根开始长出，地下生长较地上生长快一些。因此管理的技术要点如下：

（1）保苗。促进根系向下生长，适度扣水，为进入速生期打好基础。

（2）补苗和间苗。生长快的树种和幼苗过密时，应作好间苗；对于比较稀疏的及时补苗。

（3）注意防治病虫害。可采用每周喷一次广谱性的杀虫剂或者杀菌剂进行预防，防止猝倒病的发生。

（4）小苗幼嫩，对高温、低温、缺水、土中缺氮磷等不良的外部环境都会做出明显反应。

3. 速生期

速生期从苗木的高生长量开始大幅度上升时开始，到高生长量开始大幅度下降时为止。这一时期，是苗木生长最旺盛的时期，高生长与直径生长都显著加快，根系生长量显著增大。此期苗木的高生长与直径生长、根系生长高峰是交错进行，即高生长速度高峰期，正是根系和直径生长的缓慢期；而高生长速度缓慢期，正是根系和直径生长的高峰期。速生期持续时间的长短与来临的早晚，与气候、树种和播期等条件的不同有直接的关系。此期管理的技术要点如下：

（1）因生长显著加快，需要给土壤供足水分及肥料，并创造充足的光照条件。

（2）所有间苗、定苗工作必须在苗木速生期到来之前完成。

（3）加强病虫害防治，后期适时停止施用氮肥并减少灌水。

4. 苗木硬化期

从苗木高生长量大幅度下降时开始，到苗木根系生长结束时为止。此期植物高生长量急剧下降直至停止，继而出现冬芽，北方大部分落叶树苗木开始落叶，进入休眠状态；体内含水率降低，营养物质由可溶状态转入不溶的储藏状态，抵御干旱和低温的抗性能力增强。因此管理的技术要点如下：

（1）关键是抓好促进苗木木质化，防止徒长，提高苗木抵御低温及干旱的能力。

（2）减少氮肥及水分供应。

（3）通过截根控制水分吸收，并可多增生一些吸收根。

（二）播种后的苗期管理的主要措施

1. 浇水

在种子萌发和苗木生长过程中，水分起着极其重要的作用。幼苗出土后，组织幼嫩，对水分的要求严格，缺水即发生萎蔫现象，水分过多则易发生烂根涝害。水分管理就是通过灌溉和排水，调节土壤的湿度，满足不同树种在不同生长时期对土壤水分的要求。

2. 遮阴

在出苗期和幼苗期适度遮阴，遮阴可使苗木不受阳光直接照射，可降低地表温度，防止幼苗遭受日灼危害，保持适宜的土壤温度，减少土壤和幼苗的水分蒸发，同时起到了降温保墒的作用。在后期需要撤去遮阴。

一般树种在幼苗期不同程度地喜欢庇荫环境，特别是喜阴树种，如云杉、红松、白皮松等松柏类及小叶女贞、椴树、含笑等阔叶树种都需要遮阴，防止幼苗灼伤。一般可用苇帘、竹帘设活动阴棚，帘子的透光度依当地的条件和树种的不同而异。苗木受弱光照射，可增强光合作用，提高幼苗对外界环境的适应能力，促使幼苗生长健壮。也可采用插阴枝或间种等办法进行遮阴。

3. 间苗和补苗

（1）间苗。间苗是为了调整幼苗的疏密度，使苗木之间保持一定的间隔距离，保持一定的营养面积、空间位置和光照范围；使根系均衡发展，苗木生长整齐健壮。间苗主要疏除有病虫害的、发育不正常的、弱小的劣苗。

间苗次数应依苗木的生长速度确定，一般间苗 1～2 次为好。间苗的时间宜早不宜迟。间苗后应及时浇水，以防在间苗过程中被松动的小苗干死。露地播种的花卉一般间苗两次。第一次在幼苗出齐后，每墩留苗 2～3 株，按一定的株行距将多余的拔除；第二次间苗也叫定苗，在幼苗长到 3～4 片真叶时进行，除准备成丛栽植的草花外，一般均留一株壮苗，间下的花苗可以补栽缺株，对一些耐移植的花卉，还可以栽植到其他的苗圃。

露地播种的树木苗木第一次间苗在苗高 5cm 时进行，一般把受病虫危害的、受机械损伤的、生长不正常的、密集在一起影响生长的幼苗去掉一部分，使苗间保持一定距离。第二次间苗与第一次间苗相隔 10～20d，第二次间苗即为定苗。间苗的多少应按单位面积产苗量的指标进行留苗，其留苗数可比计划产苗量增加 5%～15%，作为损耗系数，以保证产苗计划的完成，但留苗数不宜过多，以免降低苗木质量。间苗后要立即浇水，最好在阴天进行。

（2）补苗。可弥补缺苗断垄和产苗量的不足。补苗时期越早越好，可结合间苗同时进行，最好选择阴雨天或下午 4 时以后进行，以减少强光的照射，防止萎蔫。必要时，在补苗后进行一定的遮阴，可提高成活率。

4. 截根和移栽

一般在幼苗长出 4～5 片真叶、苗根尚未木质化时进行截根。截根深度以 10～15cm 为宜，可用锐利的铁铲、斜刃铁片将主根截断，目的是控制主根的生长，促进苗木的侧根、须根生长，加速苗木的生长，提高苗木质量，同时也提高移植后的成活率。截根适用于主根发达、侧根发育不良的树种，如核桃、橡栎类、梧桐、樟树等。

结合间苗进行幼苗移栽，可提高种子的利用率。对珍贵或小粒种子的树种，可进行苗床育苗或室内盆播等，待幼苗长出 2~3 片真叶后，再按一定的株、行距进行移栽，移栽的同时也起到了截根的效果，促进了侧根的发育，提高了苗木质量。幼苗移栽后应及时进行灌水和给予适当遮阴。

5. 施肥

苗木施肥是培养壮苗的一项重要措施。施肥一般以氮肥为主，适当配以磷、钾肥。苗木在不同的发育阶段对肥料的需求也不同，一般来说，播种苗生长初期需氮、磷肥较多，速生期需大量氮肥，生长后期以钾肥为主，磷肥为辅，减少氮肥。第一次施肥宜在幼苗出土后 1 个月，当年最后一次追施氮肥应在苗木停止生长前 1 个月进行。

6. 病虫害防治

对苗木生长过程中发生的病虫害，其防治工作必须贯彻"防重于治"和"治早、治小、治了"的原则，以免扩大成灾。

（1）栽培技术上的预防。实行秋耕和轮作；选用适宜的播种时期；适当早播，提高苗木抵抗力；做好播种前的种子处理工作。合理施肥，精心培育，使苗木生长健壮，增强对病虫害的抵抗能力。施用腐熟的有机肥，以防病虫害及杂草的滋生。在播种前，使用甲醛等对土壤进行必要的消毒处理。

（2）药剂防治和综合防治。苗木的病虫害常见的有猝倒病、立枯病、锈病、褐斑病、白粉病、腐烂病、枯萎病等，虫害主要有根部害虫、茎部害虫、叶部害虫等，当发现后要注意及时进行药物防治。

（3）生物防治。保护和利用捕食性、寄生性昆虫和寄生菌来防治害虫，可以达到以虫治虫、以菌治病的效果，如用大红瓢虫可有效地消灭苗木中的吹绵介壳虫，效果很好。

7. 中耕除草

中耕即为松土，作用在于疏松地表土层，减少水分蒸发，增加土壤保水蓄水能力，促进土壤空气流通，加速微生物的活动和根系的生长发育。中耕除草，在苗木抚育工作中占有相当重要的地位，它可以减少土壤中水分、养分的消耗，减免病虫害的感染，加速苗木生长，提高苗木质量。一般应注意苗根附近宜浅，行间宜深。

8. 越寒防冻

苗木的组织幼嫩，尤其是秋梢部分，入冬时不能完全木质化，抗寒力弱，易受冻害。早春幼苗出土或萌芽时，也最易受晚霜的危害，要注意苗木的防冻。适时早播，可延长苗木生长期，促使苗木生长健壮。在生长后期多施磷、钾肥，减少灌水，促使苗木及时停长，枝条充分木质化，可提高组织抗寒能力。冬季用稻草或落叶等把幼苗全部覆盖起来，次春撤除覆盖物。入冬前将苗木灌足冻水，增加土壤湿度，保护土壤温度，注意灌冻水不宜过早，一般在土壤封冻前进行，灌水量也要大。另外，可结合翌春移植，将苗木在入冬前掘出，按不同规格分级埋入假植沟或在地窖中假植，可有效防止冻害。

9. 轮作换茬

在同一块圃地上，用不同的树种，或用苗木与农作物、绿肥作物等按照一定的顺序和区域划分进行轮换种植的方法称为轮作，又称换茬。轮作可以充分利用土壤的养分，增加土壤中的有机质，提高土壤肥力，加速土壤熟化，同时有利于消除杂草和病虫害的中间寄主，有利于控制病虫害的滋生蔓延。所以，在制定育苗计划时，应尽可能合理调换各树种的育苗区，或轮作一些绿肥作物，或种植豆科作物，以提高圃地的土壤肥力。

【学习评价】

采用多元化的评价体系，将学生专业知识、技能操作、技能成果和个人的职业素养有效地结合在一起考评（表1-2-5）。

表1-2-5　学生考核评价表

考核项目		权重	考核要点	考核评价		
				自我	小组	教师/专家
知识		20%	播种苗的生长规律			
技能	操作过程	25%	苗期管理措施及时，恰当			
	技能成果	30%	发芽率、整齐度、苗期成活率高，生长势优良，苗期管理记录完整、正确			
素质		25%	态度端正，纪律性强；小组合作分工，具备一定查阅资料与分析能力；认真，能吃苦耐劳；不旷课，不迟到早退			

【练习设计】

一、名词解释

间苗　截根

二、简答题

1. 播种苗的第一个年生长周期可分为哪四个时期？各时期苗木生长特点和育苗技术要点是什么？

2. 轮作换茬在生产实际中的作用是什么？

任务二总结

任务二详细阐述了播种苗培育过程，包括种子采集与处理、播种前种子处理、播种和播种后管理技术。通过任务二的学习，学生可以全面系统地掌握播种苗培育的知识和技能。

任务二　思政拓展

实生苗生活力强，根系发达，寿命长，但自花授粉繁殖的后代易产生性状分离，个体间遗传性状差异较大，造林后林木分化严重。任何事物都有两面性，在大学生生涯中我们遇到了哪些两面性的事情，你是如何处理的？同时种子的力量是无穷的，2015年合肥植物园主办的"荷花盛宴"展示了首次成功培育600多年历史的元明时期古莲。

园林植物是统一的有机体，地上部分和地下部分的生长相辅相成，同样，在我们专业技能学习的同时须打牢基础，促进专业技能提升，同时注重身心健康发展，才能真正成人成才。

任务三　营养繁殖苗的培育

【任务分析】

能进行营养繁殖苗的培育。

【任务目标】

（1）了解扦插、嫁接、压条、分生生根原理。
（2）熟知扦插、嫁接、压条、分生的类型与方法。
（3）掌握扦插、嫁接、压条、分生育苗技术。
（4）会针对不同的植物选择合适的繁殖方法和手段。
（5）培养学生分析问题、解决问题的能力，培养学生团结协作的能力。

技能一　扦　　插

【技能描述】

能进行扦插苗的培育。

扦插

【技能情境】

（1）场地：扦插床、温室等。
（2）工具：枝剪、天平、量筒、喷水壶、塑料薄膜、盆、皮尺、卷尺、竹棒。
（3）材料：各种植物材料；ABT 生根粉等。

【技能实施】　茎插

1. 采插穗

选择生长健壮、品种优良的幼龄母树，取组织充分木质化的 1～2 年生枝条作插穗，落叶树种在秋季后到翌春发芽前剪枝；常绿树插条应于春季萌芽前采条，随采随插。

2. 插穗剪制

将粗壮、充实、芽饱满的枝条剪成 15～20cm 的插条，每个插条上带 2～3 个发育充实的芽，上切口距顶芽 0.5～1cm，下切口靠近下芽，上切口平剪，下切口斜剪（图 1-3-1、图 1-3-2）。

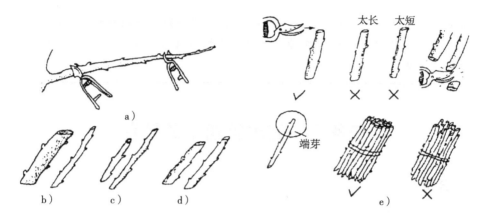

图 1-3-1 接穗剪制示意图

a）枝条中下部分作插穗最好 b）粗枝稍短，细枝稍长
c）易生根植物稍短 d）黏土地稍短，沙土地稍长 e）保护好上端芽

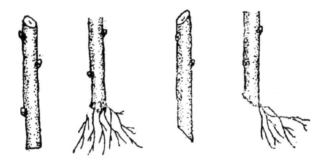

图 1-3-2 剪口形状与生根示意图

3. 扦插床的整理

在已做的插床上进一步平整、松土或者填入合适的土壤，使用杀虫剂、多菌灵等进行土壤消毒。土壤要求透水、透气。

4. 插穗的处理

将切制好的插穗50根或100根捆一捆（注意上、下切口方向一致），竖立放入配制好的生根剂中，浸泡深度约2～3cm，浸泡时间长短根据生根剂的浓度和植物种类来确定。

5. 扦插

（1）扦插方法：直接插入法，插穗与地面垂直，或者稍倾斜插入基质中。

（2）深度：插穗入土深度为插穗长度的2/3，地面至少留1～2个芽。

（3）插穗入土后应充分与土壤接触，避免悬空。

（4）株行距：根据生根成活的情况确定合理的密度，一般株距10cm，行距20～25cm。

6. 扦插后管理工作

（1）扦插后立即浇一次透水，以后保持插床浸润。

（2）遮阴：为了防止插条因光照增温，苗木失水，插后4～5个月应搭阴棚遮阴降温。

（3）抹芽：扦插成活后，当新苗长至15～30cm，应保留一个健壮的直立芽，其余除去。

（4）施肥：适当施入少量的速效性化学肥料。

（5）移栽：扦插成活的苗木经过一段时间的生长，应移栽到苗圃里面，进行常规的养护管理。

【技术提示】

（1）防止倒插。

（2）保持上芽基部与地面平行。

（3）插后立即灌水。

（4）插穗与土壤密接。

（5）粗细不同应分级扦插，以达到生长整齐，减少分化。

（6）插后要经常保持土壤湿润。

（7）常绿树应搭棚遮阴。

（8）阔叶树应注意除萌抹芽。

【知识链接】

扦插是以植物营养器官的一部分如根、茎（枝）、叶等，在一定的条件下插入土、沙或其他基质中，利用植物的再生能力，经过人工培育使之发育成一个完整新植株的繁殖方法。经过剪截用于直接扦插的部分叫插穗，用扦插繁殖所得的苗木称为扦插苗。

扦插繁殖方法简单，材料充足，可进行大量育苗和多季育苗，已经成为树木，特别是不结实或结实稀少的名贵园林树种的主要繁殖手段之一。扦插育苗和其他营养繁殖一样具有成苗快、阶段发育老和保持母本优良性状的特点。但是，因插条脱离母体，必须给予适合的温度、湿度等环境条件才能成活，对一些要求较高的树种，还需采用必要的措施如遮阴、喷雾、搭塑料棚等措施才能成功。因此扦插繁殖要求管理精细，比较费工。

（一）插穗生根的原理

扦插的插穗，在扦插前插穗本身还没有形成根原始体，其形成不定根的过程与木质化程度较高的插穗有所不同。插穗种类不同，成活的原理也不同。由于枝插应用最广泛，我们就重点介绍枝插生根的原理。当嫩枝剪取后，剪口处的细胞破裂，流出的细胞液与空气氧化，在伤口外形成一层很薄的保护膜，再由保护膜内新生细胞形成愈伤组织，并进一步分化形成输导组织和形成层，逐渐分化出生长点并形成根系。

从形态上看，根据插穗不定根发生的不同部位，可以分为三种生根类型（图1-3-3）：

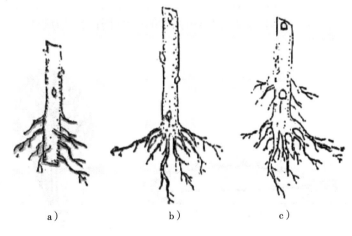

图1-3-3　插穗生根类型

a）皮部生根型　b）愈伤组织生根型　c）综合生根型

1. 皮部生根型

这是一种易生根的类型。属于这种生根类型的植物在正常情况下，随着枝条的生长，由于形成层进行细胞分裂，与细胞分裂相连的髓射线逐渐增粗，向内穿过木质部通向髓部，从髓细胞中取得养分，向外分化逐渐形成钝圆锥形的薄壁细胞群。多位于髓射线与形成层的交叉点上，这些薄壁细胞群称为根原始体，其外端通向皮孔。当枝条的根原始体形成后，剪制插穗。在适宜的环境条件下，经过很短的时间，就能从皮孔中萌发出不定根，因为皮部生根迅速，在剪制插穗前其根原始体已经形成，故扦插成活容易。如杨、柳、紫穗槐及油橄榄中一部分即属于这种生根类型。

2. 愈伤组织生根型

任何植物在局部受伤时，受伤部位都有产生保护伤口免受外界不良环境影响、吸收水分养分、继续分生形成愈伤组织的能力。与伤口直接接触的薄壁细胞（活的薄壁细胞）在适宜的条件下迅速分裂，产生半透明的不规则的瘤状突起物，这就是初生愈伤组织。愈伤组织及其附近的活细胞（以形成层、韧皮部、髓射线、髓等部位及邻近的活细胞为主且最为活跃）在生根过程中，由于激素的刺激非常活跃，从生长点或形成层中分化产生出大量的根原始体，最终形成不定根。如桂花、火棘等属于这种生根类型。

3. 综合生根型

愈伤组织生根与皮部生根的数量相比较少，比如杨、金叶女贞、石楠等。

（二）扦插的种类和方法

1. 叶插

应用范围：用于能自叶上发生不定芽和不定根的种类。能叶插的植物多具有粗壮的叶柄、叶脉或肥厚的叶片。常见的有景天、秋海棠类、虎尾兰、橡皮树等。

（1）全叶插：用完整叶片为插穗。

1）平置法（图1-3-4）：如落地生根、秋海棠。

2）直插法（图1-3-5）：又叫叶柄插法。如非洲紫罗兰、耐寒苣苔、球兰。

（2）片叶插（图1-3-6）：将一个叶片分切为数块，分别进行扦插，使每块叶片上形成不定芽。

　　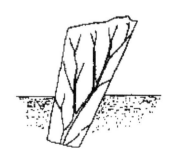

图1-3-4　平置法　　　　　图1-3-5　直插法　　　　　图1-3-6　片叶插

2. 茎插

茎插用植物的茎、枝作为插条，又可分为硬枝（休眠枝）扦插、嫩枝（绿枝或软枝）扦插等。

（1）硬枝扦插。硬枝扦插是利用已经休眠的枝条作插穗进行扦插，通常分为长穗插和单芽插两种。长穗插是用两个以上的芽进行扦插，单芽插是用一个芽的枝段进行扦插（图1-3-7）。

扦插时间春秋两季均可进行，春季扦

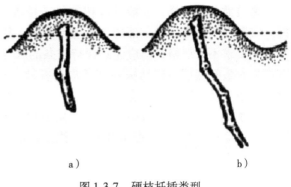

图 1-3-7 硬枝扦插类型
a）单芽插 b）长穗插

插宜早，秋季扦插在落叶后、土壤封冻前进行。一般应选优良的幼龄母树上发育充实、已充分木质化的1~2年生枝条作插穗。采条后如不立即扦插，应将枝条进行储藏处理，如低温储藏处理、窖藏处理、沙藏处理等。

插穗的剪制：一般长穗插条15~20cm长，保证插穗上有2~3个发育充实的芽。单芽插穗长3~5cm。剪切时上切口距顶芽1cm左右，下切口的位置依植物种类而异，一般在节附近薄壁细胞多，细胞分裂快，营养丰富，易于形成愈伤组织和生根，故插穗下切口宜紧靠节下。

扦插：扦插前要整理好插床。露地扦插要细致整地，施足基肥，使土壤疏松，水分充足，必要时要进行消毒。扦插密度可根据树种生长快慢、苗木规格、土壤情况和使用的机具等而定，一般株距为10~20cm，行距为20~40cm。在温棚和繁殖室，一般密插，插穗生根发芽后，再进行移植。插穗扦插的角度有直插和斜插两种，一般情况下，多采用直插，斜插的扦插角度不应超过45°。插入深度应根据树种和环境而定，落叶树种插穗全插入地下，上露一芽或与地面平；露地扦插在南方温暖湿润地区，可使芽微露。在温棚和繁殖室内，插穗上端一般都要露出扦插基质。常绿树种插入地下深度应为插穗长度的1/3~1/2。

扦插后管理：扦插后第一次浇足水，以后经常保持土壤和空气的湿度，做好松土除草工作。

（2）嫩枝扦插。嫩枝扦插（图1-3-8）又称生长期扦插，是在生长季用生长旺盛的半木质化的枝条作插穗进行扦插。嫩枝扦插多用全光照自动间歇喷雾装置或阴棚内塑料小棚等，以保持适当的温度和湿度。扦插基质主要为疏松透气的蛭石、河沙等。扦插深度为3cm左右，密度以叶片间不相互重叠为宜，以保持足够的光合作用。

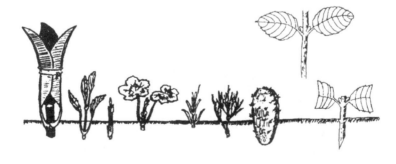

图 1-3-8 嫩枝扦插

嫩枝插条的选择：一般针叶树如松、柏等，扦插以夏末剪取中上部半木质化的枝条较好。实践证明，采用中上部的枝条进行扦插，其生根情况大多数好于基部的枝条。针叶树对水分的要求不太严格，但应注意保持枝条的水分。落叶阔叶树及常绿阔叶树嫩枝扦插，一般在高生长最旺盛期剪取幼嫩的枝条进行扦插。对于大叶植物，当叶未展开成大叶时采条为宜。采条后及时喷水，注意保湿。

采条在一日的早晚或阴天采条，主要保鲜，最好随采、随截、随插。插穗一般长10～15cm，带2～3个芽。一般带叶1～2枚，保留叶片有利于营养物质积累并促进生根，但留叶不宜过多，否则失水过多会使插条萎蔫；也可将插穗上的叶片剪半，如桂花、茶花的扦插；或将较大叶片卷成筒状，以减少蒸腾，如橡皮树扦插，宜随采随插。对于嫩枝扦插，枝条插前的预处理很重要，含单宁高的难生根的植物可以在生长季以前进行黄化处理、环剥处理、捆扎处理等；或者扦插前用生根粉和植物激素进行处理后扦插，扦插时间最好在早晨和傍晚。扦插深度为插穗长度的1/2。

扦插后管理：扦插后保持空气湿度在95%左右，温度最好控制在18～28℃，同时要注意通风及遮阴（图1-3-9）。

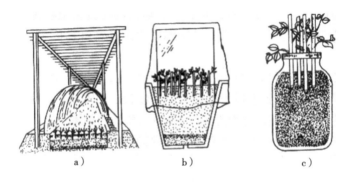

图1-3-9　嫩枝扦插后期管理
a）塑料棚扦插　b）大盆密插　c）暗瓶水插

（3）芽叶插　插条仅有1芽附1片叶，芽下部带有盾形茎部1片，或1小段茎，插入沙床中，仅露芽尖即可，插后盖上薄膜，防止水分过量蒸发。叶插不易产生不定芽的种类，宜采用此法（图1-3-10）。

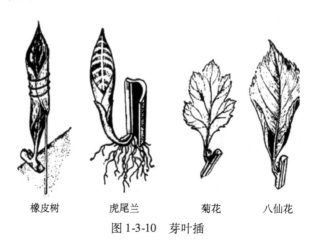

橡皮树　　虎尾兰　　菊花　　八仙花
图1-3-10　芽叶插

3. 根插

根插是利用根上能形成不定芽的能力扦插繁殖苗木的方法（图1-3-11），用于那些枝插不易生根的种类。果树和宿根花卉可采用此法，如牡丹、合欢、香椿、丁香、海棠等。一般选取粗2mm以上、长5～15cm的根段进行沙藏，也可在秋季掘起母株，储藏根系过冬，翌年春季扦插。冬季也可在温床或温室内进行扦插。根因抗逆性弱，要特别注意防旱。

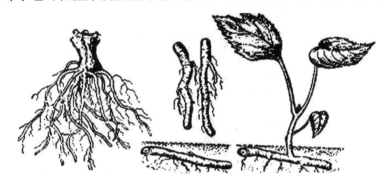

图1-3-11 根插

（三）影响扦插成活的因素

1. 内部因素

（1）不同植物种和品种。不同植物插条生根的能力有较大的差异。极易生根的植物有柳树、小叶黄杨、木槿、连翘、月季等；较易生根的植物有毛白杨、枫杨、茶花、悬铃木、夹竹桃、女贞、石楠等；较难生根的植物有赤杨、苦楝、臭椿等；极难生根的植物有板栗、柿树、马尾松等。同一种植物不同品种枝插生根难易程度也不同。根据实践经验，插条生根从易到难大致有以下规律：常绿阔叶树种＞常绿针叶树种；速生树种＞慢生树种。在落叶阔叶树种中，灌木、藤本＞乔木；湿生树种＞旱生树种。

（2）枝龄和枝条的部位。一般情况下，树龄越大，插条生根越难。难生根的树种，如从实生幼树上剪取枝条进行扦插，则较易生根。插条的年龄以1年生枝的再生能力最强，一般枝龄越小，扦插越易成活。常绿树种春、夏、秋、冬四季均可扦插。落叶树种夏、秋扦插，以树体中上部枝条为宜；冬、春扦插以枝条的中下部为好。

（3）枝条的发育状况。凡发育充实的枝条，其营养物质比较丰富，扦插容易成活，生长也较良好。嫩枝扦插应在插条刚开始木质化即半木质化时采取；硬枝扦插多在秋末冬初、营养状况较好的情况下采条；草本植物应在植株生长旺盛时采条。

（4）激素。生长素和维生素对生根和根的生长有促进作用。由于内源激素与生长调节剂的运输方向具有极性运输的特点，如枝条插倒，则生根仍在枝段的形态学下端，因此，扦插时应特别注意不要倒插。

（5）插穗的叶面积。插条上的叶，不但能通过光合作用制造一定的养分，供给插穗生根和生长的需要，而且能形成一定数量的生长激素，对促进插穗生根十分重要。然而插条未生根前，叶面积越大，蒸腾量越大，插条容易枯死。所以，为有效地保持吸水与蒸腾间的平衡关系，实际扦插时，要依植物种类及条件，调节插条上的叶数和叶面积。一般留2～4片叶，大叶种类要将叶片剪去一半或一半以上。

2. 外部因素

影响插穗生根的外部因素主要是气象因素和土壤因素。气象因素有水分与湿度、温度、光照强度等；土壤因素有扦插基质的性质，即机械组成、含水和通气状况等。

（1）水分与湿度。基质要湿润，以50%～60%的土壤含水量为适宜。水分过多常使插穗腐烂。扦插初期，愈伤组织形成需较多水分，以后应减少水分。空气湿度以80%～90%为宜，可减少插穗枝叶中水分的过分蒸发。

（2）温度。软材扦插宜在20～25℃进行；热带植物可在25～30℃；耐寒性花卉可稍低。基质温度（底温）需稍高于气温3～6℃，可促进根的发生。气温低抑制枝叶的生长。在田间扦插时，采用高垄（高床）扦插比平作土壤温度可提高2～5℃，施用土面增温剂土壤温度能提高2～4℃。

（3）光照强度。充足的光照可提高土壤温度，促进生根。嫩枝扦插带有顶芽和叶片，要在日光下进行光合作用，从而产生生长素促进生根，但不能给予强光。扦插初期应给以适度的遮阴。

（4）基质。扦插基质的水分和空气状况，是决定扦插生根成活的最重要的因素，通常基质不一定需要有养分，而应具有保温保湿、疏松透气和不含病虫源等特点，最好也能具有质地轻、运输便利及成本低等特点。

（四）促进生根的措施

在生产中为了促进那些扦插生根困难、生根速度缓慢的树种较快生根并提高扦插成活率，常用的方法有以下几种：

1. 机械处理

常用环剥、刻伤等方法，即在生长后期剪穗前20～30d，先刻伤、环割枝条基部或用麻绳等捆扎，以截断养分向下运输的通道，使养分集中，枝条受伤处逐渐膨大，到休眠期再将枝条从基部剪下进行扦插。

2. 黄化处理

在进行插条剪取前，用黑色的布、纸或薄膜等遮光，使枝条在黑暗下生长一段时间，因缺光而黄化，从而促进组织的生长，延迟芽组织的发育，促进插后生根。

3. 加温法

加温法有两种方法：一是增加插床的底温；二是温水浸泡枝条。

（1）一般地温高于气温3～5℃时，通过增加插床的底温，有利于插条生根。

（2）温水浸烫法就是将插穗的下端放在适当温度（30～35℃）的温水中浸泡后，再行扦插，也能促进生根。有些裸子植物，如松、云杉等，因含有松脂，常阻碍愈伤组织的形成且抑制生根，可用温水处理2h后进行扦插，可获得较好的生根效果。

4. 生根剂及植物激素处理

不易生根的树种，采用生根素、植物激素处理能促进生根。主要有：ABT生根粉、911生根素、HL-43生根剂、NAA等。这些激素能有效促进插穗早生根、多生根。一般使用时均采用水剂或粉剂。

5. 化学药剂处理

常用的化学药剂有：酒精、蔗糖、$KMnO_4$、MnO_2 等。如用 1%～3% 酒精浸泡，可去除杜鹃类插穗的抑制物质；用糖类溶液（2%～5%）浸 10～24h，可在一定程度上促进松柏类树种的生根。

【学习评价】

采用多元化的评价体系，将学生专业知识、技能操作、技能成果和个人的职业素养有效地结合在一起考评（表 1-3-1）。

表 1-3-1　学生考核评价表

考核项目		权重	考核要点	考核评价		
				自我	小组	教师/专家
知识		20%	扦插类型与方法、影响成活因素			
技能	操作过程	25%	剪刀使用符合规范，插穗合适，插穗剪口正确，接穗处理方法正确，扦插床整理平整疏松，扦插方法正确并规范操作，管理合理及时，记录完整			
	技能成果	30%	成活率、生长势优			
素质		25%	态度端正，纪律性强；小组合作分工，具备一定查阅资料与分析能力；认真，能吃苦耐劳；不旷课，不迟到早退			

【练习设计】

一、填空题

1. 扦插按照扦插的部位分为_____、_____、_____。

2. 促进扦插生根的技术措施有_____、_____、_____等。

二、单项选择题

1. 选择生长健壮、品种优良的幼龄母树，取组织充分木质化的（　　）生枝条作插穗。

A. 当年　　　　　　B. 1～2 年　　　　　　C. 多年　　　　　　D. 都可以

2. 扦插育苗接穗的长度一般是（　　）cm。

A. 5～10　　　　　　B. 15～20　　　　　　C. 20～30　　　　　　D. 30～40

3. 扦插繁殖属于（　　）。

A. 实生繁殖　　　B. 营养繁殖　　　　C. 有性繁殖　　　　D. 组织培养

三、判断正误（认为正确的请在括号内打"√"，错误的打"×"）

1. 嫩枝扦插是用半木质化的枝条作插穗。　　　　　　　　　　　　　　　　（　　）

2. 硬枝扦插最适宜的时间是初夏。　　　　　　　　　　　　　　　　　　　（　　）

3. 扦插后水分管理只用考虑土壤水分管理。　　　　　　　　　　　　　　　（　　）

4. 园林苗木扦插繁殖中，硬枝扦插多选用休眠枝作为接穗。　　　　　　　　（　　）

5. 桃、苹果进行茎插繁殖时，插条都比较难生根。　　　　　　　　　　　　（　　）

技能二 嫁 接

【技能描述】

能进行嫁接苗的培育。

嫁接

【技能情境】

（1）场地：苗圃。

（2）工具：枝剪、天平、量筒、喷水壶、塑料薄膜、盆、皮尺、卷尺、竹棒。

（3）材料：各种植物材料、生根粉等。

【技能实施】 枝接

1. 砧木与接穗的选择

（1）砧木的选择：苗圃中1～2年实生苗。

（2）接穗的选择：在校园绿化树种中选择性状优良、生长健壮、观赏价值高、与砧木亲和力强的成年树，在树冠阳面外围中、上部生长充实、芽体饱满的幼龄枝。

2. 削穗

（1）切接：接穗上要保留2～3个完整饱满的芽，将接穗从距下切口最近的芽位背面，用切接刀向内切达木质部（不要超过髓心），随即向下平行切削到底，切面长2～3cm，再于背面末端削成0.8～1cm的小斜面。

（2）劈接：适用于大部分落叶树种。通常在砧木较粗、接穗较小时使用。接穗下端两侧切削成楔形，削面长约3cm，接穗外侧要比内侧稍厚，保留2～3个完整饱满的芽。

3. 剪砧

（1）切接（图1-3-12）：嫁接时先将砧木距地面5cm左右处剪断、削平，选择较平滑的一面，用切接刀在砧木一侧（略带木质部，在横断面上约为直径的1/5～1/4）垂直向下切，深约2～3cm。

（2）劈接（图1-3-13）：将砧木在离地面5～10cm处锯断，用劈接刀从其横切面的中心直向下劈，切口长约3cm，劈开砧木。

4. 插接

砧木切开或者劈开后将接穗插入，使接穗的两边或一边的形成层（视砧木粗细而定）和砧木的形成层对准。接穗的削面不要全部插入切口，其上可露出少许。劈接当砧木较粗时，可同时插入2个或4个接穗。

5. 绑扎

插好后立即用塑料条带由下向上将砧穗绑紧，要求接穗芽点外露，松紧适度，塑料条带打活结。

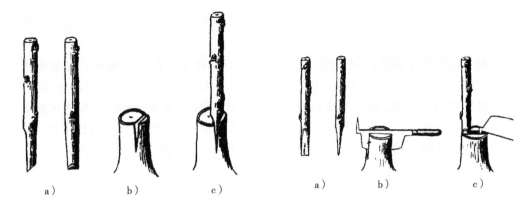

图 1-3-12 切接
a) 削接穗 b) 切砧木 c) 插接

图 1-3-13 劈接
a) 削接穗 b) 切砧木 c) 插接

6. 嫁接后管理工作

（1）接口保湿：生产实践中，嫁接后为保持接口湿度，防止失水干萎，可采用套袋、封土和涂蜡等措施，待接穗抽出新梢后再把袋去掉。

（2）检查成活：枝接一般在接后 3~4 周检查成活，如接穗已萌发，接穗鲜绿，则已成活。芽接 1 周后检查成活情况，如用手触动芽片上保留的叶柄，若一触即落，表明已成活，否则芽片已死亡，应在其下面补接。

（3）松绑：嫁接成活后，当枝接的接穗成活 1 个月后，可松绑，一般不宜太早，否则接穗愈合不牢固，受风吹易脱落，也不易过迟，否则绑扎处出现溢伤，影响生长。芽接一般在 9 月进行，成活后腋芽当年不再萌发，因此可不将绑扎物除掉，待来年早春接芽萌发后再解除。

（4）剪砧、抹芽、去萌蘗：剪砧视情况而定，枝接苗成活后当年就可剪砧，大部分芽接苗可在抽穗当年分 1~2 次剪砧。抹芽除抹去砧木滋生的大量萌芽外，还应将接穗上过多的萌芽、根蘗一并剪去，以保证养分集中供应。

（5）移栽：嫁接成活的苗木经过一段时间的生长，应移栽到苗圃里面，进行常规的养护管理。

【技术提示】

（1）砧木与接穗的亲和能力强。
（2）削穗与剪砧尽量一次削剪到位。
（3）砧木与接穗的形成层要对齐，结合紧密。
（4）操作过程要快。

【知识链接】 嫁接繁殖

嫁接繁殖是指将一种植物的枝或芽接到另一种植物的茎（枝）或根上，使之愈合生长在一起，形成一个独立植株的繁殖方法。供嫁接用的枝、芽称为接穗或接芽，承受接穗或接芽的植株称为砧木。用枝条作为接穗的称为枝接，用芽作为接穗的称为芽接。通过嫁接方法繁殖所得的苗木称为"嫁接苗"。嫁接可以保持品种的优良特性，提高对环境的适应性，提前开花、结果年限，扩大栽培区域及增加繁殖系数。

（一）嫁接成活的原理

嫁接时，砧木和接穗削面的表面，由于愈伤激素的作用，使伤口周围的细胞生长和分裂，形成层细胞也加强活动，形成了愈伤组织，砧木和接穗愈伤组织的薄壁细胞相互连接。愈伤组织细胞进一步分化，向内形成新的木质部，向外形成新的韧皮部，将两者木质部的导管与韧皮部的筛管沟通，这样疏导组织才算真正沟通。愈伤组织外部的细胞分化成新的栓皮细胞，与两者栓皮细胞相连，这时两者才真正愈合成为一新的植株（图1-3-14）。

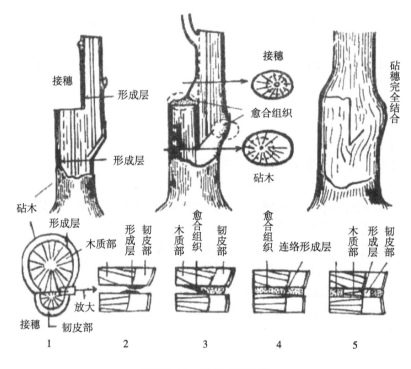

图1-3-14　切接成活过程

（二）影响嫁接成活的因素（图1-3-15）

1. 砧木和接穗的亲和力

亲和力是指砧木和接穗在形态解剖、生理生化等方面相同或相近的程度，以及嫁接成活后生长发育成为一个健壮新植株的潜在能力。亲和力是影响嫁接能否成功的重要因素，一般亲缘关系越近，亲和力越近，同种间或同品种间亲和力最强，如核桃上接核桃，月季上接月季；同属异种间亲和力次之，如杏上接梅花，木兰上接白玉兰，成活也易；同科异属间亲和力小，有些植物可接成活，如小叶女贞上接桂花，石梅上接枇杷，枫杨上接核桃；不同科树

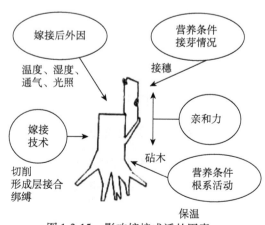

图1-3-15　影响嫁接成活的因素

种间嫁接，亲和力更弱，很难获得嫁接成功，在生长上不能应用。

2. 砧木和接穗的生活力，如苗龄及其健康状况等

砧木、接穗的生活力、树种的生物学特性、愈伤组织的形成及植物种类和砧木、接穗的生活力有关。一般来说，生长发育健壮的接穗、砧木，储藏积累的养分多，形成层易于分化，愈伤组织容易形成，嫁接成活率高；长势差、有病虫害的接穗、砧木，嫁接成活率低。如果砧木萌动比接穗稍早，可及时供应接穗所需的养分和水分，嫁接易成活；同时萌动的次之；接穗较砧木萌动早，成活率最低。

有些种类，如柿树、核桃富含单宁，切面易形成单宁氧化隔离层，阻碍愈合；松类富含松脂，处理不当也会影响愈合。此外，如果砧木和接穗的细胞结构、生长发育速度不同，嫁接则会形成"大脚"或"小脚"现象。如在黑松上嫁接五针松，在女贞上嫁接桂花均会出现"小脚"现象。除影响美观外，生长仍表现正常。因此，在没有更理想的砧木时，在园林苗木的培育中仍可继续采用上述砧木（图1-3-16）。

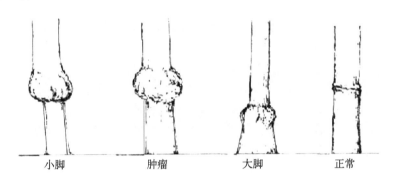

小脚　　　　　肿瘤　　　　　大脚　　　　　正常

图 1-3-16　嫁接的"大脚""小脚"现象

苗龄：苗龄越小，薄壁细胞越多，成活率越高；反之则低。

3. 影响嫁接成活的外界环境因素

主要是温度和湿度的影响。在适宜的温度、湿度和良好的通气条件下进行嫁接，有利于愈合成活和苗木的生长发育。

（1）温度。温度对愈伤组织形成的快慢和嫁接成活有很大的关系。在适宜的温度下，愈伤组织形成最快且易成活，温度过高或过低，都不适宜愈伤组织的形成。过低，不利于细胞分裂，成活率低；过高，接穗蒸腾失水多，不利于保持接穗水分平衡，成活率也低。一般以 20～25℃为宜，但不同的树种又有所不同，这与该树种萌芽、生长所需的最适温度成正相关。

（2）湿度。湿度对嫁接成活的影响很大。一方面嫁接愈伤组织的形成需具有一定的湿度条件；另一方面，保持接穗的活力也需一定的空气湿度。天气干燥则会影响愈伤组织的形成并造成接穗失水干枯。土壤湿度、地下水的供给也很重要。嫁接时，如土壤干旱，应先灌水增加土壤湿度。

（3）光照。光照对愈伤组织的形成和生长有明显抑制作用。在黑暗的条件下，有利于愈伤组织的形成，因此，嫁接后光照不能过强，以散射光为好。切口应保持黑暗，以利于愈伤组织的形成。

此外，通气对愈合成活也有一定影响。给予一定的通气条件，可以满足砧木与接穗结合部形成层细胞呼吸作用所需的氧气。

4. 嫁接技术的熟练程度

熟练的嫁接技术也非常重要，具体概括为四个字"快、准、平、紧"。"快"即技术熟练、动作要快，使切口在空气中暴露的时间要短；"准"即使砧木和接穗的形成层或维管束密接、对准；"平"即切口要光滑、平整，要求嫁接工具刀、剪要锋利；"紧"即捆缚要紧，尽可能使穗、砧之间的空隙小些，以利愈合。

（三）砧木与接穗的选择与培育

1. 砧木的选择与培育

（1）砧木对接穗的影响。砧木对接穗的最大影响，是控制接穗长成植株的大小，使其矮化或者乔化，所以可以通过选择砧木来达到控制植株高矮的目的。其次，砧木对接穗的生长势、开花、结果等均有影响，同时也常影响嫁接苗的寿命。一般矮化砧能促进接穗提早开花，但植株寿命较短；乔化砧则推迟接穗开花、结果时间，但能延长嫁接植株的寿命。另外，各种砧木对土壤的适应性和抗病虫害、抗寒、抗旱等能力不同，往往在接穗的生长中得到反映。

（2）砧木选择的条件。与接穗亲和力强；生长健壮，根系发达，对当地气候、土壤等环境条件有较强的适应性；种源充足，易繁殖；对接穗的生长、开花、结实和寿命等有良好的影响；对病虫害、旱、涝、低温、大气污染等有较好的抗性等；在运用上能满足特殊的需要，如乔化、矮化、无刺等。

（3）砧木苗的培育。播种苗因其根系发达、抗性强、寿命长、易于大量繁殖等优点，所以生产上多用播种苗作砧木。但有些种类，实生苗不易繁殖而无性繁殖较易进行时，也可用扦插、压条、分株等方法培育砧木苗。

2. 接穗的选择与储藏

（1）选择。由于接穗的年龄、充实度、芽的饱满度、枝条在树冠上的位置等都影响嫁接的成活，因此一般应在生长健壮的优良母株上剪取树冠向阳面、中上部生长充实、枝条光洁、芽体饱满的幼龄枝作接穗。

春季枝接多用上年春季萌生的枝条，较少用2年以上老枝；生长期进行芽接或嫩枝接则大多选用生长粗壮尚未木质化的当年春季萌发枝条作接穗。徒长枝、细弱枝或病虫枝均不宜作接穗。接穗应选枝条的中部，因枝顶端过于幼嫩，枝条不充实，而基部则芽不饱满。

（2）储藏。春季嫁接的接穗可于休眠期采集，在低温下储藏越冬，翌春砧木树液流动后进行嫁接。储藏前，应先适当剪截成40～50cm长，30～40枝1捆，挂上标有名称、采穗期等的标签，最好用药剂消毒，以防止霉烂、病虫滋生。接穗要用塑料薄膜包扎后于冷库或地窖中储藏，期间每1～2周检查1次，剔除病变腐烂枝条。一般可储藏1～2月。

（四）嫁接繁殖的方法

嫁接方法按所取材料不同可分为枝接、芽接、根接三大类。

1. 枝接

枝接多用于嫁接较粗的砧木或在大树上改换品种。枝接时期一般在树木休眠期进行，特别是在春季砧木树液开始流动、接穗尚未萌芽的时期最好。此法的优点是接后苗木生长快、健壮整齐，当年即可成苗，但需要接穗数量大，可供嫁接时间较短。枝接常用的方法有切接、腹接、舌接、劈接、插皮接和靠接等，切接与劈接上面已进行了描述，这里补充其他几种的枝接方法。

（1）腹接。腹接可分为普通腹接和皮下腹接，腹接时砧木不断砧，在砧木的腹部进行嫁接（图1-3-17），主要包括以下步骤：

1）普通腹接。

削穗：将接穗削成偏楔形，长削面的长为3cm左右，削面要平而渐斜，背面削成长为2.0~2.5cm的短削面。

切砧：砧木切削应在适当的高度，选择平滑的一面，自上而下斜切一个切口，切口深入木质部，但切口下端不宜超过髓心，切口长度与接穗的长削面相当。

嫁接：将接穗的长削面朝里插入切口，注意形成层对齐，接后绑扎保湿。

2）皮下腹接。即砧木切口不伤及木质部，将砧木横切一刀，再竖切一刀，呈"T"字形切口，接穗的长削面平直斜削，背面下部两侧向尖端各削一刀，以露白为度。撬开皮层插入接穗（长削面向内），使接穗削面露出0.2~0.3cm，然后绑扎即可。

（2）舌接。舌接是适用于砧木和接穗的直径为1~2cm，且粗细相差不大时的嫁接（图1-3-18）。舌接砧穗间接触面积大、结合牢固、成活率高。在园林苗木生产上此法既可用于高接也可用于低接。

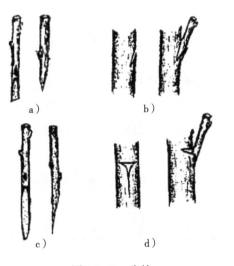

图1-3-17　腹接
a）削（普通腹接）接穗　b）普通腹接
c）削（皮下腹接）接穗　d）皮下腹接

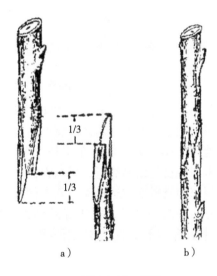

图1-3-18　舌接
a）砧穗切削　b）砧穗结合

削穗：在接穗平滑处削3cm长的斜面，再在斜面的下1/3处顺穗往上劈一刀，使劈口长约1cm，成舌状。

切砧：削砧木在砧木的上端削一个3cm左右的斜面，再在斜面上1/3处顺砧干向下劈一刀，长约1cm，形成一个与接穗相吻合的舌状纵切口。

嫁接：将削好的切穗舌部与砧木舌部相对插入，使舌部交叉，互相靠紧，然后绑缚。

（3）插皮接。插皮接是枝接中最易掌握、成活率最高、应用较广的一种。要求在砧木较粗，并易剥皮的情况下采用。园林树木培育中用此法高接和低接的都有。其方法主要包括以下步骤（图1-3-19）：

削穗：一般采用同一年生枝条作接穗，穗长5~8cm，2或3个芽。在接穗光滑处顺刀削一个长2~3cm的斜面，再在其背面下端削一个长0.6cm左右的小斜面，使之露出皮层与形成层。

切砧：一般在距地面5~10cm处剪断砧木，用快刀削平断面。选皮层光滑处，将砧木皮层由上而下垂直划一刀，深达木质部，长约3cm，顺刀口用刀尖向左右挑开皮层。

嫁接：使接穗的大斜面朝向木质部，插入砧木皮层与木质部之间，露白0.3~0.5cm。在插入时，左手按住竖切口，防止插偏或插到外面，插到大斜面的砧木切口上稍微露出为止。然后用塑料条、带绑紧。接后可以将接穗和切口处套一小塑料袋，防止水分散失，保护接穗的新鲜度。

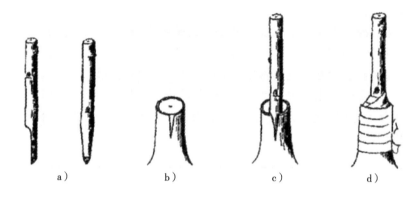

图1-3-19　插皮接

a）削接穗　b）切砧木　c）插入接穗　d）绑扎

（4）靠接。主要用于培育一般嫁接难以成活的珍贵植物，要求砧木与接穗均为自养植株，且粗度相近，在嫁接前还应将两者移植到一起。其方法主要包括以下步骤（图1-3-20）：

削穗与切砧：削切口要在生长季节，将作砧木和接穗的植物靠近，然后在砧木和接穗相邻的光滑部位选择无节且方便操作的地方，各削一块长、宽相等的削面，长3~6cm，深达木质部，露出形成层。

嫁接：靠砧穗使砧木、接穗的切口靠紧、密接，让双方的形成层对齐，用塑料薄膜绑缚紧，勿使其错位。待愈合成活后，将砧木从接口的上方剪去，接穗从接口的下方剪去，即形成。

2. 芽接

凡是用芽为接穗的嫁接法称为芽接法。芽接比枝接技术简单，省接穗，适用大规模生产应用。根据取芽的形状和结合

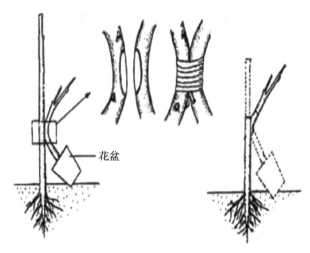

图1-3-20　靠接

方式不同,可分许多种。

(1)嵌芽接。嵌芽接又叫带木质部芽接,不受树木离皮与否的限制,其方法主要包括以下步骤(图1-3-21):

削穗(取接芽):自上而下切取接穗上的芽。先从芽的上方1~1.5cm处稍带木质部向下斜切一刀,然后在芽的下方0.5~1.5cm处约呈30°角斜切一刀,使两刀口相交,取下芽片。

切砧(切砧木):在砧木适宜的位置,从上向下稍带木质部削一个与接芽片长、宽相适应的切口。

嫁接(插接穗):将芽片嵌入切口,使两者的形成层对齐,然后用塑料条将芽片和接口包严即可。

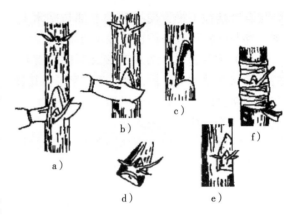

图1-3-21 嵌芽接
a)、b)削接穗 c)、d)取芽片 e)贴芽 f)绑扎

(2)"T"字形芽接。"T"字形芽接又叫盾状芽接,其方法主要包括以下步骤(图1-3-22):

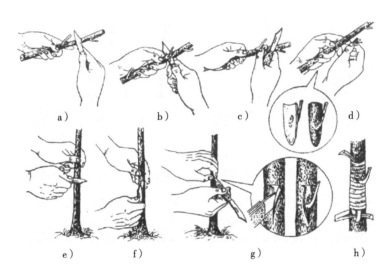

图1-3-22 "T"字形芽接示意图
a)~d)取芽片 e)~f)砧木切口 g)撬开皮层嵌入芽片 h)绑扎

削穗:采当年生新鲜枝条为接穗,在已去掉叶片仅留叶柄的接穗枝条上,选择健壮饱满的芽。在芽上方的0.5~1cm处先横切一刀,深达木质部,再从芽下1.5cm左右处,从下往上斜切入木质部,使刀口与横切的刀口相交,用手取下盾形芽片。如果接芽内带有少量木质部,应用芽接刀的刀尖将其仔细地取出。

切砧:砧木一般选用1~2年生的小苗。在砧木距离地面7~15cm处或满足生产要求的一定高度处,选择光滑部位,用芽接刀先横切一刀,深达木质部,再从横切刀口往下垂直纵切一刀,长1~1.5cm,形成一个"T"字形切口。

嫁接：用芽接刀的骨柄轻轻地挑开砧木切口，将接芽插入挑开的"T"字形切口内，压住接芽叶柄往下推，使接芽的上部与砧木上的横切口对齐。手压接芽叶柄，用塑料条绑扎紧，芽与叶柄可以外露也可以不外露。

（3）方块芽接。方块芽接又叫贴皮芽接，窗形芽接，即从接穗上切取正方形或长方形的芽片接在砧木上。此法比"T"字形芽接操作复杂，一般树种多不采用，但这种方法芽片与砧木接触面大，有利于成活，对于较粗的砧木或皮层较厚和叶柄肥大的树种，如核桃、油桐、楸树等，适于采用此法。

选好接穗上的中、下部饱满芽，从接芽的上下各1.5cm处横切一刀，切口长2～3cm，再从横切口的两端各纵切一刀，使芽片呈方形。砧木切口有两种不同形式：一种叫单开门，皮层切口呈"["形；另一种叫双开门，皮层切口呈"工"字形。撬开砧木皮层，将切芽插入，砧木皮层与芽片对齐后，将多余的砧皮撕掉或留下一块砧皮包接芽。最后绑缚并在接芽的周围涂蜡（图1-3-23）。

图1-3-23　方块芽接

1—接穗去叶及削芽　2—砧木切削　3—芽片嵌入　4—绑扎　5—"工"字形砧木切削及芽片插入

（4）环状芽接。环状芽接也叫管芽接，主要用于嫁接核桃、板栗等树种。此法操作简单易行，成活率高，又不受接穗、砧木粗细的限制，生产上应用效果好。

选好砧木，在距地面5～6cm光滑的表皮处，按接芽长度上、下各环切一圈，深达木质部，再于两环形切口的中间竖切一刀，撕下筒状皮层。将剥下的管状接芽迅速套贴在砧木切口处，加以绑缚。如砧木较粗，背面露缝时，可用撕下的砧木皮层盖上，切忌露白；如砧木较细，则可将接芽皮层切去一条，严防重叠，以免影响愈合（图1-3-24）。

3. 根接

用根作砧木进行枝接叫根接。根据接穗与根砧的粗度不同，可以正接，即在根砧上切接口；也可倒接，即将根砧按接穗的削法切削，在接穗上进行嫁接（图1-3-25）。

随着技术的进步，在园林植物生产中还出现了芽苗砧嫁接等嫁接方法。芽苗砧嫁接是用刚发芽、尚未展叶的胚苗作砧木进行的嫁接，主要用于油茶、板栗、核桃、银杏、文冠果、香榧等大粒种子树种的嫁接。此法可以大大缩短培育嫁接苗的时间。

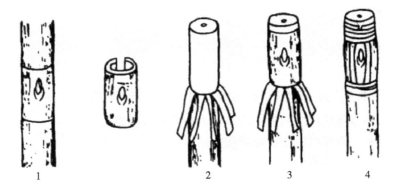

图 1-3-24　环状芽接

1—取套状芽片　2—削砧木树皮　3—接合　4—绑扎

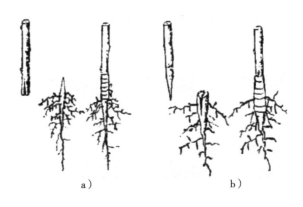

图 1-3-25　根接

a）正接　b）倒接

【学习评价】

采用多元化的评价体系，将学生专业知识、技能操作、技能成果和个人的职业素养有效地结合在一起考评（表 1-3-2）。

表 1-3-2　学生考核评价表

考核项目		权重	考核要点	考核评价		
				自我	小组	教师/专家
知识		20%	嫁接类型与方法、影响成活因素			
技能	操作过程	25%	工具使用符合规范；接穗合适；接穗剪口正确；砧木剪口及高度、深浅符合要求；接穗与砧木形成层对齐，结合紧密；绑扎正确，结实			
	技能成果	30%	成活率高			
素质		25%	态度端正，纪律性强；小组合作分工，具备一定查阅资料与分析能力；认真，能吃苦耐劳；不旷课，不迟到早退			

【练习设计】

一、名词解释

接穗　砧木

二、判断正误（认为正确的请在括号内打"√"，错误的打"×"）

1. 嫁接只需砧木与接穗之间有一定亲和力，便能嫁接成功。　　　（　　　）
2. 大叶女贞和丁香都可以作桂花嫁接的砧木。　　　（　　　）
3. 芽接一般在生长季节进行。　　　（　　　）

三、单项选择题

1. 不是用来繁殖而主要用来恢复树势、修补伤口的嫁接方法是（　　　）。
A. 切接　　　　　B. 靠接　　　　　C. 腹接　　　　　D. 劈接
2. 砧木和接穗都带有自己的根系和枝梢的嫁接方式是（　　　）。
A. 靠接　　　　　B. 高接　　　　　C. 腹接　　　　　D. 合接
3. 枝接最佳的季节是（　　　）。
A. 春季　　　　　B. 冬季　　　　　C. 秋季　　　　　D. 夏季

四、简答题

1. 如何提高嫁接苗的成活率？
2. 影响嫁接愈合成活的因子有哪些？

五、实训

"T"字形芽接。

技能三　压　　条

【技能描述】

掌握压条繁殖技术及抚育工作。

【技能情境】

压条

（1）场地：苗圃或者校园绿地。
（2）工具：枝剪、铁锹、小刀、透明薄膜。
（3）材料：合适的盆栽植物，ABT生根粉等。

【技能实施】

1. 植株的选择

选择枝条适用于枝条离地面近且容易弯曲的植物种类，如蔓生、藤本植物。

2. 压条前的处理

为了促进生根，压条前一般都要对枝条进行处理。具体做法是在与生根介质接触部位环剥、绞缢、环割等。环剥是在节、芽的下部剥去宽2cm左右的枝皮，深达木质部，截断韧皮部筛管通道；绞缢是用金属丝在枝条的节下面进行环缢；环割则是环状割1~3圈。通过上述处理可以使顶部叶片和枝端生长枝合成的有机物质和生长素积累在处理口上端，形成一个相对高浓度区。另外还可以用吲哚丁酸（IBA）或萘乙酸（NAA）等生长素对压条进行处理，促使其生根，方法是用50%酒精液溶解激素粉剂，然后稀释成$500×10^{-6}$的溶液，涂抹在压条包裹处。

3. 压条

（1）普通压条（图1-3-26）：适用于枝条离地面近且容易弯曲的植物种类。选择靠近地面而向外开展的1~2年生枝条，再将枝条弯入土中，使枝条梢端向上，深约8~20cm。为防止枝条弹出，可在枝条下弯部分插入小木叉固定，再盖土压紧。

（2）波状压条（图1-3-27）：适用于枝条较长而柔软的蔓性植物，如常春藤。压条时将枝条呈波浪状压埋土中。

（3）水平压条（开沟压条，图1-3-28）：适用于紫藤、连翘等藤本和蔓生园林植物。压条时选生长健壮的1~2年枝条，开沟将整个长枝条埋入沟内，并用木钩固定。

图1-3-26　普通压条　　　　　图1-3-27　波状压条　　　　　图1-3-28　水平压条

4. 压条后的管理

要根据不同的树种选用不同的压条方法，并要给予适当的条件，如保持湿润、通气和适宜的温度，冬季要防冻害等。

应随时检查横生土中的压条是否露出地面，如露出要重压，若留在地上的枝条生长太长，可适当剪去顶梢。

5. 分离新植株

可根据生根的情况确定分离的时期，必须有良好的根群方可分割。对于较大的枝条应分2~3次切割。初分离的新植株应特别注意养护，注意灌水、遮阴、防寒等。此法虽比扦插法简单，但是一次只能获得少量的苗木，繁殖效率低，不适合大规模经营，但是由于获得的通常有多年生主枝的大苗，对于小规模的需要或业余栽培等是个经济可靠的繁殖方法。

【技术提示】

（1）选高压枝条一定要选健壮、中熟不老化、饱满且角度小的枝条。

（2）进行环割处理时，敷包生根基质要紧结，大小要适中。

（3）薄膜包扎时间要掌握好，过早，泥土发软不能操作；过久，泥土过于失水，不利于生根。

（4）高压枝条生根后，分离母株的时间以秋季较为可靠，移栽易成活。

（5）割伤处理要适当，最好切断韧皮部至形成层而不伤到木质部。因为切割不够彻底，伤口容易自动愈合而不发根；反之，切割过度伤到木质部会导致枝枯或断裂。

（6）保证伤口清洁无菌。割伤处理使用的器具要清洁消毒，避免细菌感染伤口而腐烂。

（7）注意一般不宜在树液流动旺盛期进行，以免影响伤口愈合，对生根不利。

【知识链接】

压条繁殖是无性繁殖的一种，将枝条不切离母株而在一定的部位培土（或用其他基质），使其生根而形成单独植株繁殖方法。多用于扦插不容易生根的种或品种。一般露地草花很少采用这种繁殖方法，仅有一些木本花卉在扦插繁殖困难时或想在短期内获取较大子株时采用高压法繁殖。压条繁殖是无性繁殖中最简便、最可靠的方法，成活率高，成苗快，能够保持母本优良特性。其缺点是由于枝条来源有限，所得苗木数量有限，繁殖系数低，不适于大量繁殖苗木的需要。

（一）压条季节

压条时期根据压条方法不同而不同。

（1）休眠期压条。在秋季落叶后或早春发芽前进行，利用1～2年生的成熟枝在休眠期进行的压条，多为普通压条法。

（2）生长期压条。在生长季中进行，一般在雨季（华北为7～8月，华中为春、秋多雨时）进行，用当年生的枝条压条。在生长期进行的压条多用堆土压条法和空中压条法。

常绿树压条繁殖应在雨季进行，落叶树应在冬季休眠末期至早春芽子萌动前压条为宜。

（二）压条方法

压条方法有低压法和高压法（空中压条法），低压包括普通压条、波状压条、水平压条和堆土压条，现主要介绍推土压条和空中压条。

1. 堆土压条

堆土压条有两种不同形式（图1-3-29、图1-3-30），主要用于萌蘗性强和丛生性的花灌木，如贴梗海棠。方法是首先在早春对母株进行重剪，可从地际处抹头，促其萌发多数分枝。在夏季生长季节（高为30～40cm）对枝条基部进行刻伤，随即堆土，第二年早春将母株挖出，剪取已生根的压条枝，并进行栽植培养。

2. 高压法（空中压条法）

高压法也叫空中压条法（图1-3-31），主要适用于木质坚硬、枝条不易弯曲或树冠高、枝条无法压到地面的树种，如含笑。空中压条一般选择生长季节进行。选取直立健壮、角度小的2～3年生枝条，压条的数量一般不超过母株枝条的1/2。压条时对选择的枝条进行环剥或者刻伤，宽度视枝条粗细而定，花灌木在节下环状剥去1～1.5cm宽皮层，乔木一般3～5cm宽，深度达木质部，要剥干净，环剥后可适当涂抹生长剂，外面用塑料袋、竹筒等包扎好。经常保持基质湿润，待其生根后切离，然后置于庇荫处保湿催根，一周后长出更多新根，即可假植或定植，成为新植株（图1-3-32）。

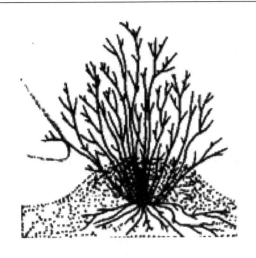

图1-3-29　堆土压条（一）

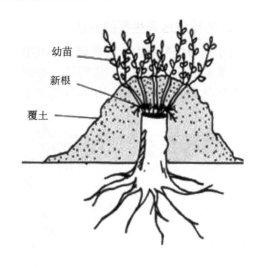

图1-3-30　堆土压条（二）

幼苗

新根

覆土

a）

b）

图1-3-31　空中压条

a）竹筒压条　b）塑料膜筒袋压条

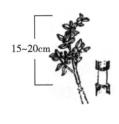

15~20cm

2~3cm

图1-3-32　空中压条流程示意图

（三）促进压条生根的方法

对于不易生根或生根时间较长的树种，为了促进压条快速生根，可采用刻伤法、软化法、生长刺激法、扭枝法、缢缚法、劈开法及土壤改良法等阻滞有机营养向下运输而不影响水分和矿物质的向上运输，使养分集中于处理部位，刺激不定根的形成（图1-3-33）。

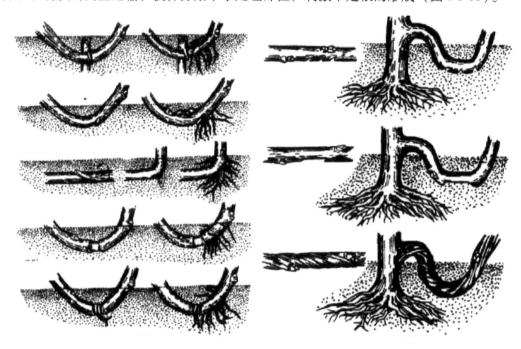

图 1-3-33　促进压条生根的方法

1. 机械处理

机械处理包括环剥、环缢、环割。一般环剥是在枝条节、芽的下部剥去2cm宽左右的枝皮；环缢是用金属丝在枝条的节下面绞缢；环割则是环状割1～3圈。以上都要深达木质部，并截断韧皮部筛管通道，使营养生长累积在切口上部。

2. 黄化或软化处理

用黑布、黑纸包裹或培上包埋枝条使其软化或黄化，以利根原体突破厚壁组织。

3. 激素处理

和扦插一样，IBA、IAA、NAA等生长素处理能促进压条生根，但是因为其枝条连接母株，所以不能用浸渍方法，只宜用涂抹法进行处理。为了便于涂抹，可用粉剂或羊毛脂膏来配制，或用50%酒精液配制，涂抹后因酒精立即蒸发、生长素就留在涂抹处。尤其在空中压条中生长素处理对促进生根效果很好。如枇杷用250×10^{-6}的IBA羊毛脂剂涂抹于压条枝表面可以增加生根。

4. 保湿和通气

良好的生根基质，必须能保持不断的水分供应和良好的通气条件。尤其是开始生根阶段，长期土壤干燥使土壤板结和黏重阻碍根的发育。疏松的土壤和锯屑混合物、泥炭、苔藓都是理想的生根基质。如将细碎的泥炭、苔藓混入在堆土压条的苹果砧的土壤中可以促进生根。

【学习评价】

采用多元化的评价体系，将学生专业知识、技能操作、技能成果和个人的职业素养有效地结合在一起考评（表1-3-3）。

表1-3-3　学生考核评价表

考核项目		权重	考核要点	考核评价		
				自我	小组	教师/专家
知识		20%	压条季节与方法、促进生根方法			
技能	操作过程	25%	压条正确选条，处理恰当；压条后管理措施及时，恰当			
	技能成果	30%	成活率高			
素质		25%	态度端正，纪律性强；小组合作分工，具备一定查阅资料与分析能力；认真，能吃苦耐劳；不旷课，不迟到早退			

【练习设计】

一、名词解释

压条繁殖

二、单项选择题

1. 下面关于压条繁殖描述正确的是（　　　）。

A. 枝条离地面较近、容易弯曲的植物适用水平压条

B. 丛生多干型苗木适用单枝压条法

C. 枝条细长柔软的植物适用高压法

D. 枝条硬而不弯、树冠高大、树干裸露的植物适用高压法

2. 关于堆土压条法下面说法错误的是（　　　）。

A. 堆土压条法又叫直立压条法　　　　B. 堆土压条法适用于丛生多干型苗木

C. 堆土压条法又叫单枝压条法　　　　D. 堆土压条法适用于直立多枝型苗木

三、简答题

简述促进压条生根的方法。

技能四　分　　生

【技能描述】

掌握分生繁殖技术及抚育工作。

分生

【技能情境】

（1）场地：苗圃。
（2）工具：枝剪、喷水壶、塑料薄膜。
（3）材料：合适的盆栽植物，生根粉等。

【技能实施】 分株繁殖

1. 种植土壤的准备

根据苗木的需求准备合适的土壤。

2. 分株

在母株的一侧或两侧挖开，将带有一定茎干和根系的小植株带根挖出；或者将母株的根蘖挖开，露出根系，用利斧或利铲将根蘖株带根挖出。

3. 栽植

分株出来小植株立即种植在准备好的苗圃中。

4. 栽植后管理

栽植后进行正常的养护管理即可。

【技术提示】

（1）分株的时间，一般都不能在植物开花结果期。
（2）分株繁殖宜结合换盆、移植等一起进行。

【知识链接】

分生繁殖是人为地将植物体分生出来的幼植物体（如吸芽、珠芽、根蘖等）或者是植物营养器官的一部分（如走茎及变态茎等）与母株分离或分割，另行栽植而形成独立生活的新植株的繁殖方法。一些植物体本身就具有自然分生能力，并借以繁殖后代。这种方法简便、易活、成苗较快、繁殖简单，但繁殖系数低。

1. 分株繁殖

利用某些植物种类能萌生根蘖或灌木丛生的特性，把根蘖或丛生枝从母株上分割下来，另行栽植成新植株的方法。分株繁殖时期主要在春、秋两季进行。一般春季开花植物宜在秋季落叶后进行，如芍药；夏、秋季开花的植物宜在春季萌芽前进行。

（1）灌丛分株（图1-3-34）：灌丛分株应另行栽植。此法适合于易形成灌木丛的植株，如牡丹、黄刺玫、玫瑰、蜡梅、连翘、贴梗海棠、火炬树、香花槐等。

（2）根蘖分株（图1-3-35）：将母株的根蘖挖开，露出根系，用利斧或利铲将根蘖株带根挖出，另行栽植。如臭椿、刺槐、枣、珍珠梅、紫荆、紫玉兰、金丝桃等树种常在根上长出不定芽，伸出地面形成一些未脱离母体的小植株，这就是根蘖，分割后栽植易成活。

（3）掘起分株（图1-3-36）：将母株全部带根挖起，用利斧或利刀将植株根部分成有较好根系的几份，每份地上部分均应有1~3个茎干。

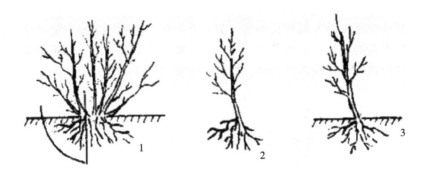

图 1-3-34 灌丛分株
1—切割 2—分离 3—栽植

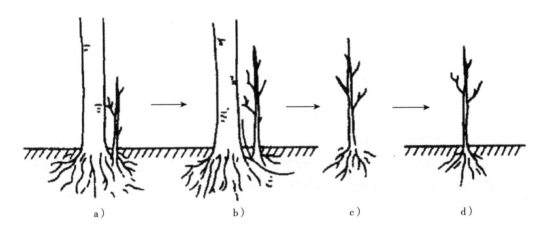

图 1-3-35 根蘖分株
a) 长出的根蘖 b) 切割 c) 分离 d) 栽植

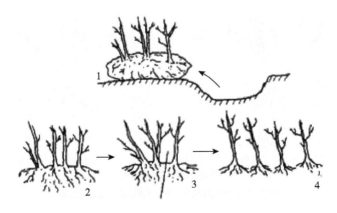

图 1-3-36 掘起分株
1、2—挖掘 3—切割 4—栽植

2. 走茎、匍匐茎繁殖

走茎为叶丛抽生出来的节间较长的茎，节上着生叶、花和不定根，能产生小植株，分离另行栽植即可获得新的植株，如虎耳草、吊兰等。匍匐茎节间稍短，横走地面，节处生不定根和芽，分离另行栽植可获得新的植株，如狗牙根等（图1-3-37）。

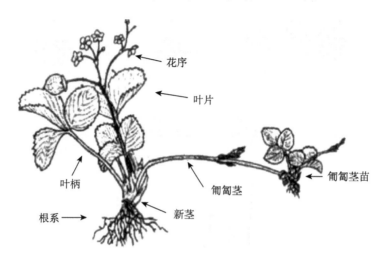

图 1-3-37　匍匐茎繁殖

3. 吸芽、珠芽繁殖（图1-3-38）

（1）吸芽。某些植物根基或地上茎叶腋间自然发生的短缩、肥厚、呈莲座状的短枝，下部可自然生根，可分离另行栽植，如芦荟、景天、凤梨等。

（2）珠芽。生于叶腋间一种特殊形式的芽，如卷丹。脱离母体后栽植可生根，形成新的植株。

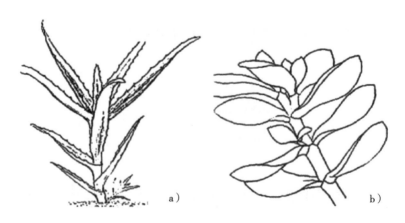

图 1-3-38　吸芽繁殖

a）芦荟根际处的吸芽　b）玉树茎叶腋间的吸芽

4. 分球繁殖

球根花卉植株的地下能形成肥大的变态器官。根据器官的来源不同可分为块根类、根茎类、块茎类、球茎类、鳞茎类等。不同的球根类型，采用的分生方法不同。

（1）块根类（图 1-3-39）。块根通常成簇着生于根颈部，不定芽生于块根与茎的交接处，而块根上没有芽，在分生时应从根颈处进行切割，此方法适用于大丽花、花毛茛等。

（2）根茎类（图 1-3-40）。用利器将粗壮的根茎分割成数块，每块带有 2～3 个芽，另行栽植培育，每块可形成一个独立的植株，此方法适用于美人蕉、鸢尾等。

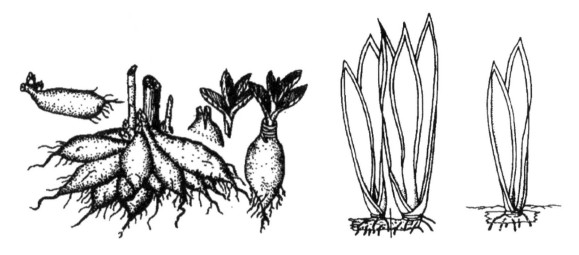

图 1-3-39　块根类繁殖（大丽花）　　　　图 1-3-40　根茎类繁殖（虎尾兰）

（3）块茎类（图 1-3-41）。块茎是由地下的根茎顶端膨大发育而成的，将块茎分切成几个带芽眼的小块栽种，每一小块即长成一个植株，如菊芋、马蹄莲等。

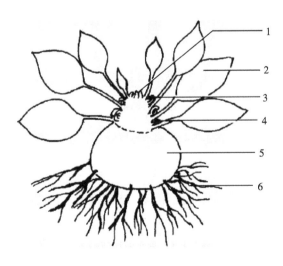

图 1-3-41　块茎类繁殖（仙客来）
1—顶芽　2—叶片　3—花芽　4—叶芽　5—块茎　6—须根

（4）球茎类（图 1-3-42）。母球栽植后，能形成多个新球（子球），可在茎叶枯黄之后，将整株挖起，把新球从母株上分离，将新球分栽培养 1～2 年后，即长成大球，如唐昌蒲、球根鸢尾、小苍兰等。

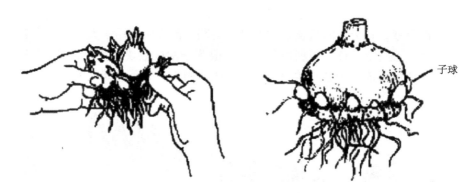

图 1-3-42　球茎类繁殖

（5）鳞茎类（图 1-3-43）。鳞茎是由肉质的鳞叶、主芽和侧芽、鳞茎盘等部分组成。母鳞茎在发育中期的后期，侧芽生长发育形成多个新球。通常在植株茎叶枯黄以后将母株挖起，分离母株上的新球。此方法适用于百合、郁金香、风信子、朱顶红、水仙、石蒜、葱兰、红花酢浆草等。

图 1-3-43　鳞茎类繁殖（水仙）

【学习评价】

采用多元化的评价体系，将学生专业知识、技能操作、技能成果和个人的职业素养有效地结合在一起考评（表 1-3-4）。

表 1-3-4　学生考核评价表

考核项目		权重	考核要点	考核评价		
				自我	小组	教师/专家
知识		20%	分生季节与方法、促进生根方法			
技能	操作过程	30%	分生正确选条，处理恰当 分生方法正确，操作规范 分生后管理措施及时，恰当			
	技能成果	25%	成活率高			

（续）

考核项目	权重	考核要点	考核评价		
			自我	小组	教师/专家
素质	25%	态度端正、纪律性强，小组合作分工、具备一定查阅资料与分析能力。认真，能吃苦耐劳；不旷课，不迟到早退			

【练习设计】

一、名词解释

分生繁殖　根蘖分株

二、简答题

常见球根花卉的分生繁殖方式有哪些？

三、实训

吊兰的分生繁殖。

任务三总结

任务三详细阐述了营养苗培育过程，包括扦插苗、嫁接苗、压条苗和分生苗的培育技术。通过学习，学生可以全面系统地掌握营养苗培育的知识和技能。

任务三　思政拓展

在每年的菊展中经常能看见多头菊、悬崖菊、菊花盆景，以及各种仿动物形象造型如龙、凤、孔雀，各种仿园林建筑造型如亭、塔、柱等造型菊，这些菊花一般是青蒿作为砧木嫁接菊花而栽培成功的。

古人发明植物嫁接技法极有可能是受到自然界中"连理枝"现象的启发，人为地将不同植株的枝或芽连接在一起，制造出寓意吉祥的连理枝，逐步探索并进一步发展成为独立的嫁接技术。北宋周师厚《鄞江周氏洛阳牡丹记》（1082年）中有利用嫁接方法繁殖更具观赏性的"胜魏"等牡丹新品种的记录，清朝陈淏子在《花镜》（1688年）中总结道："凡木之必须接换，实有至理存焉：花小者可大，瓣单者可重，花红者可紫，实小者可巨，酸苦者可甜，臭恶者可馥，是人力可以回天，惟在接换之得其传耳。"古人的这种生产方法，其本质就是用品质不佳但数量众多的植株做砧木，然后嫁接上良种，它将物种自然变异出的良好性状保存下来并大量繁殖，生产出更具价值的商品大大推动了农业生产的进步。造型菊嫁接技术正是一代一代的菊花匠人探索出来的，造型菊从开始种植到开花通常需要技术人员精心栽培养护而成，这种不断钻研的精神值得我们学习。

任务四　大苗的培育与出圃

【任务分析】

通过学习，能在苗圃里进行大规格苗木的培育，并完成苗木出圃工作。

【任务目标】

（1）熟知苗木移栽的季节、次数和密度。
（2）掌握苗木移植方法。
（3）掌握移植后苗木的日常管理工作。

技能一　大苗培育技术

【技能描述】

大苗培育技术

能进行大规格苗木的培育，主要包括。
（1）熟知苗木移栽的季节、次数和密度。
（2）掌握苗木移植方法。
（3）掌握移植后苗木的日常管理工作。

【技能情境】

（1）场地：苗圃。
（2）工具：枝剪、卷尺、表格、笔、开挖工具等。
（3）材料：苗圃苗木。

【技能实施】

（1）分配任务，建立苗期管理制度。
（2）定期观察，并根据苗木的需求采取相应的管理措施。
根据苗木的生长情况和外界环境因素，有针对性地对苗木进行移植，修剪，水、肥等管理，并随时进行记载。
（3）汇总记载结果，并写出总结。

【技术提示】

（1）在出苗期，每天进行观察，并进行水分管理。
（2）在进行观察记载的时候，必须对天气情况、苗木生长情况和采取的管理措施等方面进行详细的记载。
（3）在苗木生长异常时，能根据记载结果和自己的专业知识分析出原因，并采取有效的应对管理措施。

【知识链接】苗木移栽

园林苗圃所培育的大规格苗木，要经过多年多次的移植和日常性管理（包括灌水、施肥、中耕、整形修剪等内容）才能培育出符合规格要求的各种行道树、庭荫树、绿篱及花灌木等园林苗木。日常性管理包括灌水、施肥、中耕、整形修剪等内容（详见项目四），这里主要介绍苗木的移植。

（一）移植时间

移植的最佳时间是在苗木休眠期进行，即从秋季10月（北方）至翌春4月；也可在生长期移植。如果条件许可，一年四季均可进行移植。

1. 春季移植

春季气温回升，土壤解冻，苗木开始打破休眠恢复生长，故在春季移植最好。移栽苗成活可能性的大小很大程度上取决于苗木体内的水分平衡。早春移植，树液刚刚开始流动，枝芽尚未萌发，蒸腾作用很弱，土壤湿度较好。因根系生长温度较低，土温能满足根系生长的要求，所以早春移植苗木成活率高。春季移植的具体时间，还应根据树种发芽的早晚来安排。一般来讲，发芽早者先移，晚者后移；落叶者先移，常绿者后移；木本植物先移，宿根草本后移；大苗先移，小苗后移。

2. 秋季移植

秋季是苗木移植的第二个好季节。秋季在苗木地上部分停止生长，落叶树种苗木叶柄形成层脱落时即可开始移植。此时根系尚未停止活动，移植后有利于伤口愈合，移植成活率高。秋季移植的时间不可过早，若落叶树种尚有叶片，往往叶片内的养分尚未完全回流，造成苗木木质化程度降低，越冬时容易受冻出现枯梢。由于北方地区冬季干旱，多大风天气，苗木移植后应浇足越冬水，保证苗木安全越冬。

3. 夏季移植（雨季移植）

常绿或落叶树种苗木可以在雨季初进行移植。移植时要带大土球并包装，保护好根系。苗木地上部分可进行适当的修剪，移植后要通过喷水喷雾以保持树冠湿润，还要遮阴防晒，经过一段时间的过渡，苗木即可成活。长江中下游地区常在梅雨季节移植常绿苗木。

（二）移植的次数

培养大苗所需移植的次数，取决于该树种的生长速度和对苗木的规格要求。一般来说，园林绿化中应用的阔叶树种，在播种或扦插苗苗龄满一年时即进行第一次移植，以后根据生长快慢和株行距大小，每隔2～3年移植一次，并相应地扩大株行距。目前各生产单位对普通的行道树、庭荫树和花灌木用苗只移植2次，在大苗区内生长2～3年，苗龄达到3～4年即可出圃。而对重点工程和易受人为破坏的地段或要求马上产生绿化效果的地方所用苗木则常需培育5～8年，甚至更长时间，这就要求做2次以上的移植。对生长缓慢、根系不发达而且移植后较难成活的树种，如栎类、椴树、七叶树、银杏、白皮松等，可在播种后第三年（苗龄2年）开始移植，以后每隔3～5年移植一次，苗龄8～10年，甚至更长一些时间方可出圃。

（三）移植的密度

苗木移植的密度（株行距）取决于苗木的生长速度、气候条件、土壤肥力、苗木年龄、培育年限及机械操作等因素。一般移植密度可根据苗木 3~4 年后郁闭的冠幅生长量确定。阔叶树种可考虑 3 年的生长量，常绿树种可考虑 4 年的生长量，例如，圆柏一年生播种苗可留床保养 1 年后移植。根据该树种树冠生长速度（树冠生长曲线），4 年后可生长到 50cm 左右，再留出行间耕作空间 20cm，株间耕作空间 10cm，移植株行距可定为 60cm×70cm。这样才能耕作宽度大，操作方便，只有到第四年才感觉宽度小，应该进行下一次移植；若再过 4 年树冠可生长到 100cm，移植株行距可定为 110cm×120cm，再长再移植。二年生元宝枫留床苗，3 年后树冠生长到 120cm，移植株行距可定为 130cm×140cm，再过 3 年树冠长至 230cm，最后一次移植株行距可定为 240cm×250cm。

（四）移植方法

1. 移植的三种方法

（1）穴植法。挖穴时应根据苗木的大小和设计好的株行距，定点放线，然后挖穴，穴土应放在坑的一侧，以便放苗木时便于确定位置。栽植深度以略深于原来栽植地径痕迹的深度为宜，一般可略深 2~5cm。覆土时混入适量的底肥。先在坑底填一部分肥土，然后将苗木放入坑内，再回填部分肥土，之后，轻轻提一下苗木，使其根系伸展并尽量与土壤接触，然后填满土踏实，浇足水。较大苗木要设立三根支撑杆固定，以防苗木被风吹倒。

（2）沟填法。先按行距开沟，土放在沟的两侧，以利于回填土和苗木定点，将苗木按照一定的株距，放入沟内，然后填土，要让土渗到根系中去，踏实，要顺行向浇水。此法一般适用于移植小苗。

（3）孔植法。先按行、株距定点放线，然后在点上用打孔器打孔，深度与原栽植相同，或稍深一些，把苗木放入孔中，覆土。孔植法要有专用的打孔机，可提高工作效率。

2. 移植后成活管理

移植后要根据土壤湿度，及时浇水。由于苗木是新土定植，苗木浇水后会有所移动，应注意及时将苗木扶正并培土，或采取一定措施固定后培土。要及时进行松土除草，追施少量肥料，及时防治病虫害，对苗木进行一次修剪，以确定其培养的基本树形。有些苗木还要进行遮阴防晒工作。

【学习评价】

采用多元化的评价体系，将学生专业知识、技能操作、技能成果和个人的职业素养有效地结合在一起考评（表 1-4-1）。

表 1-4-1　学生考核评价表

考核项目		权重	考 核 要 点	考核评价		
				自我	小组	教师/专家
知识		20%	大苗培育管理内容、移植季节、次数和密度			
技能	操作过程	30%	移植操作规范，移植后成活率高；管理措施及时合理			
	技能成果	25%	大苗木质量			
素质		25%	态度端正，纪律性强；小组合作分工，具备一定查阅资料与分析能力；认真，能吃苦耐劳；不旷课，不迟到早退			

【练习设计】

一、单项选择题

1. 苗木规格和活力等指标没有达到育苗技术规程或标准规定的要求、不能出圃造林的苗木是（　　）。

A. 合格苗　　　　B. 不合格苗　　　　C. 目标苗　　　　D. 最优苗

2. 在原播种或插条等育苗地上未经移栽继续培育的苗木叫（　　）。

A. 换床苗　　　　B. 播种苗　　　　C. 留床苗　　　　D. 插条苗

二、简答题

1. 苗木移植的目的是什么？

2. 苗木移植的方法有哪些？

技能二　苗木出圃

【技能描述】

能根据购苗需求和相关规范要求，完成苗木出圃任务。

【技能情境】

（1）场地：苗圃。

（2）工具：草绳、蒲包、铁锹、锯、修枝剪、卷尺等。

（3）材料：待出圃苗木。

苗木出圃

【技能实施】

1. 出圃前准备

（1）对苗圃中苗木种类、品种、各级苗木数量等进行核对、调查或抽查。

（2）与购苗单位确定需要出圃的品种、规格和数量。

（3）根据调查结果及外来订购苗木情况，制订出圃计划及操作规程。

（4）与相关单位联系，保证及时装运、转运，缩短运输时间，提高苗木质量。

2. 起苗

起苗时间根据施工需求、苗木生长特性、气候条件等确定，一般要与植树季节相配合。冬季土壤结冻地区，除雨季植树用苗随起随栽外，在秋季苗木生长停止后和春季苗木萌动前起苗。

起苗要达到一定深度，要求做到：少伤侧根、须根，保持比较完整根系，不折断苗干，不伤顶芽（萌芽能力弱的针叶树）；一般针、阔叶树实生苗起苗深度为 20～30cm，扦插苗为 25～30cm。为防止风吹日晒，将起出的苗木根部加以覆盖或做临时假植。苗圃如果干燥应在起苗前进行灌溉，待土不沾锹时起苗。

起苗方法分为分裸根苗和带土苗两种（详见项目三）。

3. 包装

为了防止失水，便于运输，提高栽植成活率，一般要对苗木进行包装（详见项目三）。

4. 分级与统计

（1）苗木分级。苗木分级又叫选苗，起苗后应根据一定的质量标准把苗木分成若干等级。

（2）苗木统计。苗木的统计，一般结合苗木分级进行，统计时为了提高工作效率，小苗每50株或100株捆成捆后统计捆数。或者采用称重的方法，由苗木的重量计算出其总株数。大苗逐株清点数量。

5. 苗木检疫

在苗木销售和交流过程中，病虫害也常常随苗木一同扩散和传播。因此，在苗木流通过程中，应对苗木进行检疫。运往外地的苗木，应按国家和地区的规定检疫重点的病虫害。如发现本地区和国家规定的检疫对象，要禁止出售和交流。

带有"检疫对象"的苗木应进行以下处理：

（1）苗木消毒。消毒的方法可用药剂浸渍、喷洒或熏蒸。一般浸渍用的杀菌剂有石硫合剂（浓度为波美4°~5°）、波尔多液（1%）、升汞（0.1%）、多菌灵（稀释800倍）等。消毒时，将苗木在药液内浸10~20min，或用药液喷洒苗木的地上部分。消毒后用清水冲洗干净。

（2）销毁。经消毒仍不能消灭检疫对象的苗木，应立即销毁。

6. 假植与运输

检疫和消毒后应及时运输到施工场地，必要时需要进行假植（详见项目三）。

【技术提示】

（1）起苗过程中不损伤苗木地上部分，必须最大限度地减少根系损伤。

（2）土壤干燥时起苗，容易损伤苗木的须根和侧根。为少伤苗根，起苗时苗地土壤太干，应于起苗前2~3d灌水一次。

（3）苗木的分级工作应在庇荫避风处进行，分级后要做好等级标志。做到随起苗随分级和假植，以防风吹日晒或损伤根系。

（4）如果有条件，最好对出圃的苗木都进行消毒，以便控制其他病虫害的传播。

【知识链接】

（一）苗木调查方法

为了掌握苗木的产量和质量，以便做出苗木的生产计划和出圃计划。一般在苗木生长停止后，按种或品种、育苗方法、苗木的种类、苗木年龄等分别进行苗木产量和质量的调查，为制订生产计划和调拨、供销计划提供依据。

1. 标准地法

标准地法适用于苗木数量大的撒播育苗区。方法是在育苗地上，每隔一段距离均匀地设

置若干块面积为 $1m^2$ 的小标准地,在小标准地上调查苗木的数量和质量(苗高、地径等),并计算出每平方米苗木的平均数量和各等级苗木的数量,再推算全生产区的苗木总产量和各等级苗木的数量。

2. 标准行法

标准行法适用于移植苗区、嫁接苗区、扦插苗区、条播区和点播区。方法是在苗木生产区中,每隔一定的行数(如 5 的倍数),选出一行或一垄作标准行,在标准行上进行苗木调查;或在全部标准行选定后,再在标准行上选出一定长度有代表性的地段,在选定的地段量出苗高和地际直径(或冠幅、胸径),并计算调查地段苗行的总长度和每米苗行上的平均苗木数和各等级苗木的数量,以此推算出全生产区的苗木数量和各等级苗木的数量。

(二)苗龄表示方法

从播种、插条或者埋根到出圃,苗木实际生长的年龄一般是以经历 1 个年生长周期作为 1 个苗龄单位。

苗龄用阿拉伯数字表示。第 1 个数字表示播种苗或营养繁殖苗在原地生长的年龄,第 2 个数字表示第一次移植后培育的年数,第 3 个数字表示第二次移植后培育的年数。数字用短横线间隔,即有几条横线就是移栽了几次。各数之和为苗木的年龄即几年生苗。如:1-0 表示 1 年生播种苗,未经移植;2-2 表示 4 年生移植苗,移植 1 次,移植后继续培育 2 年;2-1-1 表示经两次移植,每次移植后培育 1 年的 4 年生移植苗;$1_{(2)}$-0 表示 1 年干 2 年根未移植的插条、插根或者嫁接移苗;$1_{(2)}$-1 表示 2 年干 3 年根移植一次的插条、插根或者嫁接移植苗(括号内的数字表述插条、插根或者嫁接在原地的年龄)。

(三)苗木出圃要求

1. 出圃苗应具备的条件

(1)苗木的树形优美。出圃的园林苗木应是生长健壮,骨架基础良好,树冠匀称丰满。

(2)苗木根系发达。主要是要求有发达的侧根和须根,根系分布均匀。

(3)茎根比适当,高粗均匀,达一定的高度和粗度(冠幅)。出圃苗的高、粗(冠幅)要求达到一定的规格。

(4)无病虫害和机械损伤。苗木出圃的根系应发育良好,起苗时机械损伤轻,根系的大小适中,可依不同苗木的种类和要求而异。另外,要求病虫害很少,尤其对带有危害性极大病虫害的苗木必须严禁出圃,以防止定植后,病虫害严重,生长不好,树势衰弱,树形不整等而影响绿化效果。

(5)萌芽力弱的针叶树要具有发育正常的顶芽。

以上是园林绿化苗的一般要求,特殊要求的苗木质量要求不同。如桩景要求对其根、茎、叶进行艺术的变形处理;假山上栽植的苗木,则大体要求"瘦、漏、透"。

2. 出圃苗的规格要求

苗木的出圃规格,根据绿化任务的不同要求来确定。作行道树、庭荫树或重点绿化的地区的苗木规格要求高,一般绿化或花灌木的定植规格要求低些。随着城市绿化层次的增高,对苗木的规格要求逐渐提高。出圃苗的规格各地都有一定的规定区别。

（四）苗木分级标准

园林苗木种类繁多，规格要求复杂，目前各地尚无统一和标准化，一般说来，都根据苗龄、高度、根颈直径（或胸径、冠幅）来进行分级。分级的目的，一是为了保证出圃苗符合规格要求；二是为了栽植后生长整齐美观，更好地满足设计和施工的要求。

参照国家标准《主要造林树种苗木质量分级》（GB 6000—1999）中规定，合格苗木宜按控制条件、根系、地径和苗高确定，苗木分为合格与不合格两种，合格苗分为Ⅰ、Ⅱ两个等级。在实际操作中按照下列方法来做。

检查控制条件，控制条件为：无检疫对象病虫害，苗木通直，色泽正常；萌芽能力弱的针叶树种顶芽发育饱满、健壮，充分木质化，无机械损伤；对象为储藏的针叶苗木，应在出圃前10～15d测定苗木TNR（苗木新根生长数量）值。控制条件达不到标准要求为不合格苗。

观看根系指标，以根系所达到的级别确定苗木级别，如根系达到Ⅰ级苗木要求，苗木可分为Ⅰ、Ⅱ级，如果根系只达到Ⅱ级苗的要求，该苗木最高只能为Ⅱ级。在根系达到要求后按照地径和苗高指标分级，如果根系达不到要求则苗木不合格。

最后观测地径和苗高，由地径和苗高两项指标确定，在苗高、地径不属于同一等级时，以地径属别为准。

除了上述要求外，一些特种整形的园林观赏树种的苗木，还有一些特殊的规格要求，如行道树要求分枝点有一定高度；果苗则要求骨架牢固，主枝分枝角度大，嫁接口愈合牢靠，品种优良等。

【学习评价】

采用多元化的评价体系，将学生专业知识、技能操作、技能成果和个人的职业素养有效地结合在一起考评（表1-4-2）。

表1-4-2　学生考核评价表

考核项目		权重	考 核 要 点	考核评价		
				自我	小组	教师/专家
知识		20%	苗木调查方法，苗龄表示方法，苗木出圃要求			
技能	操作过程	30%	起苗方法正确，操作规范；严格根据苗木要求分级；消毒剂浓度合适，时间和方法正确			
	技能成果	25%	起苗质量			
素质		25%	态度端正，纪律性强；小组合作分工，具备一定查阅资料与分析能力；认真，能吃苦耐劳；不旷课，不迟到早退			

【练习设计】

简答题

1. 简述苗木调查的方法。

2. 苗龄表示方法中"2-1-1"表示什么含义？

3. 苗木出圃标准？

4. 园林苗木分级标准？

任务四总结

任务四详细阐述了苗木生长 1 年到苗木出圃前这段时间的苗木管理，包括大苗培育技术与苗木出圃。通过学习，学生可以全面系统地掌握出圃前的苗木管理知识和技能。

任务四　思政拓展

一粒种子长成参天大树，通常需要几年或者几十年的养护管理，正如自己的父母精心地养育着我们，才让我们成长为一棵参天大树。位于湖北省随州市洛阳镇永兴村的中国千年银杏谷中"一母九子"的景观似乎也在诉说着母慈子孝的情怀，这棵古银杏树的树龄在 500 年以上。树株高约 30m，围径约 8m，历经数百年的风雨，在母株的外壳生长层萌发生长了 9 株幼树，组合成一株参天大树，形成"九子抱母"的奇特景象。细看树根，又见新生的树芽围簇四周，自然更新，如同几代同堂相互扶持。一圈一圈的年轮记录着母树为庇护幼苗所经受的风雨历程，如今母树虽已老去，而九子仍围抱四周，为母亲遮风避雨，将孝义世世代代相传。"一母九子"不单单是自然界的灵气造化，同时也是村民对"父母慈、子女孝"的推崇。

中国千年银杏谷是湖北唯一一处入选全国银杏观赏地图的地方，这里有银杏树 520 万株，千年以上的 308 株，五百年以上的 1 万余株，是全世界分布最密集、保留最完整的一处千年古银杏群落。当地百姓用勤劳和智慧守护着这片银杏林，不断发展银杏相关产业，切实做到了"绿水青山就是金山银山"。

项目一总结

项目一详细阐述了园林植物的育苗技术，主要包括苗圃选择与定位、规划与建立；播种、扦插、嫁接、压条、分生苗木的定义、类型及培育技术；苗木规格、大苗的培育、苗木调查与出圃。通过学习，学生能够获得常见园林植物育苗的技能。

项目二

园林植物保护地栽培技术

项目引言

　　园林植物栽培分为露地栽培和保护地栽培两种形式。保护地栽培是在塑料大棚或者温室内由人工全部或部分控制环境条件的一种栽培技术。与传统的露地栽培相比，它能调控植物的生长速度，能进行周年性园林植物的生产，是现代园林植物栽培的重要技术措施。本项目依据实际工作情境，设置了栽培设施、容器栽培技术、无土栽培技术、园林植物促成和抑制栽培技术四个任务，全面系统地介绍了园林植物保护地栽培技术及相关理论知识。

学习目标

能独立进行保护地的园林植物生产，主要包括：

（1）了解保护地栽培技术的理论知识。

（2）熟知栽培设施的类型、无土栽培类型。

（3）掌握容器栽培技术、水培和基质栽培技术、促成和抑制栽培技术。

（4）具备团结协作的精神和一定分析与解决问题的能力。

任务一　栽培设施

【任务分析】

能根据园林植物的育苗与生产的需求选择合适的栽培设施。

【任务目标】

（1）了解用于园林植物栽培的设施类型、设备配置与环境调控技术。
（2）熟知园林植物设施栽培的技术要求。
（3）掌握以环境调控为主的关键技能。
（4）培养学生团结协作、分析与解决问题的能力。

技能一 简易设施

【技能描述】

了解简易设施性能，能针对不同种类的园林植物搭建简易设施。

简易设施

【技能情境】

（1）场地：苗木生产基地或校内实训基地。
（2）工具：植物材料、竹竿、薄膜等。

【技能实施】

（1）学生使用网络数据库查找各种简易设施资料或者线上学习。
（2）调研所研究园林植物的情况，制订搭建简易设施的方案。
（3）学生根据所制订的方案搭建简易设施。
（4）总结并观察园林植物的后期生长状况。

【技术提示】

（1）学生针对不同的园林植物和场地条件能搭建不同的简易设施，促进植物的越冬过夏。
（2）在搭建过程中注意安全。

【知识链接】

简易设施主要包括各种风障、阳畦、温床、阴棚等，结构简单，建造方便，造价低廉，多为临时性设施，主要用于园林苗木生产中早春育苗和季节性生产。

（一）风障

风障是冬春季节设置在栽培畦北侧的挡风屏障。风障还可以与阳畦、温床配套使用。在露地设置阳畦、温床，在床的北侧设置大风障，改善局部小气候，提高阳畦和温床的性能。

1. 风障的结构

风障一般是由竹竿、木杆等作为支撑加固材料，挡风材料及土背组成。一般风障挡风材料有草帘、无纺布、彩条布、塑料布及阳光板等，过去经常用芦苇、高粱或玉米秆等材料编成。这些材料中，以草帘的透水透气性最好，耐风力最强，承重力最高。

按风障的高矮可分为大风障与小风障两种，大风障高2.5～3m，小风障高1.5～2m。风障的高度越高，其保温性能越好，但建造成本也越大，反之则小。

2. 风障的性能

防风：减弱风速，稳定气流。防风范围是障高的8～12倍，最有效的范围是1.5～2倍。

增温：保持风障畦内的热量，减少冻土层的厚度，提高畦内温度条件，可以提高5℃左右，白天障前的气温与地温比露地高。

3. 风障的设置

（1）方位和角度。正南北或偏向东南5°为好，风障与地面的夹角70°～75°。

（2）风障距离。每排风障的距离5～7m，或相当于风障高的3.5～4.5倍。

（3）风障的长度和排数。长度15～25m，长排风障比短排风障好。

4. 风障的建造方法

在设置风障位置的北侧挖一道深20～30cm、宽30～40cm的沟，然后把高粱秸或芦苇等防风材料，按照与畦面呈75°的角，放入沟内埋好，并将挖出的沟土培在风障基部。为了固定风障角度和增加坚固性，可在风障两端和中间事先深埋数根木杆。为增强风障的防风性能，应在风障背后加披草苫子，再覆以披土，披土的高度为40～50cm。在风障离地面1～1.5m处加一道腰拦，大风障则需加二道腰拦，即用竹竿或数根高粱秸横向于风障两面夹好、绑紧，使整个风障成为一体。

（二）阳畦

阳畦是一种利用太阳光热，保持畦内较高温度的简易的保护地类型。它是由风障畦发展而来的，将风障畦的畦埂加高、加厚，成为畦框，在畦框上覆盖塑料薄膜，并在塑料薄膜上加盖不透明覆盖物即为阳畦。

阳畦除具有风障的效应外，白天可以大量吸收太阳光热，夜间可以减少辐射强度，保持畦内较高的畦温和土温。由于接受阳光热量的不同，致使局部存在着很大的温差，一般北框和中部的温度较高，南框和西部的温度较低。阳畦根据其结构特点可分为普通阳畦和改良阳畦两种。改良阳畦性能优于普通阳畦。

1. 普通阳畦

普通阳畦也叫冷床，普通阳畦主要由风障、畦框、覆膜、覆盖物（草帘、蒲席）等部分组成。普通阳畦又分为抢阳畦和槽子畦两种类型（图2-1-1）。

（1）抢阳畦（图2-1-1a）。抢阳畦采用倾斜风障，畦框用土做成，分为南北框及东西两侧框。畦框的尺寸规格依阳畦类型而定。抢阳畦北框比南框高而薄，上下成楔形，四框做成后向南形成坡面，因此叫抢阳畦。一般抢阳畦的北框高35～60cm，底宽30cm，顶宽15～20cm；南框高20～40cm，底宽30～40cm，顶宽30cm；东西侧框与南北两框相接，厚度与南框相同；畦面下宽1.66m，上宽1.82m，畦长6m，或成它的倍数，做成联畦。

（2）槽子畦（图2-1-1b）。槽子畦采用直立风障，畦框的南北两框接近等高，框高而厚，四框做成后近似槽形，故称槽子畦。槽子畦北框高40～60cm，宽35～40cm；南框高40～55cm，宽30～35cm；东西两侧框宽30cm；畦面宽1.66m，畦长6～7m，或做成加倍长的联畦。

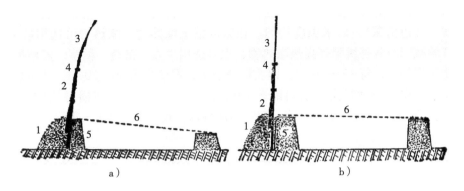

图 2-1-1　普通阳畦的结构

a）抢阳畦　b）槽子畦

1—土背　2—披风　3—篱笆　4—楞杆　5—畦框　6—蒲席

2. 改良阳畦

改良阳畦也叫小暖窖（图 2-1-2）。改良阳畦是由土墙（后墙、山墙）、棚架（柱、檩、柁）、土棚顶（有的有、有的无）、塑料棚膜、保温覆盖物（蒲席或草帘）等部分组成。改良阳畦的后墙高 0.9～1m，厚 40～50cm，山墙脊高与改良阳畦的中柱相同；中柱高 1.5m，土棚顶宽 1～1.2m，跨度 3～4m，东西山墙北高南低，每 3～4m 长为一间，每间设一立柱，立柱上加柁，上铺两根檩（檐檩、二檩），檩上放秫秸，抹泥，然后再放土，前屋面晚上用草帘保温覆盖。阳畦长度因地块而定，一般为 10～30m。与早期的日光温室类似，只是空间和面积小些。

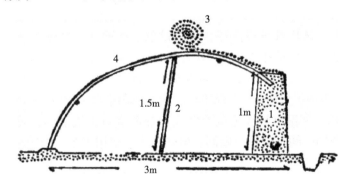

图 2-1-2　改良阳畦的结构

1—土背　2—篱笆　3—畦框　4—蒲席

（三）温床

温床是在阳畦的基础上改进的园林设施。它除了具有阳畦防寒保温的作用以外，还可以通过酿热加温及电热线加温等来补充日光增温的不足，因此温床是一个既简单又实用的园林植物育苗设施。温床常见的类型有酿热温床、水暖温床、火热温床、电热温床，目前使用比较多的是酿热温床和电热温床。

1. 酿热温床

（1）结构。酿热温床主要由床框、床坑、透明覆盖物、保温覆盖物、酿热物等部分组成，用得最多的是半地下式土框温床。温床建造场地要求背风向阳、地面平坦、排水良好。

床宽1.5～2m，长依需要而定，床顶加盖薄膜呈斜面以利透光。在床底部挖成鱼脊形（南边深、中间浅、北边稍深），以求温度均匀。在床内铺上酿热物，酿热物可选用新鲜的骡粪、马粪、新鲜的厩肥及各种饼肥等高热酿热物，也可选用牛粪、猪粪、稻草、麦秸等低热酿热物。酿热物分层加入，每15cm一层，踏实后浇温水，厚度多为30～50cm，即盖顶封闭，让其充分发酵，一周后温度稳定，上面铺5～10cm的土。花卉扦插或播种用的，可铺10～15cm培养土、河沙、蛭石、珍珠岩等。酿热温床各部位尺寸如图2-1-3所示。

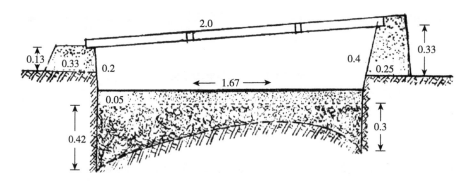

图2-1-3　半地下式酿热温床结构示意图（单位：m）

（2）性能及应用。与阳畦相比，温床内温度增高，并且温度分布均匀。由于其前期温度高，后期温度低，主要用于北方地区早春培育果菜类幼苗。

2. 电热温床

（1）电热温床的结构。电热温床是在阳畦、小拱棚或大棚及温室中的栽培床上做成育苗用的平畦，然后在育苗床底部铺隔热层，再铺设电热线而成。电热线埋入土层深度一般以10cm左右为宜，但如果用育苗钵或营养土块育苗，则以埋入土中1～2cm为宜。选定的功率密度通常以70～150W/m²为宜。具体功率密度要根据不同地区、不同季节及不同设施来确定，如山东地区冬季日光温室内可采用70～90W/m²，阳畦可采用90～120W/m²的功率密度。

（2）性能及应用。利用电热线把电能转变为热能进行土壤加温，可自动调节温度，且能保持温度均匀，使用时间不受季节限制。电热温床主要用于冬、春园林植物育苗。

（四）阴棚

阴棚一般应选在地势高、通风和排水良好的地段，搭建在露地苗床上方高度约为2m的遮阳设施，主要作用是遮阳、降温。

1. 阴棚构造

阴棚由支柱、横档和覆盖物组成，支柱和横档均用镀锌铁管搭建而成，支柱固定于地面。根据植物的不同需要，支柱和横档上覆盖不同透光率的遮阳网。可以在棚的四周开小型排水沟以保证雨季棚内不积水。

2. 阴棚类型

（1）临时性阴棚。用木材、竹材搭建骨架，东西延长，阴棚的高度根据种植物的高低进行设置，上覆塑料薄膜，塑料薄膜上盖苇帘、草帘、2～3层遮阳网等遮阴物，棚内地面铺炉渣、沙砾等，以利排水，并减少泥水溅污枝叶。

临时性阴棚多用于露地繁殖床和切花栽培，栽培时一般应逐渐减少覆盖，增强光照，以促进植物的生长发育。

（2）永久性阴棚。永久性阴棚一般是用钢制骨架和水泥柱构成，一般高 2～3m、宽 6～7m，用于喜阴植物的生产或者半阴植物的越夏，如兰花、杜鹃等。永久性阴棚要求选择在不积水且通风良好的地方建造，棚架过去多用苇帘、竹帘等覆盖，现多采用遮阳网覆盖，也可采用葡萄、凌霄、蔷薇等攀缘植物遮阴，这样既实用又有自然情趣，但需经常管理和修剪，以调整遮光率，其遮光率应视栽培植物的种类而定。盆花栽培时应置于花架或倒扣的花盆上，若放置于地面上，则应铺以陶粒、炉渣或粗沙，以利排水，并防止下雨时污水溅污枝叶及花盆。

【学习评价】

采用多元化的评价体系，将学生专业知识、技能操作、技能成果和个人的职业素养有效地结合在一起考评（表2-1-1）。

表 2-1-1　学生考核评价表

考核项目		权重	考 核 要 点	考核评价		
				自我	小组	教师/专家
知识		20%	简易设施类型及功能			
技能	操作过程	30%	操作规范、方法正确			
	技能成果	25%	简易设施搭建符合要求、苗木生长良好			
素质		25%	态度端正，纪律性强；小组分工合作，具备一定的查阅资料与分析问题能力			

【练习设计】

一、判断正误（认为正确的请在括号内打"√"，错误的打"×"）

1. 风障只具备防风功能。　　　　　　　　　　　　　　　　　　　　（　　）

2. 阳畦可以和风障一起使用，提高性能。　　　　　　　　　　　　　（　　）

3. 酿热温床和电热温床主要区别在于加热方式不同。　　　　　　　　（　　）

二、填空题

1. 简易设施主要包括各种_____、_____、_____遮阳覆盖等。

2. 阴棚按类型分为_____、_____。

技能二　塑料拱棚

【技能描述】

能识别常见的塑料拱棚，掌握塑料拱棚在园林植物生产与栽培中的应用。

【技能情境】

（1）场地：苗木生产基地或校内实训基地（基地里有塑料拱棚）。

（2）工具：笔、温度计、干湿温度计、温室植物等。

塑料拱棚

【技能实施】

（1）学生通过网络查找温室各种资料或者进行线上学习。

（2）带领学生参观塑料拱棚。

（3）学生调查温室园林植物生长状况，测量、记录塑料拱棚内温度、湿度等数据。

（4）学生总结，分组汇报。

【技术提示】

（1）学生在参观中需对塑料拱棚资料进行收集，还要对温室植物的生长状况进行记录。

（2）通过调研进一步理解塑料拱棚的类型并探讨其在园林植物生产与栽培中的应用。

【知识链接】

塑料拱棚是一种以镀锌钢管或竹木等材料为拱形骨架，在骨架上覆盖塑料薄膜后形成的栽培设施。与普通温室相比，塑料拱棚具有结构简单、建造与拆装方便、一次性投资少、运行成本低等优点。同时塑料薄膜的紫外线透光率比玻璃高，更有利于植物的健壮生长。但其保温性、抗灾能力、内部环境调控能力均比温室差。在实际生产中，为了提高塑料拱棚的保温性能，常采用"棚套棚"或多层覆盖的方式。

（一）塑料拱棚的类型

塑料拱棚类型较多，按照大小可分为小、中、大拱棚，按屋顶形状可分为圆拱形、屋脊形，按骨架材料可分为竹木结构、钢结构、水泥结构，按内部是否有立柱可分为有立柱、无立柱。此外，还可以分为单栋大棚和连栋大棚。

（二）小拱棚

小拱棚高度1m左右，跨度1~3m。拱架材料主要用竹或者直径6~12mm的钢筋，覆盖塑料薄膜。小拱棚为单栋，外形多样，其优点是取材方便、结构简单，建造容易（图2-1-4）。

1. 环境特点

（1）温度：热源为阳光，空间小，缓冲力弱，棚内的气温随外界气温的变化而改变，并受薄膜特性、拱棚类型以及是否有外覆盖的影响。一般晴天时增温效果显著，阴雨雪天时增温效果差，遇寒潮极易产生霜冻。冬春用于生产的小棚可以加盖草苫防寒，提高温度。

（2）湿度：高湿，一般棚内空气相对湿度可达70%~100%。棚内相对湿度的变化与棚内温度有关，当棚温升高时，相对湿度降低，棚温降低时，则相对湿度增高；白天湿度低，夜间湿度高；晴天湿度低，阴天湿度高。白天可以通风调节相对湿度。

（3）光照：小拱棚的光照情况与薄膜的种类、新旧、水滴的有无、污染情况以及棚形结构等有较大的关系，并且不同部位的光量分布也不同，小拱棚南北的透光率差为7%左右。

2. 生产应用

小拱棚内部空间较小，升温、降温比较快，温度和湿度不容易调节，保温效果一般，在外界温度低于−10℃时无太大利用价值，多用于耐寒、半耐寒园林植物早春的早熟栽培，或秋延后栽培。生产管理人员一般不能在棚内操作，可以与大棚、温室等配合使用。

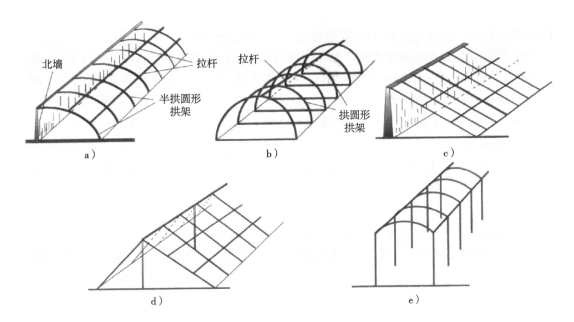

图 2-1-4　不同类型的小拱棚

a）土墙半拱圆形小拱棚　b）拱圆形小拱棚　c）单斜面棚　d）双斜面三角棚　e）拱门形小拱棚

（三）中拱棚

中拱棚高度 1.5～2m 左右，跨度 3～4m，长 10m 左右；有竹木结构、钢管或钢筋结构、钢竹混合结构；有设 1～2 排支柱的，也有无支柱的，有时内部设有立柱。可覆盖草苫，性能好于小拱棚，结构、建造、环境特点近似于大棚。

（四）塑料大棚

塑料大棚高度 2～2.5m 甚至 3m 左右，跨度 6～8m，长度根据场地及使用面积来确定，一般长 30～60m。塑料大棚的结构可大体分为骨架和棚膜，骨架由立柱、拱杆（拱架）、拉杆（纵梁）、压杆（压膜线）等部件组成，俗称"三杆一柱"。

1. 常见塑料大棚

由于建造材料不同，骨架构件的结构也不同，多用水泥、钢管等做骨架。

（1）竹木结构大棚：一般跨度为 12～14m，矢高 2.6～2.7m，以 3～6cm 粗的竹竿为拱杆，拱杆间距 1～1.1m，每一拱杆由 6 根立柱支撑，立柱用木杆或水泥预制柱。优点：建造简单，拱杆有多柱支撑，比较牢固，建造成本低。缺点：立柱多造成遮光严重，且作业不方便。

（2）悬梁吊柱竹木拱架大棚：在竹木大棚的基础上改进而来，中柱由原来的 1～1.1m 一排改为 3～3.3m 一排，横向每排 4～6 根。用木杆或竹竿做纵向拉梁把立柱连接成一个整体，在拉梁上每个拱架下设一立柱，下端固定在拉梁上，上端支撑拱架，通称"吊柱"。优点：减少了部分支柱，大大改善了棚内环境，且仍有较强的抗风载雪能力，造价较低。

（3）拉筋吊柱大棚：是一种钢竹混合结构，夜间可在棚上面盖草帘。优点：建造简单，用钢量少，支柱少，减少了遮光，作业也比较方便，而且夜间有草帘覆盖保温。

（4）无柱钢架大棚：一般跨度为 10～12m，矢高 2.5～2.7m，每隔 1m 设一道桁架，桁架上弦用 16 号、下弦用 14 号的钢筋，拉花用 12 号钢筋焊接而成，桁架下弦处用 5 道 16 号钢筋做纵向拉梁，拉梁上用 14 号钢筋焊接两个斜向小立柱支撑。

（5）装配式镀锌薄壁钢管大棚：跨度一般为 6~8m，矢高 2.5~3m，长 30~50m。用管径 25mm、管壁厚 1.2~1.5mm 的薄壁钢管制作成拱杆、拉杆、立杆（两端棚头用），钢管内外热浸镀锌以延长使用寿命。用卡具、套管连接棚杆组装成棚体，覆盖薄膜用卡膜槽。制成的大棚具有使用寿命长、省钢材、成本低的优点，但自身重量大，运输移动困难。

2. 环境特点

（1）气温：塑料大棚有明显的增温效果，塑料大棚的温度常受外界条件的影响，棚内气温的昼夜变化比外界剧烈，有着明显的季节性差异。由于太阳的移动，塑料大棚内不同部位的温度也有差异。

（2）地温：棚内土壤温度还受很多因素的影响，除季节和天气外，又因棚的大小、覆盖保温状况、施肥、中耕、灌水、通风及地膜覆盖等因素而受到影响。一般一天中棚内最高地温比最高气温出现的时间晚 2h，最低地温也比最低气温出现的时间晚 2h。

（3）光照：塑料大棚的采光面大，所以棚内光质、光照强度及光照时数基本上能满足需要。一般垂直光照为高处照度强、下部照度弱，棚架越高，下层的光照强度越弱；水平照度为南北延长的大棚东侧照度为 29.1%，中部为 28%，西侧 29%，光差仅 1%，东西延长的大棚，南侧 50%，北侧为 30%，不如南北延长的大棚光照均匀。

（4）湿度：湿度较大，特别是不通风的情况下，白天相对湿度可达 80%~90%，其变化规律是：棚温升高，相对湿度降低；晴天、有风相对湿度低，阴天、雨（雪）天相对湿度显著上升。棚内温度高、空气湿度大容易引起病害，因此必须通风排湿、中耕、灌水，防止出现高温多湿、低温多湿等现象。

3. 生产应用

在同样外部条件下，塑料大棚内部温度、光照条件均好于前文所述的阳畦、中拱棚，冬季可在棚内保温或者增加加温设施，人可在棚内操作，应用较为广泛，主要用作园艺作物的冬春季和夏季育苗；蔬菜花木的春提早、秋延后栽培或从春到秋的长季节栽培。

【学习评价】

采用多元化的评价体系，将学生专业知识、技能操作、技能成果和个人的职业素养有效地结合在一起考评（表 2-1-2）。

表 2-1-2　学生考核评价表

考核项目		权重	考核要点	考核评价		
				自我	小组	教师/专家
知识		30%	塑料拱棚类型及功能			
技能	操作过程	30%	操作规范，方法正确			
	技能成果	20%	记录完整，汇报清晰			
素质		20%	态度端正，纪律性强；小组合作分工，具备一定查阅资料与分析能力			

【练习设计】

一、填空题

1. 塑料拱棚类型较多，按照大小分为_____、_____、_____。
2. 常见塑料大棚类型有_____、_____、_____、_____、_____。

二、简答题

谈谈塑料大棚的环境特点？

技能三　温　　室

温室识别

【技能描述】

熟悉温室构造，能进行温室设备操作。

【技能情境】

（1）场地：苗木生产基地或校内实训基地（基地里有温室）。
（2）工具：笔、温度计、干湿温度计、温室植物等。

【技能实施】

（1）学生通过网络查找温室各种资料或者进行线上学习。
（2）带领学生参观温室，示范温室设备操作。
（3）学生调查温室植物生长状况，测定温室温度、湿度等。
（4）总结写出温室调研报告。

【技术提示】

（1）学生在参观中需进行温室资料收集，还要对温室植物的生长状况进行记录。
（2）通过调研进一步探讨温室在园林植物生产与栽培中的应用。

【知识链接】

温室是可以人工调控环境中温、光、水、气等因子，其栽培空间覆以透明覆盖材料，人在其内可以站立操作的一种性能较完善的环境保护设施。

我国温室的发展经历从秦汉时代西安"暖窖"到今日的现代智能温室和植物工厂；从明清时代的"火室"到今日玻璃及塑料温室；从利用自然太阳能、温泉水到今日太阳能和人工加温并用；从传统的单屋面温室发展到双屋面和拱圆形温室；从简单到完善、从低级到高级、从小型到大型、从单栋到连栋，到现在实现了全天候园艺植物的生产。

（一）温室类型

1. 根据温室用途分类

根据温室用途可分为：生产种植温室，科研试验温室，商业零售温室，生态餐厅温室，休闲观光温室，检疫隔离温室，大型室内公园。

2. 根据室内温度分类

根据室内温度可分为高温温室（室内温度冬季一般保持在 18～36℃），中温温室（室内温度冬季一般保持在 12～25℃），低温温室（室内温度冬季一般保持在 5～20℃），冷室（室内温度冬季一般保持在 0～15℃）。

3. 根据是否连跨分类

根据是否连跨可分为单栋温室与连栋温室两类，单栋温室按屋面形式分为单屋面温室、双屋面温室和圆拱形屋面温室。连栋温室由面积和结构相同的双屋面或圆拱形屋面温室连接而形成的超大型温室。连栋温室的面积可以达数公顷，室内环境稳定而均匀，通过对温度、湿度等环境因子的调节，可以实现周年生产。

4. 根据主体结构分类

根据主体结构可分为：竹木结构温室，钢筋混凝土结构温室，钢结构温室，铝合金温室，其他材料温室。

5. 根据透光层覆盖材料分类

根据透光层覆盖材料可分为塑料薄膜温室、阳光板温室与玻璃温室。

（1）塑料薄膜温室。塑料薄膜温室的采光面采用塑料薄膜覆盖，常作为临时性温室，一般造价较低，但易被污染且易老化，影响光照及使用年限，需要定期更换。

（2）阳光板温室。阳光板温室多采用一跨多顶，外形现代，结构稳定，美观大方，视觉流畅，保温节能效果与单层玻璃温室相比可节能 50%，透光率适中，多雨槽，大跨度，排水量大，抗风能力强，适合风力与雨量较大地区。温室专用 8mm、10mm 厚的防雾滴阳光板，该板表面覆盖有一层高浓度紫外线吸收剂，除具抗紫外线特征外，还可保长久耐候，永不褪色。

（3）玻璃温室。玻璃温室是用玻璃、透明塑料平板、波板等覆盖，具有人工加温设施、钢架或铝合金骨架、有墙或无墙围护，较大型的温室。玻璃温室外观美观大方，温室档次较高；全钢架结构，设计先进，抗风雪能力较强，使用寿命可达 15～20 年以上；温室内部操作空间较大，可以大面积连栋，适宜进行工厂化、规模化生产作业。

（二）温室配套设施设备

温室配套设备是指直接参与温室设施功能贡献或供应温室作物生产的设置及备用器物，温室配套设备随着温室大棚的不同使用要求而发生变化。一般按照其在温室中的功用不同，可分为温室气候环境调控设备、给水排水及水肥施灌设备、电气及自动控制设备、生产作业及温室维护机具、物料搬运及输送设备等。温室气候环境调控对植物生长具有重要影响，这里重点讲解温室气候环境调控。

温室气候环境调控设备包括为满足温室内作物生长气候环境要求所提供的一切设备。园林植物生长气候环境主要包括温度、湿度和光照，温室气候环境调控设备主要有以下几种：

1. 自然通风系统

自然通风系统是温室通风换气、调节室温的主要方式，一般分为：顶窗通风、侧窗通风和顶侧窗通风三种方式。侧窗通风有转动式、卷帘式和移动式三种类型，玻璃温室多采用转动式和移动式，薄膜温室多采用卷帘式。屋顶通风，其天窗的设置方式多种多样。如何在通风面积、结构强度、运行可靠性和空气交换效果等方面兼顾，综合优化结构设计与施工是提高高湿、高温情况下自然通气效果的关键。

2. 温控系统

（1）加热系统。加热系统与通风系统结合，可为温室内作物生长创造适宜的温度和湿度条件。目前冬季加热方式多采用集中供热、分区控制方式，主要有热水管道加热和热风加热两种系统。

（2）降温系统。

1）微雾降温系统。微雾降温系统使用普通水，经过微雾系统自身配备的两级微米级的过滤系统过滤后进入高压泵，经加压后的水通过管路输送到雾嘴，高压水流以高速撞击针式雾嘴的针，从而形成微米级的雾粒，喷入温室，迅速蒸发以大量吸收空气中的热量，然后将潮湿空气排出室外达到降温目的。该系统适用于相对湿度较低、自然通风好的温室，不仅降温成本低，而且降温效果好，能降温 3 ~ 10℃，是一种最新的降温技术，一般适于长度超过 40m 的温室采用。

2）湿帘降温系统。湿帘降温系统利用水的蒸发降温原理实现降温。以水泵将水打至温室帘墙上，使特制的疏水湿帘能确保水均匀淋湿整个降温湿帘墙，湿帘通常安装在温室北墙上，以避免遮光影响作物生长，风扇则安装在南墙上，当需要降温时用风扇将温室内的空气强制抽出，形成负压；室外空气因负压被吸入室内的过程中以一定速度从湿帘缝隙穿过，与潮湿介质表面的水汽进行热交换，导致水分蒸发和冷却，冷空气流经温室吸热后经风扇排出从而达到降温目的。在炎夏的晴天，尤其中午温度最高、相对湿度最低时，降温效果最好，是一种简易有效的降温系统，但在高温季节或地区其降温效果受影响。

3. 补光与遮阳系统

（1）补光系统。补光系统主要是冬季或阴雨天为弥补光照的不足进行补充光照，减少对育苗质量的影响，或者延长光照时间促进植物开花等生理反应的措施。所采用的光源其光谱都近似日光光谱，灯具要求有专业防潮设计、使用寿命长、发光效率高等特点，其成本较高。

（2）遮阳系统。温室遮阳是利用具有一定透光率的材料将一部分多余的光照进行遮挡，既能保证温室内植物所需的光照，又能防止多余的太阳辐射聚集造成室内温度过高，从而改善温室的生态环境，按照安装位置分为室外遮阳系统和室内遮阳系统。

（三）温室的栽培环境特点

1. 光照

光照度低于外界，光照度随时间的变化与自然光照同步，但变化较外界平缓，在空间上分布不均匀。在温室中用来进行光照调控的技术有：拉、放帘子的时间不固定，尽可能地延长受光时间；合理密植；选择适合设施的耐弱光品种；采用有色薄膜，人为创造有利于植物光合作用的光质。

2. 温度

气温季节性变化明显；气温日变化大，晴天昼夜温差明显大于外界；气温分布严重不均；土温较气温稳定。在温室中用来进行温度调控的技术有增加保温覆盖的层数，采用隔热性能好的保温覆盖材料以及提高设施的气密性。

3. 湿度

空气相对湿度明显高于露地栽培。在温室中用来进行湿度调控的技术有通风换气、加温除湿、覆盖地膜、科学灌水。

4. 施肥

最直接最有效的办法是增施有机肥、合理放风和人工施用 CO_2 气肥的方法。而 CO_2 最主要的来源是有机肥分解释放 CO_2、放风的同时补充 CO_2、作物呼吸作用释放的 CO_2 和人工施用 CO_2。

5. 土壤

白天阳光照射地面，土壤把光能转换为热能，一方面以长波辐射的形式散向温室空间，一方面以传导的方式把地面的热量传向土壤的深层。晚间，当没有外来热量补给时，土壤储热是日光温室的主要热量来源。在温室中用来进行土壤调控的技术有：在温室的前底部设置隔热板（沟）减少横向传导损失；在土壤当中大量地增施有机肥料；尽量浇用深机井抽取的或经过在温室内预热的水，不在阴天或夜间浇水；地面覆盖地膜或内外覆盖保温设施。

（四）现代智能温室

现代智能温室设有温度、湿度、光照、CO_2、肥料、农药等因子的检测和调控装置，可实现对温室内环境因子的自动检测和调节，是现代化生产的必备栽培设施。

现代智能温室一般都配备物联网系统，物联网系统可以实现无线数据采集，远程获取温室大棚内温度、湿度、光照、土壤温度、土壤湿度、CO_2 浓度等环境信息数据，通过计算机、手机直观地显示给客户，并根据作物要求设置提醒，自动进行控制，如开窗、加温、降温、加湿、光照和 CO_2 补气、灌溉施肥和环流通气等。

【学习评价】

采用多元化的评价体系，将学生专业知识、技能操作、技能成果和个人的职业素养有效地结合在一起考评（表2-1-3）。

表2-1-3　学生考核评价表

考核项目		权重	考核要点	考核评价		
				自我	小组	教师/专家
知识		30%	温室类型、配套实施设备及功能			
技能	操作过程	25%	操作规范、方法正确			
	技能成果	15%	调查报告翔实、完整			
素质		30%	态度端正，纪律性强；小组合作分工，具备一定查阅资料与分析能力			

【练习设计】

一、判断正误（认为正确的请在括号内打"√"，错误的打"×"）

1. 温室温度变化较外界平缓、光照度在空间上分布不均匀。　　　　　　（　　）

2. 阳光板温室与其他覆盖材料温室相比，具有采光好、保暖、轻便、强度高、防结露、抗冲击、阻燃、经济耐用等诸多优点，是市场上最好的温室。　　　　　　（　　）

二、填空题

1. 温室根据是否连跨分类又可分为_____、_____两类。

2. 温室按照透光层覆盖材料分为_____、_____、_____。

3. 温室遮阳系统按照安装位置分为_____和_____系统。

三、实训

查找资料，谈谈现代智能温室在园林生产中的应用。

任务一总结

园林植物栽培设施的种类较多，随着园林行业的发展，栽培设施的构造和材料工艺已经得到了较大的提升。园林植物品种较多，针对不同用途和不同栽培特性的园林植物进行栽培设施的选择，并了解栽培设施的功能。通过任务一的学习，让学生能够了解基本的栽培设施种类，并能进行园林植物栽培养护设施的基本操作。

任务一　思政拓展

酒泉位于河西走廊西端，是甘肃省面积最大的地级市，但土地半数以上为戈壁荒滩，耕地资源有限，后通过广泛采用无土栽培技术，一座座温室大棚在不适宜传统耕作的戈壁滩上"落地生根"，酒泉人因地制宜，不但"染"绿了戈壁滩，让荒滩变良田，还使戈壁荒滩成为农民增收的"金钥匙"和百姓的"菜篮子"。

任务二　容器栽培技术

【任务分析】

能根据园林植物的生物学特性进行容器栽培。

【任务目标】

（1）了解我国容器苗发展现状。

（2）熟知各类容器、各类基质的特性。

（3）掌握容器苗生产操作流程及要领。

（4）培养学生现代化容器苗圃的管理能力。

技能一　容器的选择

【技能描述】

能掌握常见容器的应用，可以根据苗木的特性及实际生产条件选择合适的容器。

【技能情境】

（1）场地：苗圃基地或者实训基地。

（2）材料：各类容器、育苗基质、苗圃苗木。

容器的选择

【技能实施】

（1）调查场地的各种栽培容器。

（2）观察苗圃基地容器苗种类、容器类型和栽培情况等。

（3）根据调查和观察结果，为不同的园林植物幼苗或小苗选择合适的容器。

【技术提示】

对基地容器苗以扦插苗类、草花类、小型花灌木类、中型花灌木类、乔木类为统计分类对象进行描述。

【知识链接】

（一）容器苗栽培概述

1. 容器苗的概念

容器苗是指将苗木培育在特定的容器内，以轻型介质为载体生产的苗木。容器苗的突出特点是根系在容器内形成，移栽不需要起挖断根。

2. 容器苗的优势

容器育苗与传统育苗在管理与应用方面相比较有如下优势：

（1）不受季节限制，一年四季均可移植。

（2）苗木品质好，移栽成活率高。

（3）实现标准化、现代化的管理，能提高苗木品质，同时提高管理效率。

（4）利用容器及轻质基质栽培，运输方便。

（二）容器苗发展现状

美国是较早开始容器苗栽培、拥有容器苗品种最多最新、生产技术较先进、苗圃产业较发达的国家之一。容器苗栽培作为一种苗木生产方式，最先出现在中、小规格苗木的生产中，随着技术的发展和新型容器的产生，乔木类苗木也实现了容器栽培。容器栽培的历史在我国相对更为久远，但现代容器栽培技术在国内大规模应用的时间不长。

容器苗核心技术是容器的选择和基质的配比。我国目前常用的育苗容器种类主要有纸质容器、塑料容器和无纺布容器。育苗基质是培育容器苗的关键，由起初以土壤为主要栽培介质，逐渐被物理性质、化学性质较好的泥炭、椰糠、松鳞等基质所代替。

近几年我国容器苗栽培技术得到快速发展和广泛应用，特别是浙江、广东等地探索出一套适合我国苗木发展的容器苗木栽培技术体系，容器苗木产品也渐渐被人们所接受，从而更好地促进了容器苗产业的发展。

不过，目前我国容器栽培苗木的面积与传统土壤栽培苗木的面积相比还是所占比重较小，主要存在以下原因：一是生产者对容器苗的认识不够，对这种新的栽培模式不认可；二是生产管理技术和生产设施不成熟，没有完全实现机械化、现代化；三是产品的定位缺乏特色，广而不精，一个容器苗苗圃从穴盘小苗到美植袋或控根器培育的大苗各种规格的容器苗都能看到；四是销售模式相对传统，苗木标准差异大，销售方向以各种园林工程为主，而国外家庭园艺是容器苗产品的主要客户。以容器苗较为发达的国家栽培经验来看，我国容器苗行业从苗圃规划、栽培管理技术到销售模式，都还有很大的发展空间。

（三）容器种类

容器选择是容器苗木栽培过程中的关键因素，在生产过程中选择合适的容器，既有利于根系生长，又可控制成本（图2-2-1）。常用容器介绍如下：

1. 穴盘、纸钵

播种育苗、扦插育苗通常用穴盘或纸钵作为容器。穴盘一般为塑料材质，其主要特点是成本低、可重复使用、操作方便，有50、72、105、200穴等各种规格。新型育苗纸钵，更利于根系生长，且纸钵随苗种植，环保可降解，也可实现自动化。

2. 双色盆

用于小型草本苗木的培育，塑料材质，规格齐全，使用较多的规格有120#、150#、180#，主要特点是成本低，但不耐使用，不环保。

3. 加仑盆

目前在中、小型容器苗栽培过程中，使用最多的容器为加仑盆，塑料材质，根据工艺分为注塑加仑盆和吹塑加仑盆两种。生产上常使用1、2、3、5、7、10、15、20美（英）加仑$^{\ominus}$等规格，同一加仑型号又有瘦高、矮胖型号之分，根据植物根系生长特性进行选择。使用寿命可长达3年，作为转用盆，可循环使用。容器壁内及底部特殊设计，有效防止盘根及根系穿过地布。

4. 园艺盆

园艺盆主要有塑料花盆、玻璃钢花盆、陶瓷盆等，主要是面对家庭园艺及某些商务场合对容器有美化要求的花卉盆栽摆放。近年来塑料材质的园艺盆款式多样，较受欢迎。

5. 美植袋

中、大型容器苗栽培过程中，使用最多的容器为美植袋，纤维针刺无纺布材质，规格大

$\ominus$ 1加仑（美制）≈3.79L，1加仑（英制）≈4.54L。

小丰富，一般使用寿命3~5年，市场上产品质量参差不齐，选择时注意美植袋的克重和厚度。其具有成本低、耐使用、便于流通，透水透气等优点。

6. 控根器

较大型苗木容器栽培常采用植物控根器，根据材质分为无纺布控根器和塑料控根器，控根器一般由多片组成，根据苗木的大小拼接所需要的尺寸。无纺布材质的特点同上述美植袋的特点。塑料控根器具有突出的小孔，起到空气断根的作用，不会形成盘根，拆装方便，但不便再移动搬运。

图 2-2-1　部分常见栽培容器

（四）容器的选择原则

首先根据苗木规格、生产周期长短、苗木根系生长特性选择适合容器，其次根据培育产品的市场定位，如工程苗一般选择双色盆、加仑盆、美植袋等，家庭园艺或商务摆花一般用美观的园艺盆。

【学习评价】

采用多元化的评价体系，将学生专业知识、技能操作、技能成果和个人的职业素养有效地结合在一起考评（表2-2-1）。

表 2-2-1　学生考核评价表

考核项目		权重	考 核 要 点	考核评价		
				自我	小组	教师/专家
知识		20%	容器分类、容器特性			
技能	操作过程	30%	园林植物小苗或幼苗容器的选择			
	技能成果	25%	基地苗木容器统计调查结果			
素质		25%	纪律、态度、合作			

【练习设计】

一、多项选择题

培育1年苗龄绣球可能会用到下列哪些容器？（　　　　）

A. 穴盘　　　　B. 1 加仑盆　　　　C. 7 加仑盆　　　　D. 50×40 美植袋

二、判断正误（认为正确的请在括号内打"√"，错误的打"×"）

与传统地栽苗相比，容器苗投资较大。　　　　　　　　　　　　　　　　（　　）

三、问答题

1. 容器栽培的概念是什么？

2. 常用的栽培容器有哪些？

四、实训

一、二年草花从播种到出圃成品培育的过程中，如何选择容器？

技能二　基质的配制

【技能描述】

熟知有机基质和无机基质的种类，可以根据苗木不同生长特性，不同生长阶段配比适合的基质。

基质的配制

【技能情境】

（1）场地：苗圃基地或者实训基地。

（2）工具：铁锹、手推车、搅拌机等。

（3）材料：有机基质包括进口泥炭、松鳞，无机基质包括珍珠岩、蛭石，控释肥（肥效期 8~9 个月），pH 试纸等。

【技能实施】基质配制

（1）确定基质配制比例。

（2）根据配方准备所需的基质材料、基肥。

（3）按照配方将各种材料（基质、基肥）混合均匀。

（4）调节酸碱度。基质配好后测定混合基质的酸碱度，酸碱度要求在 pH 值 5.0~6.5，低于范围值可用石灰进行调高，高于范围值可用硫黄粉、硫酸亚铁调低。

【技术提示】

（1）基质在使用前须筛选、去杂，特别是一些就地取材的基质还要粉碎、浸泡、水洗、消毒等处理。

（2）每立方米基质控释肥用量标准为 4~5kg。

（3）可手工配制，也可用基质搅拌机配制，混合均匀。

（4）酸碱度要求在 pH 值 5.0~6.5 是大多数植物适合生长的酸碱度，可根据栽培植物不同，调节适合其生长的酸碱度。

【知识链接】

容器栽培是以轻型基质为载体代替自然土壤，栽培基质具有固定植物根系，提供根系生长的良好条件，具有一定保水、保肥能力，透气性好等特性。

园林用苗的容器栽培一般选用固体基质作为栽培基质，固体基质按组成分为有机基质和无机基质。

1. 常用的容器栽培基质

（1）泥炭。泥炭按植物来源可分为苔藓类泥炭和莎草类泥炭两大类。苔藓类泥炭由于苔藓的生长环境及组织结构的特殊性，具有无菌、无杂草、物理化学性质稳定等优良特性，同时具有较强的储存养分和水分的能力。莎草类泥炭是由高等植物莎草分解而形成，东北泥炭大部分属于莎草泥炭。苔藓类泥炭较莎草类泥炭品质好，价格高。

根据来源一般可分为进口泥炭（图2-2-2）、国产泥炭（图2-2-3），国产泥炭主要是广东泥炭、东北泥炭。

图2-2-2　进口泥炭　　　　　　　　图2-2-3　国产泥炭

（2）松鳞。松鳞是松树皮经破碎、腐熟发酵、分级等加工程序加工而成的一种有机基质，具有透气性强、保水保肥的特性，可单独使用，也可与泥炭、蛭石等基质混合使用。

松鳞根据用途可分为地表覆盖型、苗木覆盖型、栽培基质型，栽培基质型根据松鳞规格大小不同又可划分为不同的种类（图2-2-4），如兰花栽培型。

图2-2-4　不同规格类型的松鳞

（3）椰糠。椰糠为椰子外壳纤维部分经加工处理而成，具有优良的透水透气性，质量较轻，便于运输，可替代泥炭使用。椰糠分为水洗椰糠和缓冲椰糠，在使用前注意 EC 值（可溶性盐浓度）是否偏高，如果偏高要进行淋洗，椰砖及泡发后的椰砖如图2-2-5所示。

（4）珍珠岩。珍珠岩为含硅物质矿物经过 1000 ~ 1200℃高温膨胀而成的颗粒体，具有容重小、透气性好、吸水性强、理化性质稳定等特性。因其质量轻，固定性差，一般不单独作为栽培基质使用（图2-2-6）。

图 2-2-5 椰砖及泡发后的椰砖

（5）蛭石。蛭石是含镁、铝、硅、铁云母类矿物经过 800～1000℃ 的高温形成，具有良好的透气性、吸水性，但易破碎，通气透水性变差，一般不单独作为栽培基质使用（图 2-2-7）。

图 2-2-6 珍珠岩

图 2-2-7 蛭石

（6）沙。沙的主要成分是硅酸盐类物质，取材广泛，理化性质取决于沙的种类和来源，具有良好的通透性，保水保肥性差，扦插育苗生产中会使用一定量的沙增加基质的透水性，在容器苗生产中使用越来越少。

2. 基质的配置

容器栽培中一般使用混合基质，将几种基质结合其优缺点进行合理组合，使其满足植物生长习性，保持良好的通气透水性，保水保肥，理化性质稳定，且安全经济。基质的合理配比因地域气候、栽培品种、容器的大小等的不同而不同，要掌握各类基质的性质、配置原则，进行合理配比。

【学习评价】

采用多元化的评价体系，将学生专业知识、技能操作、技能成果和个人的职业素养有效地结合在一起考评（表 2-2-2）。

表 2-2-2 学生考核评价表

考核项目		权重	考 核 要 点	考核评价		
				自我	小组	教师/专家
知识		20%	基质材质			
技能	操作过程	30%	基质配制，基质 pH 值测定及调节			
	技能成果	25%	基质配制方法正确性			
素质		25%	纪律、态度、合作			

【练习设计】

一、单项选择题

当基质的 pH 值偏低时，可加入（　　　）进行调高。

A. 石灰　　　　　B. 硫黄粉　　　　　C. 硫酸亚铁　　　　　D. 硫酸铵

二、判断正误（认为正确的请在括号内打"√"，错误的打"×"）

通用介质配方适合所有植物容器栽培。　　　　　　　　　　　　　　（　　　）

三、填空题

基质的种类可分为有机基质和无机基质，请写出 3 种常用的有机基质＿＿＿＿＿、

＿＿＿＿＿、＿＿＿＿＿。

四、实训

容器栽培地径10cm 的日本晚樱，其栽培基质应如何进行配制？

技能三　　容器苗栽培管理技术

【技能描述】

掌握现代化容器苗栽培管理技术。

容器苗栽培
管理技术

【技能情境】

（1）场地：苗圃基地或者实训基地。

（2）工具：枝剪、铁铲等。

（3）材料：大花绣球、容器、基质、控释肥等。

【技能实施】大花绣球的栽培管理（图 2-2-8）

1. 选择扦插繁殖生根的大花绣球幼苗

2. 上盆与摆盆

（1）上盆容器选择：选择黑色矮胖 2 加仑盆。

（2）基质准备：60% 松鳞，40% 泥炭，8～9 个月肥效控释肥 4～5kg/m³，100g/m³ 敌克松（消毒），可加少量有机肥，混合均匀。

（3）上盆操作：根据穴盘苗的高度，先在盆里加入适量基质，再将穴盘苗放入盆中心位置，从四周开始填基质至扦插苗根茎处，至离盆沿 2cm，边加边轻轻压实。将栽好的加仑盆转运到具有喷灌系统阴棚中，按照合理的密度摆放，预留生长空间。

图 2-2-8　大花绣球的栽培管理

3. 上盆与摆盆后的养护管理

（1）水分管理：夏季或者气温较高的天气，中午应进行遮阴缓苗。旺盛生长季需水较大，要保证水分的供应，每次浇透水，但不宜过量，过量会导致水肥流失和烂根，以根茎下方2cm处基质状态判断是否浇水，浇水要遵循"不干不浇，浇则浇透，见干见湿"的原则。

（2）施肥：一般春季枝条开始萌芽生长时，在盆土的表层、远离根部追施控释肥，每升基质加4g控释肥。现蕾开花前，可向叶面喷施水溶性开花肥（N:P:K=10:30:20），按照说明稀释浓度，7~10d 1次，直至2次花期结束，10月后可增施硼钾肥，提高苗木抗寒性。

（3）越夏管理：夏季气温较高（30℃以上），阳光直射较强，注意遮阴处理，避免叶片灼伤，华中地区根据植物状态可上午10点前、下午5点后，一天浇两次水。

（4）越冬管理：冬季绣球处于休眠状态，需水量较少，露天绣球减少浇水次数，保持土壤的湿润即可。

（5）整形修剪：'无尽夏'是新老枝都可以开花的品种，花期结束后剪除残花、残枝、弱枝、病枝、干枝，修剪越及时植株恢复越快，在8~10月可以迎来第二次花期。第二次花后可根据植株的高度进行二次修剪，如需重新调整株型要以重剪为主，保留2~3个芽或离地面20cm处修剪；如不需调整株型，希望有一个较好的高度，要在春季对植株次年残花进行修剪，同时剪除残枝、弱枝、病枝、干枝并将盆内落叶、杂草清理干净。

（6）主要病虫害防治：主要病虫害始于初夏，以预防为主。

1）病害以叶斑病、炭疽病较为常见，喷杀菌剂进行预防，可交替使用多菌灵、代森锰锌等杀菌剂。有时也有病毒病，发现病毒病植株应及时清除，并采用抗病毒的药剂进行预防治疗，可用病毒必克可湿性粉剂、氨基寡糖素等喷施。

2）虫害：以红蜘蛛为主要虫害，夏季叶片的背面会有红蜘蛛，防治方法可用哒螨灵、金螨枝等药物。

【技术提示】

（1）基质混合要均匀，根据大花绣球的大小确定合理的基质配比。

（2）大花绣球在生长季节生长较快，小苗在容器生长一段时间，需要换盆，注意换盆时间，可以在晚秋或者初冬进行。

（3）化学防治注意用药方法及时间，避开阴雨天、高温时间段，交替用药，按剂量用药。

【知识链接】

（一）大花绣球简单介绍

大花绣球属于虎耳草科绣球属，落叶灌木。花期5~9月，花径较大，一年可多次开花，新枝、老枝都可开花，在酸性介质中呈蓝色花球，在中性土壤中呈蓝色和粉色花球，花为不孕花，以扦插繁殖为主。性喜温暖、湿润和半阴环境。

（二）容器栽植后管理

小苗上容器后的栽培管理主要包括浇水、施肥、除草、换盆、病虫害防治等养护管理。

1. 换盆

随着容器苗的生长，当原容器因空间相对较小，或盆土的理化性质变劣，抑或植株根系产生老化或盘根等现象限制其生长发育，需要将小容器换成与植株大小相称的容器或是更换新的介质，将植株从小容器移换到大容器的操作过程称为换盆。换盆的频率根据植株的生长量确定。

换盆时间的选择，宿根花卉和木本花卉可在秋季生长停止时或在春季生长开始前进行，栽培设施设备比较完善的条件下，避开花期，其余时间都可换盆。换盆后注意遮荫、保湿养护。

2. 倒盆

盆栽植物在栽培设施内，由于局部环境的差异，或者密度不合理、空间限制其生长时，需要对植物进行倒盆处理，更换位置或者调整密度。

3. 转盆

由于局部环境的差异，主要是光照因素，会导致植株生长出现偏冠的现象。通过定期转动盆的方位，消除或减弱受光不均的现象。

4. 浇水

容器苗的灌溉系统是苗圃的重要组成部分，一般由蓄水池、过滤系统、水泵、支路灌溉系统等组成。灌溉水在使用之前，应进行水质测定，并每半年至少监测一次水质，主要监测灌溉水的 pH 值、EC 值。一般苗木对水的 pH 值要求在 5.5 ~ 6.5 之间，EC 值浓度在 0.8mS/cm 以下。

不同类型及规格的容器、不同基质配比、不同季节、不同栽培品种在灌溉量和灌溉频率上有很大的不同，要根据植物的状态、天气情况、基质表象来综合考虑。在植物布局时要考虑水分管理，相近水分管理需求的植物尽量摆放在相邻区域，方便生产时水分管理。

5. 施肥

高等植物的生长发育离不开 16 种必需元素（C、H、O、N、S、P、K、Ca、Mg、Fe、Mn、Cu、Zn、B、Mo、Cl），任何一种元素的缺少或不足都会影响植物的正常发育。

肥料可为植物提供一些必需营养元素，改善栽培基质肥力水平。根据肥料的性质分为有机肥和无机肥两大类，有机肥在容器苗木栽培中一般较少使用，常用的有机肥有鸡粪、鸭粪、人粪尿等；固体无机肥按其降解速度分为速效肥和缓/控释肥。容器栽培苗木灌溉频繁，营养元素流失快，复合肥、速效肥等传统肥料不适合长期作为栽培肥料。缓/控释肥在广义上讲是一类由包膜控制养分释放速度、释放周期的肥料，肥效长达 3 ~ 14 月，包膜的厚度和基质温度为主要影响释放速度因素，包膜厚度越厚，释放速度越慢；基质温度越高，释放速度越快。缓/控释肥一般作为基肥使用，在基质配比搅拌时加入，随用随配。较大容器苗木栽培中也做追肥使用，可面施、穴施或环施。

水溶复合肥在容器栽培中也有一定的应用，可作为追，可叶面喷施，可随灌溉水灌施。

肥料管理原则包括以下三点：

（1）根据苗木对肥料的需求，选择合适的肥料。如观叶植物需施含氮比例较高肥料。

（2）根据苗木不同生长阶段的需求，如开花前期，需要补充植株营养。

（3）根据不同的生长季节，苗木生长旺盛的季节，适当增加追肥量。

6. 整形修剪

容器苗整形主要为了整理株形，除去多余枝，使植株的生长状态达到最佳。因季节不同分为冬季修剪（12月~翌年3月）、春季修剪（4~5月）、夏季修剪（6~8月）、秋季修剪（9~11月）。按类型、应用不同制订适宜的修剪方案：对于大型的乔木观赏树木，剪除根蘖条、小侧枝、内堂枝、交叉枝，容易得到理想的树形；花灌木造型苗木一般萌蘖力较强，开花习性不同，修剪的方式和时间不同，不能一概而论，如蜡梅最好在花后修剪，短截开花枝，疏剪弱枝、老枝、枯枝。

【学习评价】

采用多元化的评价体系，将学生专业知识、技能操作、技能成果和个人的职业素养有效地结合在一起考评（表2-2-3）。

表2-2-3　学生考核评价表

考核项目		权重	考核要点	考核评价		
				自我	小组	教师/专家
知识		20%	灌溉管理、肥料管理、修剪管理			
技能	操作过程	30%	绣球上盆、上盆后的养护			
	技能成果	25%	绣球长势、株型			
素质		25%	纪律、态度、合作			

【练习设计】

一、多项选择题

在容器栽培过程中，（　　）适合做基肥。

A. 有机肥　　　　B. 控释肥　　　　C. 水溶肥　　　　D. 速效肥

二、判断正误（认为正确的请在括号内打"√"，错误的打"×"）

为了让苗木根系有更多生长空间，一般将基质装满容器。　　　　　　　（　　　）

三、填空题

大花绣球（*Hydrangea macrophylla* "Endless Summer"）在植物分类学上属于_____科_____属。

四、实训

简述绣球的整形修剪、养护技术措施。

技能四　控根容器苗栽培管理技术

【技能描述】

掌握控根容器苗栽培管理技术。

【技能情境】

（1）场地：苗圃基地或者实训基地。

（2）工具：枝剪、铁铲等。

（3）材料：控根容器、适合种植的绿化植物。

控根容器苗
栽培管理技术

【技能实施】

1. 栽植地的整理

按要求进行栽植地整理。

2. 苗木栽植前处理

苗木栽植之前应进行枝条和根系修剪，枝条修剪时把内膛枝、弱枝、病虫枝剪去，根系修剪应剪去老根，露新茬。

3. 配制基质

根据不同的苗木以及苗木生长情况配制合适的基质。

4. 选择容器

根据土球大小和苗木规格等情况确定控根容器的规格，一般情况下，控根容器的直径要比土球直径大40～50cm。

5. 栽植

栽植时容器底部先填部分基质，再把苗木放入控根容器内，边栽边提动，然后压实，确保根系与基质结合紧实。基质不要过满，基质离容器上边缘5cm左右，以便浇水。华东地区包扎常用的草绳在移植时应去除后再入穴，若不解草绳直接将土球入穴，易因草绳腐烂导致根系受腐。

6. 支撑固定

栽植时固定苗木一般有以下两种方式：一种是在每排苗木的两端各设置一个钢管立柱，中间拉钢丝绳，树干即可固定在钢丝绳上；另一种是在每株苗木的四个角各设置一个立柱（相邻两排苗木可共用立柱），苗木树干上套一环套，用四条钢丝拉向四个方向固定。

7. 栽植后管理

（1）灌溉。由于基质高于地面，用水量一般要大于地栽苗。控根容器苗浇水次数、浇水量要随季节、天气、基质类型、苗木生长情况等灵活掌握。浇水要浇透，避免上湿下干。苗木新栽入控根容器一段时间内，需水量较大，由于控根容器四周都有通气孔，加上基质透水性强，新栽苗木要连续数天浇水，夏天每天早晚要各浇一次，必要时进行叶面、树干喷水，但要避免根部积水。灌溉方式一般用喷灌和滴灌两种，若大规模种植，建议采用滴灌或微喷方式。

（2）施肥。控根容器苗育苗是在根系受限的体积内进行育苗，基质集中于小范围的封闭式容器内，从外部土壤中吸收到的养分较少，主要靠人工施肥来补充营养。日常养护中要及时供给植物需要的养分，有机肥和无机肥要相互结合。在使用化肥的同时，使用一些腐熟的有机肥，不仅能平衡营养，还可提高土壤的肥力和疏松度。对于长势差的苗木，可适当施用叶面肥；对于名优苗木也可适量补充一些微量元素。

（3）病虫草害防治。控根容器苗木主要病虫草害与大田苗木基本相同，可按常规方法防治。病虫害防治坚持"预防为主，综合防治"的原则；杂草防治本着"除早、除小、除了"的原则，容器苗有条件的情况下可考虑地面铺地布、基质覆盖等措施防草。

（4）其他管理措施。在有风沙害的地区应设风障；干旱寒冷地区，不耐霜冻的容器苗要有防寒措施，如根部覆盖、树体包裹等；育苗期若发现容器内基质下沉，须及时补填，以防根系外露及积水。

【技术提示】

（1）栽植前需要平整栽植地，并建设取水源，在降雨量较大的区域，相隔一定距离需挖排水沟。

（2）基质的配制按照植物和种植地点的不同进行。

【知识链接】

1. 控根容器

控根容器由聚乙烯材料制作，由侧壁、插杆（或螺栓）和底盘3个部件组成。使用时将各部件组装起来即可，在大规格苗木生产实践中，一般情况下不使用底盘。底盘为筛状构造，独特的设计形式对防止根腐病和主根的盘绕有独特的功能。侧壁为凹凸相间状，外侧顶端有小孔。当苗木根系向外生长时，由于"空气修剪"作用，促使根尖后部萌发更多新根继续向外向下生长，极大地增加了侧根数量。

2. 作用

使用控根容器不会形成缠绕的盘根，克服了常规容器育苗带来根缠绕的缺陷，总根量增加 30~50 倍，苗木成活率达到98%以上，育苗周期缩短一半，移栽后管理工作量减少50%以上。控根容器除能使苗木根系健壮、生长旺盛外，特别是对大苗木培育移栽、季节移栽和恶劣条件下的植树造林，具有明显优势。

（1）增根作用。控根育苗容器内壁有一层特殊薄膜，且容器侧壁凸凹相间、外部突出的顶端开有气孔，当种苗根系向外向下生长接触到空气（侧壁上的小孔）或内壁的任何部位时，根尖则停止生长，接着在根尖后部萌发出3个新根继续向外向下生长，当新根接触到空气（侧壁上的小孔）或内壁的任何部位时，又停止生长并又在根尖后部再长出3个新根。这样，根的数量以3的级数递增，极大地增加了短而粗的侧根数量，根的总量较常规的大田育苗提高 20~30 倍。

（2）控根作用。一般育苗技术，主根过长，侧根发育较弱。采用常规容器育苗方法，种苗根的缠绕现象非常普遍。控根技术可以使侧根形状短而粗，发育数量大，同时限制了主根的生长，不会形成缠绕的根。

（3）促长过程。由于控根容器与所用基质的双重作用，苗木根系发育健壮，可以储存大量的养分，满足苗木定植初期的生长需求，为苗木的成活和迅速生长创造了良好的条件。移栽时不伤根，不用"砍头"，不受季节限制，管理程序简便，成活率高，生长速度快。

【学习评价】

采用多元化的评价体系，将学生专业知识、技能操作、技能成果和个人的职业素养有效地结合在一起考评（表2-2-4）。

表2-2-4 学生考核评价表

考核项目		权重	考 核 要 点	考核评价		
				自我	小组	教师/专家
知识		15%	控根容器作用			
技能	操作过程	35%	容器苗栽植与栽植后的管理			
	技能成果	25%	栽植成活率、栽植后苗木生长情况			
素质		25%	纪律、态度、合作			

【练习设计】

简答题

1. 谈谈控根容器的作用。
2. 简述控根容器苗栽植后的管理。

任务二总结

选择观赏价值和经济价值高的植物进行容器栽培，容器栽培的关键在于容器的选择、基质的配比及栽培管理技术，每一个环节都很重要，直接影响到植物的长势及生产成本。学生需要掌握容器种类，常见基质及配比，容器苗栽培管理技术，控根容器苗栽培管理技术，并进行实地操作训练，巩固所学内容。

任务二 思政拓展

容器种植在现代家庭园艺中被广泛应用。家庭园艺是指在室内、阳台、屋顶或是庭院等空间范围内，从事园艺植物栽培和装饰的活动，是人们面对高压力、高污染和快节奏的当今社会，顺应自然的"慢生活"方式，是人们对美好生活的追求。家庭园艺中的种植容器不仅限于上述所讲，还包括家庭废旧的盆、桶、牛奶盒等。在这些容器里种植花卉、蔬菜、水果等，让香花异卉为生活盛情绽放，营造回归自然、轻松优雅的意境，丰富生活情趣和质量，我们的生活才能更接近幸福的境地，这是园林园艺的精髓和灵魂。

随着现在生活水平的提高，人们越来越追求健康的生活方式，也对精神文化有着极高的需求，将园艺劳作带入家庭生活中，既能带给人们健康，又能补足市民的精神生活需要。每年在上海、武汉等地都会举办家庭园艺展，找找身边可以利用的容器，为你的家设计一个家庭花园，用自己的专业知识，给心灵放假。

任务三 无土栽培技术

【任务分析】

能根据园林植物的生物学特性，选择适宜的设施和方法，进行营养液的配制和无土栽培。

【任务目标】

（1）掌握无土栽培的概念、类型、特点等。
（2）掌握无土栽培营养液的配制及管理技术。
（3）掌握园林植物固体基质栽培技术。
（4）掌握园林植物水培技术。
（5）培养同学间的协作能力。

技能一 无土栽培的调查

【技能描述】

能进行无土栽培方案的制定、调查、分析并撰写报告。

【技能情境】

无土栽培
的调查

（1）场地：当地规范化无土栽培生产基地。
（2）材料及工具：卷尺、铅笔、直尺等用具，电子阅览室、电子资源库、期刊阅览室。

【技能实施】

（1）分组制订无土栽培类型调查方案。
（2）设计调查所用表格，进行实地调查和记录。
（3）分析并撰写调查报告。分析不同形式无土栽培类型结构的异同、性能的优劣和成本构成与经济效益。叙述本次调查的时间、调查方法、调查的企业，总结本地区无土栽培类型、结构、性能及其应用的主要情况，画出（或用照片反映）主要设施、类型的结构示意图，注明各部位名称和尺寸，并指出优缺点，分析本地区主要无土栽培类型结构的特点和形成原因，提出无土栽培发展的合理化建议。
（4）小组汇报。

【技术提示】

（1）在大数据背景下，调查方式可以多样化，可以借鉴和利用信息化资源。
（2）调查记录翔实，记载不同无土栽培类型的结构规格、配套型号、性能特点和应用。
（3）调查记载不同无土栽培类型在本地区的主要栽培季节、栽培作物种类（品种）、产量、茬口安排及周年利用情况。

【知识链接】无土栽培

无土栽培是指不用天然土壤栽培作物，而将作物栽培在营养液或基质中，由营养液代替天然土壤向作物提供水分、养分等生长条件，使作物能够正常生长并完成其整个生命周期的种植方式（图2-3-1）。简而言之，无土栽培就是不用天然土壤来种植植物的方法。由于无土栽培使用营养液的时间较早且较长，因此早期又把无土栽培称为营养液栽培、溶液栽培、水培等。

图 2-3-1 无土栽培

（一）无土栽培的优点

1. 高产优质，商品率高

由于无土栽培可以通过人工调控来尽量满足作物的生长需要，使其单产高于土耕栽培。同时，无土栽培可以周年生产，年产量高。而且无土栽培的蔬菜体积大、质量优，据报道，无土栽培可提高番茄维生素 C 含量30%。

2. 提高土地和空间利用率

无土栽培可以使不宜耕种农作物的地方，如盐碱地、荒山、废弃地、岛屿等土地得到充分利用，尤其可以解决温室、大棚多年连作病虫害的增加、土壤次生盐碱化加重等问题。同时，利用温室的立体空间优势，增加单位产量，增加农民收入。

3. 省时、省工、省力，资源利用率高

无土栽培技术在一次性投入后，可免去中耕、施肥、除草等繁重劳动，产量产值高，劳动生产率高。

（二）无土栽培的类型

无土栽培从早期的实验室研究开始至今已有140多年的历史。在从实验室走向大规模的商品化生产应用过程中，已从19世纪中期德国科学家萨克斯（Sachs）和克诺普（Knop）的无土栽培基本模式，发展到目前种类繁多的无土栽培类型和方法。不同的研究者从不同的角度进行分类，有的根据基质的形态分类，有的依照基质的种类分类，有的采用装置的形状分类等，其结果各不相同，要进行科学、详细的分类比较困难，现在大多数人从植物根系生长环境是否有固体基质的存在而分为固体基质栽培和非固定基质栽培两种类型。在这两大类型中，又根据固定植物根系的材料种类和栽培技术方法等进一步划分。

1. 固体基质栽培

固体基质无土栽培（图2-3-2）简称基质培，它是指植物根系生长在以各种各样天然或人工合成材料作为基质的环境中，利用这些基质来固定植株并保持和供应营养和氧气的方法。固体基质具有支持固定植株、保持并供应植物营养，使作物生长处于稳定协调的水、气、肥根际环境条件下，正常地完成生命周期的作用。固体基质无土栽培可很好地协调根际环境水、气矛盾，且投资较少，便于就地取材进行生产，主要分为有机基质栽培和无基基质栽培。

2. 非固体基质栽培

非固体基质栽培又称营养液栽培，它是指植物根系生长环境中没有用固体基质来固定根系，根系生长在营养液或含有营养的潮湿空气中，根际环境中除了育苗采用固体基质外，一般不用固体基质。若根系生长在营养液中则称为水培（图2-3-3），若根系生长在由营养液组成的潮湿空气中则称为雾培。水培又根据营养液液层深浅分为多种类型。

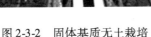

图 2-3-2　固体基质无土栽培

图 2-3-3　水培

（三）无土栽培的发展历史及现状

1. 探索阶段

无土栽培的研究可以追溯到 19 世纪中叶。1840 年，德国化学家李比希（J. V. Liebig）提出了植物以矿物质作为营养的"矿质营养学说"，为科学的无土栽培奠定了理论基础。1842 年，德国科学家卫格曼（Wiegmann）和波斯托罗夫（Postolof）证实了李比希的矿质营养学说，使用铂坩埚，用石英砂和铂碎屑作基质支撑植物，并加入溶有硝铵和植物灰分浸提液的蒸馏水栽培植物获得成功，建立了营养液栽培的雏形。

2. 生产应用阶段

1929 年，美国加利福尼亚大学的格里克（W. F. Gericke）教授首先建立了商业性的无土栽培体系。他在装有营养液的种植槽上方四周用木板和底部由金属网做成的定植框依次装入麻袋片、锯木和蛭石等固体基质以固定、支撑植物，并保持根系在黑暗的环境中生长。将番茄定植在基质中，随着植株的生长，根系伸长后穿过金属网而漂浮于种植植物的营养液中吸收水分和养分，培育出 7.5m 高的番茄，单株收果 14.5kg。这标志着蔬菜无土栽培实用化时期的开端。无土栽培开始由试验走向生产，格里克用营养液还成功地栽培出萝卜、胡萝卜、马铃薯及一些花卉和果树等，成为第一个把植物生理学实验采用的无土栽培技术引入商业化生产的科学家，以后逐渐在黄瓜、番茄中推广开来。该技术最先服务于军事，如第二次世界大战期间，美国在太平洋中部的威克岛上建立蔬菜无土栽培生产基地，供应士兵食用，后来美国又试验成功沙培、砾培技术。无土栽培很快传到了欧洲和亚洲，在有些国家逐渐得到应用，但由于应用时间短，规模小，技术尚不完备，属于生产的起步阶段。20 世纪五六十年代以后开始进入实际应用阶段，在世界各国包括美国、日本、意大利、法国、英国、荷兰以及西班牙、丹麦和瑞典都得到迅速的应用和发展。

3. 我国现状及发展方向

我国无土栽培方式主要是有机生态型基质栽培，还有基质袋栽培、立体栽培、岩棉栽培等形式。使用固体基质的营养液栽培具有性能稳定、设备简单、投资少、管理容易及不易传染根系病害等优点。近期使用的基质主要有岩棉、泥炭、椰糠、沙、蛭石、珍珠岩及锯木屑等。现已证明，岩棉和泥炭是较好的基质，但我国的农用岩棉尚在试用阶段，多数靠进口，成本较高。岩棉是一种用多种岩石熔融在一起形成岩浆，然后喷成丝状，冷却后稍微压缩而成的疏松多孔的固体基质，因岩棉制作过程是在高温条件下进行的，故经过高温消毒，不含病毒和其他有机物。我国应用的无土栽培系统主要包括有机生态型无土栽培、浮板毛管法水培技术系统、温室自动化调控系统、营养液成分自动检测系统、鲁 SC 无土栽培系统等。果菜类主要采用配备滴灌设施的基质栽培，叶菜类主要采用配备营养液循环系统的营养液栽培。

无土栽培具有十分诱人的广阔前景，但其技术要求严、设施装备投入高，受生产、消费、资金、技术等方面因素的影响很大。在欧盟国家，温室蔬菜、水果和花卉生产中，已有80%采用无土栽培方式，且发达国家多实现了采用计算机实施自动测量和自动控制。先进的无土栽培技术可以较好地保护环境，生产出绿色食品。我国农业虽然发展了几千年，但始终受制于自然，靠天吃饭。特别是我国资源短缺，耕地减少的趋势已难以逆转，且产出率与发达国家相比差距较大。综观国内外无土栽培的现状，无土栽培技术已由试验阶段进入生产应用阶段，其关键技术也日臻完善，发展速度将会加快。世界上的无土栽培技术发展有两种趋势：一种是高投资、高技术、高效益类型，如荷兰、日本、美国等发达国家，无土栽培生产实现了高度机械化。其温室环境、营养液调配、生产程序控制完全由计算机调控。另一种趋势是以发展中国家为主，尤其是以中国为代表，根据本国的国情和经济技术条件，就地取材，手工操作，采用简易的设备。

近年来我国的无土栽培蓬勃发展，各地结合当地实际进行研究试验，在推广应用中走出一条实用可行的具有中国特色的无土栽培之路。总体看，南方以广东为代表，以深液流水培为主；东南沿海长江流域以江浙沪为代表，以浮板毛管、营养液膜技术为主；北方广大地区由于水质硬度较高，水培难度较大，以基质栽培为主；无土栽培面积最大的新疆戈壁滩，主要推广鲁 SC 型改良而成的沙培技术。由于立体栽培能充分利用空间和太阳能，可提高土地利用率3～5倍，提高单位面积产量2～3倍，节约土地资源和水资源，提高土地利用率和生产效益，应大力发展立体栽培技术。目前，全国有机生态型无土栽培的推广面积超过无土栽培总面积的60%。虽然我国无土栽培技术的应用起步较晚，无土栽培技术水平总体处于初级阶段，但我国是一个具有巨大发展潜力的发展中国家，无土栽培的兴起，将使农业、园艺、林业、花卉生产及开发等进入一个新的发展阶段，无土栽培技术具有十分广阔的发展前景。

【学习评价】

采用多元化的评价体系，将学生专业知识、技能操作、技能成果和个人的职业素养有效地结合在一起考评（表 2-3-1）。

表 2-3-1　学生考核评价表

考核项目		权重	考 核 要 点	考核结果		
				自我	小组	教师/专家
知识		20%	无土栽培特点、类型、栽培发展、栽培内容			
技能	操作过程	30%	操作规范，方法正确，符合无土栽培方案调查要求			
	技能成果	25%	调查本地不同类型无土栽培的栽培利用情况			
素质		25%	课前提前预习；遵守老师组织管理，学习认真，能吃苦耐劳；实际操作时与同学很好合作；课后复习总结，并解决实际问题			

【练习设计】

一、填空题

1. 无土栽培是指不用_____，而将作物栽培在_____或_____中，由_____代替天然土壤向作物提供_____等生长条件，使作物能够正常生长并完成其整个生命周期的种植方式。

2. 无土栽培的优点_____，_____，_____。

二、单项选择题

（　　）年，美国加利福尼亚大学的格里克（W. F. Gericke）教授首先建立了商业性的无土栽培体系。

A. 1929　　　　　　B. 1829　　　　　　C. 1939　　　　　　D. 1940

三、多项选择题

我国常用的水培方法有（　　）。

A. 营养液膜法　　B. 深液流法　　C. 浮板毛管法　　D. 动态浮板法

四、判断正误（认为正确的请在括号内打"√"，错误的打"×"）

1. 无土栽培是一种无须用土、节能卫生的栽培植物的方法。　　　　　　　　（　　）

2. 无土基质栽培中，基质一般无须处理，可直接使用。　　　　　　　　　（　　）

五、实训

利用身边的材料自制无土基质栽培槽。

技能二　营养液的配制

【技能描述】

能根据不同的植物类型和生长发育特性配制营养液。

【技能情境】

（1）材料与药剂配制。日本园试配方母液所需的试剂或肥料；1mol/L NaOH 溶液和 1mol/L HNO_3 溶液。

（2）仪器与用具：托盘天平或台秤，电子分析天平（感量 0.001g），水泵，酸度计，电导率仪，磁力搅拌器；黑色塑料桶（50L，2 个），塑料烧杯（500mL、1000mL）或塑料盆，黑色塑料储液罐（50L，3 个），塑料水管，标签纸，玻璃棒，短木棒或塑料钎，钢笔，记号笔，母液配制登记表，工作液配制登记表等。

营养液的配制

【技能实施】

1. 母液配制

（1）计算各种试剂或肥料的用量。首先确定营养液配方和母液的种类、浓缩倍数和配制量，然后计算出各种试剂或肥料的用量。本次实训要求按照日本园试配方的要求配制 10L 浓缩 100 倍的 A 母液［$Ca(NO_3)_2 \cdot 4H_2O$ 和 KNO_3］、B 母液（$NH_4H_2PO_4$ 和 $MgSO_4 \cdot 7H_2O$）和 1L 浓缩 1000 倍的 C 母液（EDTA-Na_2Fe 和各种微量元素化合物）。

表 2-3-2　各试剂（肥料）的用量

试剂（肥料）名称	用量（g）	试剂（肥料）名称	用量（g）
$Ca(NO_3)_2 \cdot 4H_2O$	945.00	KNO_3	809.00
$NH_4H_2PO_4$	153.00	$MgSO_4 \cdot 7H_2O$	493.00
EDTA-Na_2Fe	20.00	$MnSO_4 \cdot 4H_2O$	2.13
H_3BO_3	2.86	$ZnSO_4 \cdot 7H_2O$	0.22
$CuSO_4 \cdot 5H_2O$	0.08	$(NH_4)_4Mo_7O_{24} \cdot 4H_2O$	0.02

（2）称量。用台秤、托盘天平或分析天平分别称取各种试剂或肥料，置于烧杯、塑料盆等洁净的容器内。注意称量时做到稳、准、快，精确到正负 0.1g 以内。

（3）肥料溶解与混配。母液分别配成 A、B、C 三种母液，分别用 A、B、C 三个储液罐盛装。具体方法如下：以钙盐为中心，凡不与钙盐产生沉淀的试剂或肥料放在一起溶解，倒入 A 罐配制为 A 母液；以磷酸盐为中心，凡不与磷酸盐产生沉淀的试剂或肥料放在一起溶解，倒入 B 罐配制为 B 母液；以螯合铁盐为主，其他微量元素化合物与整合铁盐分别溶解后，倒入 C 罐配制为 C 母液。如果没有现成的配制 C 母液所需螯合铁试剂，可用 $FeSO_4 \cdot 7H_2O$ 和 EDTA-Na_2 自行配制。螯合铁试剂配制方法是分别称取 $FeSO_4 \cdot 7H_2O$ 13.9g、EDTA-Na_2 18.6g，用温水分别溶解后，然后将 $FeSO_4 \cdot 7H_2O$ 溶液缓慢倒入 EDTA-Na_2 溶液中，边加边搅拌，达到均匀，制成螯合铁试剂倒入 C 罐，然后再将分别溶解的各种微量元素化合物溶液分别缓慢倒入 C 罐，边加边搅拌，最后加水至最终体积，即成 1000 倍的 C 母液。本次实训所配制的 A 母液是由 $Ca(NO_3)_2 \cdot 4H_2O$ 和 KNO_3 的分别溶解后混配而成；B 母液是由 $NH_4H_2PO_4$ 和 $MgSO_4 \cdot 7H_2O$ 分别溶解后混配而成；C 母液是由 $FeSO_4 \cdot 7H_2O$ 和 EDTA-Na_2 分别溶解后混配而成，可以通用于任何作物的无土栽培。

（4）定容。分别向 A、B、C 储液罐注入清水至需配制的体积量，搅拌均匀后即可。

（5）保存。在 A、B、C 黑色塑料储液罐（桶）上贴标签纸或用记号笔标明母液名称、母液号、浓缩倍数或浓度、配制日期、配制人，然后置于阴凉避光处保存。如果母液存放时间较长时，应将其酸化，以防沉淀的产生。

（6）做好记录。

2. 工作液的配制

（1）计算好各种母液的移取量。

母液移取量 = 工作液体积/母液浓缩倍数

（2）向储液池内注入所配制营养液体积的 50% ~ 70% 的水量。

（3）量取 A 母液倒入其中，起动水泵使营养液在储液池内循环流动 30min 或搅拌使其扩散均匀。

（4）量取 B 母液缓慢注入储液池的清水入口处，让水源冲稀 B 母液后带入储液池中，起动水泵使营养液在储液池内循环流动 30min 或搅拌使其扩散均匀，此过程加入的水量以达到总液量的 80% 为度。

（5）量取 C 母液，按照 B 母液的加入方法加入储液池中，经水泵循环流动或搅拌均匀，此时水量已达 100%。

（6）用酸度计和电导率仪检测营养液的 pH 值和 EC 值。如果 pH 值的检测结果不符合配方和作物栽培要求，应及时调整。

（7）填写工作液配制登记表，以备查验。

【技术提示】

（1）试剂或肥料用量的计算结果要反复核对，确保准确无误；保证称量的准确性和名实相符。

（2）营养液配制用品和称好的肥料有序地摆放在配制现场，经核查无遗漏，才可动手配制。切勿在用料未到齐的情况下匆忙动手操作。

（3）用于溶解试剂或肥料的容器需用清水涮洗，涮洗水倒入储液罐或储液池内。

（4）为了加速试剂或肥料溶解，可用温水溶解或使用磁力搅拌器搅拌。

（5）配制工作液时要防止由于加入母液的速度过快，造成局部浓度过高而出现大量沉淀。如果较长时间起动水泵循环之后仍不能使这些沉淀溶解时，应重新配制营养液。

（6）建立严格的记录档案，以备查验。

【知识链接】

（一）营养液的组成

营养液是将含有植物生长发育所必需的各种营养元素的化合物和少量为使某些营养元素更为长效的辅助材料，按科学的数量和比例溶解于水中所配置而成的溶液。营养液是各种无土栽培形式的作物生长发育所需养分和水分的主要来源，无土栽培生产的成功与否，在很大程度上取决于营养液的配方和浓度是否科学合理、营养液的管理是否满足植物不同生长阶段的需求。不同的环境气候条件、不同的水质、不同的作物种类及品种等都对营养液的生产效果有很大的影响。因此，要科学合理地使用好营养液，必须通过认真实践，深入了解营养液的组成和变化规律及其调控技术，才能真正掌握无土栽培生产技术的精髓，所以营养液的配制与管理是无土栽培技术的核心。

1. 营养液原料及要求

营养液的基本成分包括水、肥料（无机盐类化合物）和辅助物质。经典或被认为合适的营养液配方必须结合当地水质、气候条件及栽培的作物种类，对配制营养液的肥料的种类、用量和比例作适当调整，才能最大限度地发挥营养液的使用效果。因此，只有对营养液的组成成分及要求有清楚的了解，才能配成符合要求的营养液。

（1）营养液对水源、水质的要求。配制营养液的用水十分重要。在研究营养液新配方及营养元素缺乏症等试验水培时，要使用蒸馏水或去离子水；无土栽培生产上一般使用自来水和井水。以自来水作水源，水质有保障，但生产成本高；以井水作水源，生产成本低，但以软质的井水为宜。河水、泉水、湖水、水库水、雨水也可用于营养液配制。无论采用何种水源，使用前都要经过水质化验或从当地水利部门获取相关资料，以确定水质是否适宜，必要时可经过处理，使之达到符合卫生规范的饮用水的要求。流经农田的水、未经净化的海水和工业污水不能用作水源。

作物无土栽培时要求水量充足，尤其在夏天不能缺水。如果单一水源水量不足时，可以把自来水和井水、雨水、河水等混合使用。

水质好坏对无土栽培的影响很大。因此，无土栽培的水质要求比《农田灌溉水质标准》（GB 5084—2021）的要求稍高，与符合卫生规范的饮用水相当。无土栽培用水必须检测多种离子含量，测定电导率和酸碱度，作为配制营养液时的参考。天然水中含有的有机质往往对无土栽培有好处，但有机质浓度不能过高，否则会降低 pH 值和微量元素的供应。营养液对水质要求的主要指标如下。

1）硬度。根据水中含有钙盐和镁盐的数量可将水分为软水和硬水两大类型。硬水中的钙盐主要是重碳酸钙 $[Ca(HCO_3)_2]$、硫酸钙（$CaSO_4$）、氯化钙（$CaCl_2$）和碳酸钙（$CaCO_3$），而镁盐主要为氯化镁（$MgCl_2$）、硫酸镁（$MgSO_4$）、重碳酸镁 $[Mg(HCO_3)_2]$ 和碳酸镁（$MgCO_3$）等。而软水的这些盐类含量较低。水的硬度统一用单位体积的 CaO 含量来表示，即每度相当于 $10mg/L$ CaO。配制营养液的水体硬度一般以不超过 $10mmol/L$ 为宜。水质过硬，水的 pH 值升高，水体偏碱，会降低铁、硼、锰、铜、锌等离子的有效性，植物会发生缺素症状。水中钙离子过多，植物对钾离子的吸收受到抑制。

2）酸碱度。一般要求 pH 值 $5.5 \sim 8.5$。

3）溶解氧。使用前的溶解氧应接近饱和，即浓度为 $4 \sim 5mg/L$。

4）NaCl 含量。浓度小于 $2mmol/L$，水中如果 NaCl 含量过高，会使植物生长不良或死亡。

5）余氯。主要来自自来水消毒和设施消毒所残存的氯。氯对植物根系有害，因此，最好在自来水进入设施系统之前放置半天以上，设施消毒后也要空置半天，以便余氯散佚。

6）悬浮物。浓度小于 $10mg/L$，以河水、水库水作水源时要经过澄清之后才可使用。

7）重金属及有毒物质含量。无土栽培的水中重金属及有毒物质含量不能超过有关国家标准。

（2）营养液对肥料及辅助物质的要求。在无土栽培生产中所用于配制营养液的营养物质种类很多，根据不同类型作物的营养液配方的不同而用不同的营养物质。在生产上还可根据当地的水质、气候和种植作物品种的不同，而将前人使用的、被认为是合适的营养液中的营养物质的种类、用量和比例做适当的调整。要灵活而有效地管理无土栽培的营养液，就必须对配制营养液所用的营养物质及辅助材料有较好的了解。

2. 营养液的组成原则

经过植物生理学家一百多年来的研究，发现在植物体中存在着近60种不同元素。然而其中大部分元素并不是植物生长发育所必需的。植物生长发育必需的元素有17种，这就是碳、氢、氧、氮、磷、硫、钾、钙、镁、铁、锰、锌、铜、钼、镍、硼和氯。人们将这17种元素称为必要元素。它们之所以被称为必要元素，是因为缺少了其中任何一种，植物的生长发育就不会正常，而且每一种元素不能互相取代，也不能由化学性质非常相近的元素代替。

植物所必需的17种元素中，碳、氢、氧、氮、磷、硫、钾、钙、镁9种元素，植物吸收量多，称为大量元素；铁、锰、锌、铜、钼、镍、硼和氯8种元素，植物吸收量少，称为微量元素。17种必要元素中的碳、氢、氧来自大气和水，其余14种元素一般称为矿质营养元素，它们均靠植物根系从土壤中吸收，是无土栽培营养液的核心。每种元素的化合物形态很多，但根系只能吸收其自身可以利用的化合物形态，例如，对于氮元素来说，大多数植物只能吸收铵态氮和硝态氮。了解植物对元素的吸收形态非常重要，因为只有了解植物根系的这种选择性吸收，才能正确设计出无土栽培的营养液配方。

3. 营养液的总盐分浓度及酸碱反应都应适合植物生长发育的要求

配制营养液的元素主要是无机盐，按配方用量加入水中而配成的具有一定浓度的营养液，营养液的浓度又称为盐分浓度，营养液浓度可用离子浓度来表示，营养液的总盐分浓度通常用电导测定，以电导度表示，符号为 EC，EC 值越高，含盐量越大，溶液的渗透性越大。资料表明，盐分浓度明显地影响作物正常生长，经过多年的研究，外国学者认为营养液总浓度的电导度范围不能超过 4.2mS/cm，最低也不能低于 0.88mS/cm，较适宜的数值是 2.5mS/cm。在无土栽培中营养液的酸碱度也是很重要的，不同的作物，pH 值要求也不同，多数植物 pH 值在 5.5~6.5 之间。

4. 组成营养液的各种化合物，应在较长的时间内保持有效形态

营养液配制要避免出现难溶性沉淀，降低营养元素的有效成分。如硝酸钙与硫酸钾相遇，容易产生硫酸钙沉淀，硝酸钙与磷酸盐相遇，也容易产生磷酸钙沉淀。

5. 保持营养液 pH 值稳定

营养液的 pH 值影响作物的代谢和作物对营养元素的吸收。如铁对营养液的 pH 值特别敏感，无土栽培营养液应维持 pH 值的稳定，以保证植物对铁的吸收，因为当营养液呈碱性时，大部分的铁生成不溶性沉淀，植物不能利用。相反，溶液中的 pH 值越低，铁溶解的量虽多，但对植物根系造成伤害。

作物生长期间，氮素对营养液反应最大，常用的含氮无机盐主要有铵盐和硝酸盐两种。随着作物对养分的吸收，硝酸盐呈生理碱性反应，使营养液的 pH 值升高，铵盐呈生理酸性反应，使 pH 值下降，引起酸化反应，适当调节铵态氮和硝态氮的比例，使溶液的 pH 值稳定。

（二）营养液的配制

进行无土栽培作物时，要在选定营养液配方的基础上正确地配制营养液。一种均衡的营养液配方，都存在着相互之间可能产生沉淀的盐类，只有采用正确的方法来配制营养液，才可保证营养液中的各种营养元素能有效地供给作物生长所需，才可取得栽培的高产优质。而不正确的配制方法一方面可能会使某些营养元素失效；另一方面可能会影响营养液中的元素平衡，严重时会伤害作物根系，甚至造成作物死亡。因此，要掌握正确的营养液配制方法，这是无土栽培作物的最起码要求。

1. 营养液配方的计算

一般在进行营养液配方计算时，因为钙的需要量大，并在大多数情况下以硝酸钙为唯一钙源，所以计算时先从钙的量开始，钙的量满足后，再计算其他元素的量。一般依次是氮、磷、钾，最后计算镁。微量元素需要量少，在营养液中浓度又非常低，所以每个元素单独计算，而无须考虑对其他元素的影响。无土栽培营养液配方的计算方法较多，有3种较常见的方法：一是百万分率（ppm 或 10^{-6}）单位配方计算法；二是 mmol/L 计算法；三是根据 1mg/kg 元素所需肥料用量，乘以该元素所需的 mg/kg 数，即可求出营养液中该元素所需的肥料用量。

2. 营养液的配制原则

营养液配制总的原则是确保在配制后和使用营养液时都不会产生难溶性物质沉淀的发生。每一种营养液配方都潜伏着产生难溶性物质沉淀的可能性，这与营养液的组成是分不开的。营养液是否会产生沉淀主要取决于营养液的浓度。几乎任何均衡的营养液中都含有可能产生沉淀的 Ca^{2+}、Fe^{3+}、Mn^{2+}、Mg^{2+} 等阳离子和 SO_4^{2-}、PO_4^{3-} 或 HPO_4^{2-} 等离子，当这些离子在浓度较高时会相互作用而产生沉淀。如 Ca^{2+} 与 SO_4^{2-} 相互作用产生 $CaSO_4$ 沉淀；Ca^{2+} 与 PO_4^{3-} 或 HPO_4^{2-} 产生 $Ca_3（PO_4）_2$ 或 $CaHPO_4$ 沉淀；Fe^{3+} 与 PO_4^{3-} 产生 $FePO_4$ 沉淀，以及 Ca^{2+}、Mg^{2+} 与 OH^- 产生 $Ca（OH）_2$ 和 $Mg（OH）_2$ 沉淀。实践中运用难溶性物质溶度积法则作指导，采取以下两种方法可避免营养液中产生沉淀：一是对容易产生沉淀的两种盐类化合物分别溶解，分罐配制与保存，使用前再稀释、混合；二是向营养液中加酸，降低 pH 值，使用前再加碱调整至正常水平。

（1）母液的配制。母液一般分为 A 母液、B 母液、C 母液。A 母液以钙盐为主，凡不与钙作用而产生沉淀的盐类都可配制成 A 母液。与磷酸根形成沉淀的盐都可以配成 B 母液。C 母液由铁和微量元素配制而成。

（2）工作液的配制。在配置工作液时，为了防止沉淀形成，配制时先加九成的水，然后依次加入 A 母液、B 母液和 C 母液，最后定容。配制好后调整酸碱度和测试营养液的 pH 值和 EC 值，看是否与预配值相符。

（3）营养液的配制。在配制营养液时，要先看清各种药剂的商标和说明，仔细核对其化学名称和分子式，了解其纯度、是否含结晶水等，然后根据选定的配方，准确称出所需的肥料并加以溶解。

1）无机盐类的溶解。溶解无机盐类时，可先用50℃的少量温水将其分别溶解，然后按配方开列的顺序，逐个倒入装有相当于所定容量为75%的水中，边倒边搅拌，最后用水定容到所需的量。

2）调节 pH 值。调节 pH 值时，应先把强酸强碱加水稀释或溶解，然后逐滴加入到营养液中，并不断用 pH 值精密试纸或酸度计调节至所需的 pH 值为止。

3）添加微量元素。在配制营养液时，对微量元素要严格控制，因为在营养液中微量元素使用不当，即使只有很少剂量，也能引起中毒。在选择微量元素肥料时，要注意对营养液调节 pH 值的影响，因为其中某些元素，如铁在碱性环境中易生成沉淀，不能被植物吸收。

（三）营养液的管理

营养液管理技术性强，是无土栽培尤其是水培成败的关键。

1. 营养液配方的管理

植物的种类不同，营养液配方也不同。即使同一种植物，不同生育期、不同栽培季节，营养液配方也应略有不同。植物对无机元素的吸收量因植物种类和生育阶段而不同，应根据植物的种类、品种、生长发育阶段和栽培季节进行管理。

2. 营养液浓度管理

营养液浓度的管理直接影响植物的产量和品质，植物在不同生长期营养液管理指标不同。不同季节营养液浓度管理也略有不同，一般夏季用的营养液浓度比冬季略低。要经常用电导率仪检查营养液浓度的变化，有条件的地方每隔一定时间要进行一次营养液的全面分析；没条件的地方，也要细心观察作物生长情况，有无生理病害的迹象发生，若出现缺素或过剩的生理病害，要立即采取补救措施。

3. 营养液酸碱度的管理

营养液的 pH 值一般要维持在最适范围，尤其是水培，对于 pH 值的要求更为严格。

4. 培地温度的管理

所谓培地温度就是根系周围的温度。通常液温高于气温的栽培环境对植物生长不利，应控制在 8～30℃ 范围内。

5. 供液方法与供液次数的管理

无土栽培的供液方法有连续供液和间歇供液两种，基质栽培或岩棉栽培通常采用间歇供液方式。每天供液 1～3 次，每次 5～10min，视一定时间供液量而定。供液次数多少要根据季节、天气、苗龄大小和生育期来决定：夏季高温，每天需供液 2～3 次；阴雨天温度低，湿度大，蒸发量又小，供液次数也应减少。

水培有间歇供液和连续供液。间歇供液一般每隔 2h 一次，每次 15～30min；连续供液一般是白天连续供液，夜晚停止。

6. 营养液的补充和更新

对于循环式工业方式因每循环一周，营养液被作物吸收、消耗，液量会不断减少，回液量不足 1d 的用量，需要补充添加。营养液的更新一般是在其连续使用 2 个月以上后进行一次全量或半量的更新。

7. 营养液的消毒

最常用的方法是高温热处理，处理温度为 90℃；也可用紫外线照射，用臭氧、超声波处理等方法。

【学习评价】

采用多元化的评价体系，将学生专业知识、技能操作、技能成果和个人的职业素养有效地结合在一起考评（表2-3-3）。

表2-3-3 学生考核评价表

考核项目		权重	考 核 要 点	考核结果		
				自我	小组	教师/专家
知识		20%	营养液配制原则，营养液组成			
技能	操作过程	30%	工具操作规范，方法正确，符合营养液配制要求			
	技能成果	25%	配制出合格营养液			
素质		25%	课前提前预习；遵守老师组织管理，学习认真，能吃苦耐劳；实际操作时与同学很好合作；课后复习总结，并解决实际问题			

【练习设计】

一、填空题

1. 营养液的基本成分包括_____、_____和_____。

2. 无土栽培营养液的主要原料为_____和_____。

二、单项选择题

在无土栽培中营养液的酸碱度因作物不同，pH值要求也不同，多数植物在（　　）之间。

A. 5.5~6.5　　　　　B. 5.5~8.2　　　　　C. 6.0~7.2　　　　　D. 6.5~7.0

三、多项选择题

下面哪些是植物生长所必需的大量营养元素（　　）。

A. 碳、氢、氧　　　　B. 氮、磷、硫　　　　C. 钾、钙、镁　　　　D. 铁、锰、锌

四、判断正误（认为正确的请在括号内打"√"，错误的打"×"）

1. 植物生长所必需的营养元素均来源于土壤。（　　）

2. 植物必需的某种营养元素可以有与其化学相近的元素替代来供应植物生长。（　　）

3. 植物生长所需要的各种营养元素的比例应遵循养分平衡的原则，必须按不同作物的要求配比。（　　）

4. 组成植物生长的营养液的各种化合物，应在较长的时间内保持有效形态，要避免出现难溶性沉淀。（　　）

五、实训

查询相关资料，总结当地无土栽培主要园林植物的营养液配方。

技能三 固定基质栽培技术

【技能描述】

能根据园林植物的生长发育需求，选择正确的无土栽培基质并进行基质栽培。

固定基质
栽培技术

【技能情境】

（1）场地：水培温室。

（2）材料与药剂：适合基质栽培的幼苗、配制营养液所需的各种盐类化合物或者已经配制好的营养液、多菌灵、托布津等。

（3）仪器与用具：营养液配制用具，珍珠岩、炉渣、蛭石、草炭、沙子等常用的有机和无机基质若干、托盘天平、杆秤、小铁铲、铁锹、橡胶手套、喷壶、塑料盆、水桶、宽幅塑料薄膜等。

【技能实施】

1. 基质准备

（1）预先将各种有机基质、无机基质倒在塑料盆中，挑出杂质、杂物，做到基质颗粒大小均一，纯度、净度高。

（2）学生分组混配两种复合基质。复合基质配方从表2-3-4中任选。

表2-3-4 复合基质配方 （单位：份）

序号	草炭	珍珠岩	蛭石	沙子	炉渣	秸秆	树皮
1	1	1		1			
2	1	1					
3	1			3			
4	3			1			
5	1		1				
6	4	3	3				
7	2	2		5			
8	2	5	1				
9	3	1					
10	1	1					1
11	2						1
12					2	3	
13	1				3	1	
14	1		1				
15	4	1	1				

（3）基质消毒。基质消毒的常用的方法有药剂消毒和太阳能消毒。

1）药剂消毒。用预先配好0.1%～1%高锰酸钾溶液和40%甲醛稀释50倍的溶液，作为消毒液。将单一基质或复合基质置于塑料盆中或铺有塑料薄膜的水泥平地上。边混拌边用喷壶向基质喷洒消毒液，要求喷洒全面、彻底。采用高锰酸钾消毒时，在喷完消毒液后用塑料薄膜盖 20~30min 后可直接使用或暂时装袋备用；采用甲醛消毒时，将 40% 的原液稀释成 50 倍溶液，按 20~40L/m³ 的药液量用喷壶均匀喷湿基质，然后用塑料薄膜覆盖封闭 12~24h。使用前揭膜，将基质风干两周或暴晒 2d，以避免残留药剂危害。

2）太阳能消毒。在温室、塑料大棚内地面或室外铺有塑料薄膜的水泥平地上将基质堆成高 25cm、宽 2m 左右、长度不限的基质堆。在堆放的同时喷湿基质，使其含水量超过 80%，然后覆膜。如果是槽培，可在槽内直接浇水后覆膜。覆膜后密闭温室大棚，暴晒 10~15d，中间翻堆摊晒一次。基质消毒结束后装袋备用。

2. 基质装盆

将基质按比例混合后，均匀装盆。

3. 营养液配置

按照不同植物的生长要求配置合适的营养液，或者直接使用已经配制好的营养液。

4. 上盆与定植

将植物种苗根系洗干净，在 500 倍多菌灵溶液中浸泡根系 5~8min，再用清水清洗，并沥干根系表面的水分，定植在装有基质的盆中。

5. 栽培管理

定植后适当遮阳，以促进缓苗。温度保持在 16~28℃，空气湿度控制在 75%~85%，基质湿度在 60%~70%，光强在 7500~10000lx，缓苗前不施肥。定植 7~10d 后新根开始生成，植株具有生长势后表示缓苗期已结束，由此过渡到正常的栽培管理。

【技术提示】

（1）针对不同的基质类型选用不同的消毒方式，消毒要全面彻底。
（2）基质混配后要目测基质的均匀度。
（3）太阳能消毒最好选择在高温季节进行，消毒快，消毒质量高。
（4）操作要规范，尽量减少对植物的伤害，不伤根。
（5）能够根据幼苗的长势和长相科学合理进行营养液管理。

【知识链接】

（一）基质栽培设施

基质栽培有多种设施形式，按照栽培空间状况可分为平面基质栽培设施和立体基质栽培设施。

1. 平面基质栽培设施

根据容器的不同，平面基质栽培设施又分为槽培、袋培、箱培和盆培等设施。平面基质栽培设施主要包括"栽培容器"（种植槽、栽培袋、栽培箱、盆钵、岩棉种植垫等）、储液池（罐）和相配套的滴灌系统等。不同平面基质栽培设施之间的区别主要是具体的"栽培容器"的不同。

2. 立体基质栽培设施

目前，立体基质栽培形式主要有柱状栽培（图 2-3-4）、吊袋式栽培（图 2-3-5）、吊槽式栽培、盆钵垛叠式栽培，此外还有插管式栽培（图 2-3-6）、墙式栽培等，其共同点是在立体栽培的柱、袋、槽、盆钵、插管内装轻型基质，滴灌供液，一般以开放式供液为主。

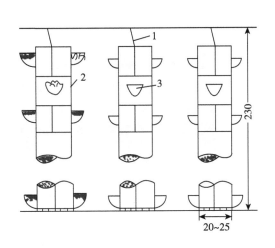

图 2-3-4　柱状栽培示意图（单位：cm）

1—滴灌管线　2—水泥管　3—种植孔

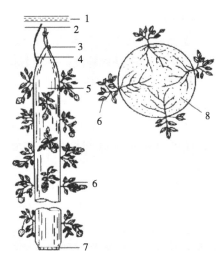

图 2-3-5　吊袋式栽培示意图

1—供液管　2—挂钩　3—扎紧的袋口　4—滴灌管
5—种植袋　6—植物　7—排液口　8—基质

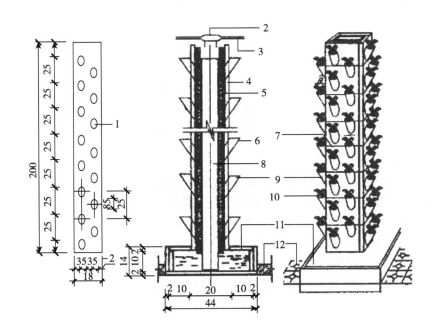

图 2-3-6　插管式栽培示意图（单位：cm）

1—定植孔　2—滴灌盒　3—供液支管　4—泡沫塑料侧壁板　5—无纺布　6—海绵　7—钢丝箍
8—中心柱　9—插管　10—基质　11—泡沫塑料栽培槽　12—水泥砖操作通道

在栽培管理过程中要防止立体栽培设施倾斜、倒塌和出现不正常的渗漏，而且要定期通过滴灌系统浇清水清洗基质表面吸附、沉积的无机盐，以免形成盐霜而毒害根系。一般1个月清洗1次，夏季高温季节需要半个月清洗1次。其他与平面基质栽培管理相同。

（二）无土栽培基质

1. 基质的作用

（1）支持固定植物。固体基质可以支持并固定植物，使其扎根于固体基质中而不致沉埋和倒伏，并给植物根系提供一个良好的生长环境，如有利于植物根系的伸展和附着。

（2）保持水分。固体基质都具有一定的保水能力，基质之间的持水能力差异很大。如珍珠岩，它能够吸收相当于本身质量3~4倍的水分；泥炭则可以吸收相当于本身质量10倍以上的水分。基质具有一定的保水性，固体基质吸持水分在灌溉间歇期间使作物不致失水而受伤害，如可以防止供液间歇期和突然断电时，植物不至于吸收不到水分和养分，干枯死亡。

（3）透气。固体基质的孔隙存在空气，可以供给作物根系呼吸所需氧气。固体基质的孔隙也是吸持水分的地方。因此，在固体基质中，透气和持水两者之间存在着对立统一的关系，要求固体基质既具有一定量的大孔隙，又具有一定量的小孔隙，两者比例适当，可以同时满足植物根系对水分和氧气的双重需求，以利于根系生长发育。

（4）缓冲。缓冲作用是指固体基质能够给植物根系的生长提供一个稳定环境的能力，即当根系生长过程中产生的有害物质或外加物质可能会危害植物正常生长时，固体基质会通过其本身的一些理化性质将这些危害减轻甚至化解。具有物理化学吸收能力的固体基质如草炭、蛭石都有缓冲作用，称为活性基质；而不具有缓冲能力或缓冲能力较弱的基质，如河沙、石砾、岩棉等称为惰性基质。

（5）提供营养。有机固体基质如泥炭、椰壳纤维、熏炭、芦苇末基质等，可为苗期或生产期间提供一定的矿质营养元素。

总之，要求无土栽培用的基质不能含有不利于植物生长发育的有害、有毒物质，要能为植物根系提供良好的水、肥、气、热、pH值等条件，充分发挥其不是土壤胜似土壤的作用；还要能适应现代化的生产和生活条件，易于操作及标准化管理。

2. 基质的选用原则

（1）根系的适应性。根系的适应性是基质选择时首先考虑的因素。无土基质的优点之一是可以创造植物根系生长发育所需要的最佳环境条件，即最佳的水气比例。气生根、肉质根需要很好的通气性，同时需要保持根系周围的湿度达80%以上；粗壮根系要求湿度达80%以上，并通气较好；纤细根系如杜鹃花根系要求根系环境湿度达80%以上，甚至100%，同时要求通气良好。在空气湿度大的地区，一些透气性良好的基质，如松针、锯末、水苔藓等非常合适；而在大气干燥的北方地区，这种基质的透气性过大，根系容易风干。北方水质多呈碱性，要求基质具有一定的氢离子浓度调节能力，因此，选用泥炭混合基质的效果就比较好。

（2）基质的适用性。基质的适用性是指选用的基质是否适合所要种植的植物，一般来说，基质的容重在0.5g/cm左右，总孔隙度在60%左右，大小孔隙比在0.5左右，化学稳定性强，酸碱度接近中性，没有有毒物质存在时，都是适用的。有些基质在一种状态下不适用，但经一定处理后变得很适用。例如，新鲜甘蔗渣的 C/N 值很高，在栽培植物过程中，会发生微生物对氮的强烈固定作用，而使作物出现缺氮症状，但经过堆沤处理后，腐熟的甘蔗渣其 C/N 值降低，成为很好的基质。有时，一些基质在一种情况下适用，而在另一种情况下又变得不适用了。如颗粒较细的泥炭，对育苗是适用的，但在袋培滴灌时由于透气性差而变得不适用。

（3）经济性。选择基质时还要考虑其经济性。有些基质虽然对植物生长有良好作用，但来源不易或价格太高，使用受到限制。如岩棉是较好的基质，但我国农用岩棉只处于试产阶段，多数岩棉仍需进口。又如甘蔗渣也是一种良好的基质，在南方是一种很廉价的副产物，来源广，价格低，而在北方泥炭则是一种物美价廉的基质。再如炉渣、锯木屑等，都是性能良好、来源广泛的基质。

3. 基质的分类

（1）无机基质。无机基质主要是指将天然矿物或其经高温等处理后的产物作为无土栽培的基质，如沙、砾石、陶粒、蛭石、岩棉、珍珠岩等。它们的化学性质较稳定，通常具有较低的盐基交换量，其蓄肥能力较差（图 2-3-7、图 2-3-8）。

图 2-3-7　火山岩

图 2-3-8　陶粒

（2）有机基质。有机基质则主要是一些含碳、氢的有机生物残体及其衍生物构成的栽培基质，如草炭、椰糠、树皮、木屑、菌渣等。有机基质的化学性质常常不太稳定，它们通常有较高的盐基交换量，蓄肥能力相对较强。

一般说来，由无机矿物构成的基质，如沙、砾石等的化学稳定性较强，不会产生影响平衡的物质；有机基质如泥炭、锯末、稻壳等的化学组成复杂，对营养液的影响较大。锯末和新鲜稻壳含有易为微生物分解的物质，如糖类等，使用初期会由于微生物的活动，发生生物化学反应，影响营养液的平衡，引起氮素严重缺乏，有时还会产生有机酸、酚类等有毒物质，因此用有机物作基质时，必须先堆制发酵，使其形成稳定的腐殖质，并降解有害物质后才能用于栽培。此外，有机基质具有较高的盐基交换量，故缓冲能力比无机基质强，可抵抗养分淋洗和 pH 值过度升降。

（3）化学合成基质。化学合成基质又称人工土，是近十年研制出的一种新产品，它是以有机化学物质（如脲醛、聚氨酯等）作原材料，人工合成的新型固体基质。其主体组分可以是多孔塑料中的脲醛泡沫塑料、聚氨酯泡沫塑料、聚有机硅氧烷泡沫塑料、酚醛泡沫塑料、聚乙烯醇缩甲醛泡沫塑料、聚酰亚胺泡沫塑料之中任一种或数种混合物，也可以是淀粉聚丙烯树脂一类强力吸水剂，使用时允许适量渗入非气孔塑料甚至珍珠岩。目前在生产上得到较多应用的人工土是脲醛泡沫塑料，它是将工业脲醛泡沫经特殊化改性处理后得到的一种新型无土栽培基质。

人工土相对来说是一种高成本产品，因此，在饲料生产、切花生产、大众化蔬菜生产方面，目前不及泥炭、蛭石、木屑、煤渣、珍珠岩等实用，但在城市绿化、家庭绿化、作物育苗、水稻无土育秧、培育草坪草、组织培养和教学教具方面，则具有独到的长处。

人工土又完全不同于无土栽培界有些人所称的人造土（人工土壤）、人造植料、营养土、复合土等。究其实质，后者不外乎是混合基质，将自然界原本存在的几种固体基质和有机基质按各种比例，甚至再加进田园土混合而成而已，没有人工合成出的新物质。因此，人工土是具有不同于人造土、人造植料的全新概念。

（4）复合基质。复合基质又称混合基质，是指由两种以上的基质按一定的比例混合制成的栽培用基质。这类基质是为了克服生产上单一基质可能造成的容量过轻、过重，通气不良或通气过盛等弊病，而将几种基质混合而产生。在世界上最早采用的混合基质是德国汉堡的 Frushtifer，他在1949年将泥炭和黏土等量混合，并加入肥料，用石灰调整 pH 值后栽培植物，并将这种基质称为"标准化土壤"。美国加州大学、康奈尔大学从20世纪50年代开始，用草灰、蛭石、沙、珍珠岩等为原料，制成混合基质，这些基质是以商品形式出售，至今仍在欧美各国广泛使用。

混合基质是将特点各不相同的基质组合起来，使各自组分互相补充，从而使基质的各个性能指标达到要求标准，因而在生产上得到越来越广泛的应用。从理论上来讲，混合的基质种类越多效果越好，但由于混合基质时所需劳动力费用较高，因此从实际考虑应尽量减少混合基质的种类，生产上一般以2~3种基质混合为宜。

（三）常用的基质栽培方法

1. 沙培法（图2-3-9）

通常采用直径0.6~3mm大小的沙粒作为固定基质，将植株种植于沙床中，营养液和水分通过管子或喷液器送到沙层表面，液体流入沙层；或者将稀释好的营养液通过喷灌系统，连续滴落在种植床植物的周围，液体渗过栽培基质，聚集于集水穴中，定期抽回储液罐。表面浇水法肥料消耗量大，滴灌栽培法要定期检查营养液的 pH 值。

图2-3-9　温室地面沙培法示意图

1—植株　2—薄壁滴灌带　3—沙层　4—排液管　5—黑色塑料薄膜　6—温室地面

2. 砾培法

采用小石子作为固定基质的一种无土栽培技术，该法应用较为广泛。所用石子的直径大于 3mm 小于 2cm。所需设备主要包括床、储液罐、离心抽水机等。把营养液浇入栽培床，营养液在栽培床表面下的储液池积蓄，然后再把营养液排回到营养液罐中，此法设备为封闭的或再循环系统，在 15 ~ 40d 的时间内，使用相同的营养液，然后再把营养液处理掉，换上新的营养液。此法投资少，使用方便，但通气性较差，在输入营养液时，要给予良好的通气。

3. 沙砾培法

用沙和砾混合作为固定基质的栽培方法。栽培床可由木材、水泥、油毡、砖、塑料等制成。在基质配合上，采用 5 ~ 6 份粗基质和 2 ~ 3 份细土或沙。此法简单经济，容易使用。

4. 蛭石培法

蛭石是由黑云母和金云母风化而成的次生矿物质，经高温加热，体积膨胀，形成疏松的多孔体。蛭石呈中性，含有可被植物利用的镁和钾，具有良好的保水性能。常用粒径为 2 ~ 3mm 的蛭石作为固定基质。蛭石在吸水后不能挤压，否则会破坏其多孔结构。长期使用的蛭石，其蜂窝状结构崩溃，排水和通气性能降低，达不到良好效果，生产上常与珍珠岩或泥炭混合使用。

5. 锯末培法

采用中等粗度的锯末或加适当比例谷壳作为固定基质的无土栽培方法。以黄杉和铁杉的锯末为最好，有些侧柏的锯末有毒，不能使用。栽培床可用木板制成，内铺以聚乙烯膜作衬里，床底呈"V"字形或圆形。用聚乙烯袋装上锯末，底部打些排水孔，根据袋的大小，每袋种 1 ~ 3 株植物。锯末培一般用滴灌系统提供水肥。

稍粗的锯末混以 25% 的谷壳，是保水性和通气性较好的基质。但因二者的碳氮比（C/N）均较高，作为基质时要加入氮化合物，如豆饼、鸡粪、氮素、化肥等，以调节其碳氮比（C/N）。

6. 岩棉培法（图 2-3-10）

岩棉是 60% 辉绿石、20% 石灰石和 20% 焦炭的混合制品。新的岩棉块 pH 值都大于 7，使用前必须先用水浸泡。生产上一般将岩棉切成不同规格的方块，把植株种于方块中，放在装有营养液的盘或槽上。营养液的供应可采用滴灌方式。随着植物的不断生长，原有岩棉块将容纳不下逐渐生长的根系，应把它套入较大的岩棉块中进一步培养，以满足植物不断生长的需要。

图 2-3-10 岩棉培法

【学习评价】

采用多元化的评价体系，将学生专业知识、技能操作、技能成果和个人的职业素养有效地结合在一起考评（表 2-3-5）。

表2-3-5 学生考核评价表

考核项目		权重	考核要点	考核结果		
				自我	小组	教师/专家
知识		20%	掌握常用基质的性质和作用			
技能	操作过程	30%	工具使用操作规范，方法正确，能进行基质的混配和消毒处理			
	技能成果	25%	混配出合格的固体基质			
素质		25%	课前提前预习；遵守老师组织管理，学习认真，能吃苦耐劳；实际操作时与同学很好合作；课后复习总结，并解决实际问题			

【练习设计】

一、填空题

1. 无土栽培基质选择应遵循三原则，即_____、_____、_____。
2. 基质栽培中基质的作用和要求主要有_____、_____、_____和_____。
3. 根据基质来源不同，可以将基质分为_____、_____两类。

二、多项选择题

1. 下面属于有机基质的有（　　）。
A. 沙、石砾　　　B. 树皮、泥炭　　　C. 岩棉、蛭石　　　D. 锯末、稻壳
2. 常用的基质栽培方法有（　　）。
A. 沙培法　　　B. 砾培法　　　C. 沙砾培法　　　D. 蛭石培法

三、判断正误（认为正确的请在括号内打"√"，错误的打"×"）

1. 基质栽培中基质仅是起固定植株的作用。 （　　）
2. 沙、石砾、岩棉、泡沫塑料等属于活性基质，而泥炭、蛭石等属于惰性基质。（　　）
3. 松针、锯末、水苔藓等非常适合在空气湿度大的地方作为栽培基质，因其透气性好。
（　　）

四、实训

能够熟练操作，科学管理、培育出健壮整齐的花卉苗。

技能四　非固定基质栽培技术

【技能描述】

能根据植物的生长发育特性选择适宜的水培设施和方法并进行水培生产管理。

【技能情境】

（1）场地：水培温室。

非固定基质
栽培技术

（2）材料及工具：适合水培的彩色万年青、红掌、仙客来等植物，天平（千分之一和万分之一）、配置营养液的容器、水培容器、聚苯硬板、园试配方营养液各种试剂、岩棉或泡沫塑料、多菌灵、托布津。

【技能实施】水培

1. 栽植前植物处理

进行水培的植物可以是无土栽培的幼苗或者盆栽苗，根据苗木的不同进行苗木洗根、修剪根系和枯叶等处理。

2. 营养液配置

按照不同植物的生长要求配置合适的营养液。

3. 定植

用岩棉或泡沫塑料将植物的根茎部或者球茎等裹卷好，锚定在定植板中，穿出的根系浸入营养液中。

4. 定植后管理

根据植物定植后生长状况进行营养液、病虫害等管理。

【技能提示】

（1）整个过程中应仔细小心，尽量不要伤害根系。
（2）植物的根系必须清洗干净，不能留有残土，有条件的可以进行根系消毒。
（3）定植后只需营养液管理、温度管理，不需中耕除草、打药等。

【知识链接】非固定基质栽培技术

非固定基质栽培技术包括水培和雾培两类。水培是指植物部分根系浸润生长在营养液中，而另一部分根系裸露在潮湿空气中的一类无土栽培方法。雾培是指植物根系生长在雾状的营养液环境中的一类无土栽培方法。这两类无土栽培技术与基质栽培的不同之处在于根系生长的环境是营养液而不是固体基质。

水培和雾培设施必须具备以下基本条件：能装住营养液而不致漏掉；能固定植株，并使部分根系浸润到营养液中，但根颈部不浸没在营养液中；使营养液和根系处于黑暗之中，以防止营养液中滋生绿藻不利于根系生长；使根系能够吸收到足够的氧气。

（一）水培

水培是一种新型的植物无土栽培方式，又叫营养液培，其核心是将植物的根系直接浸润于营养液中，这种营养液能替代土壤，向植物提供水分、养分、氧气等生长因子，使植物能够正常生长。水培根据营养液液层的深浅、设施结构和供氧等管理措施的不同主要分为营养液膜技术、深液流技术以及其他水培技术。

水培设施主要由种植槽、储液池、营养液循环供液系统3部分组成。根据生产的需要和资金情况及自动化程度要求的不同，可以适当配置一些辅助设施和设备，如间歇供液定时器、电导率自控装置、pH值自控装置、营养液温度调节装置和安全报警器等。

1. 营养液膜技术

营养液膜技术（Nutrient Film Technique，NFT）又叫浅液流栽培，是一种将植物种植在浅层流动的营养液中的水培方法。它是由英国温室作物研究所库珀（A. J. Cooper）在1973年发明的。1979年以后，该技术迅速在世界范围内推广应用。据1980年的资料记载，当时已有68个国家正在研究和应用该技术进行无土栽培生产，我国在1984年也开始开展这种无土栽培技术的研究和应用工作，效果良好。

营养液膜技术的设施主要由种植槽、储液池、营养液循环流动装置3个部分组成。此外，还可以根据生产实际和资金的可能性，选择配置一些其他辅助设施，如浓缩营养液储备罐及自动投放装置，营养液加温、冷却装置等（图2-3-11）。

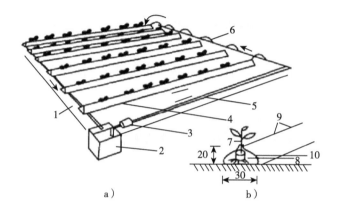

图 2-3-11 NFT 设施组成示意图（单位：cm）

a）全系统示意图 b）种植槽剖面图

1—回流管 2—储液池 3—泵 4—种植槽 5—供液主管
6—供液支管 7—苗 8—育苗钵 9—夹子 10—黑白双色塑料薄膜

2. 深液流技术

深液流技术又叫深液流循环栽培技术（Deep Flow Technique，DFT），是指植株根系生长在较为深厚（5~10cm）并且是流动的营养液层的一种栽培技术（图2-3-12）。

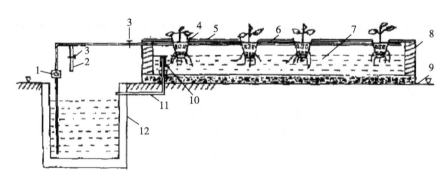

图 2-3-12 深液流水培种植系统纵切面示意图

1—水泵 2—增氧及排水管 3—阀门 4—定植杯 5—定植板 6—供液管 7—营养液
8—种植槽 9—地面 10—液面调节装置 11—回流管 12—地下储液池

（1）深液流技术设施组成。深液流水培设施一般由营养液种植槽、定植板（或定植网框）、储液池、营养液循环流动系统及控制系统四大部分组成。植物由定植板或者定植网悬挂在营养液上面，其植株大部分根系浸泡在营养液中，其根系的通气靠向营养液中加氧来解决，是最早开发成可以进行农作物商品生产的无土栽培技术。因管理方便、设施耐用、后续生产资料投入较少等已成为一项实用、高效的无土栽培技术，在我国的南方省市被大面积推广应用。

（2）深液流技术的主要类型。由于建造材料不同和设计上的差异，已有多种类型问世，主要形式有日本神园式水培设施、协和式水培设施、M式水培设施、动态浮根系统，新和等量交换式水培装置、水泥砖结构固定式装置。现在主要介绍一下动态浮根系统和水泥砖结构固定式装置。

1）动态浮根系统：该系统是指在栽培床内进行营养液灌溉时，植物的根系随营养液的液位变化而上下左右波动。营养液达到设定的深度（一般为8cm）后，栽培床内的自动排液器将营养液排出去，使水位降至设定深度（一般为4cm）。此时上部根系暴露在空气中吸收氧气，下部根系浸在营养液中不断吸收水分和养料，不会因夏季高温使营养液温度上升、氧气溶解度降低，可以满足植物的需要。

2）水泥砖结构固定式装置：该装置是一种改进型的日本神园式深液流水培设施，是用水泥和砖作为设施的主体建造材料。整个系统包括种植槽、定植板或定植网框、储液池、营养液循环流动系统四大部分，具有建造方便、设施耐用、管理简单等特点。

3. 其他水培技术

（1）浮板毛管法（FCH）。该方法是在DFT的基础上增加一块厚2cm、宽12cm的泡沫塑料板，板上覆盖亲水性无纺布，两侧延伸入营养液中，通过毛细管作用，使浮板始终保持湿润。根系可以在泡沫塑料板上生长，便于吸收水中的氧气和空气中的氧气。此法根际环境稳定，夜温变化小，根际供氧充分（图2-3-13）。

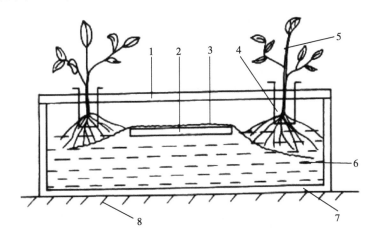

图 2-3-13　FCH 种植槽横断面示意图

1—定植板　2—浮板　3—无纺布　4—定植杯　5—植株　6—营养液　7—定型聚苯乙烯种植槽　8—地面

（2）鲁SC系统。又叫"基质水培法"，在栽培槽中填入10cm厚的基质，然后用营养液循环灌溉植物，这种方法可以稳定地供应水分和养分，所以栽培效果良好，但一次性的投资成本稍高（图2-3-14）。

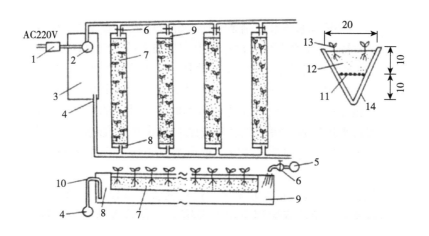

图 2-3-14 鲁 SC 系统示意图（单位：cm）

1—定时器 2—水泵 3—储液池 4—回液管 5—供液管 6—开关 7、14—栽培槽
8—回液槽头 9—供液槽头 10—回液"U"形管 11—铁箅子 12—基质 13—作物

（3）小型水培装置。小型水培装置主要用于家庭栽培、中小学教具或科研单位作为研究工具，大多结构简单，只需一个盛放营养液的容器，再加上充气泵等少量配件即可。常用的有以下一些装置：小型简单静止水培装置、带充气设备的小型水培装置、报架式小型立体水培装置、灯芯式水培装置等。

（二）雾培

雾培又叫喷雾培或气雾培，是指作物的根系悬挂生长在封闭、不透光的容器（槽、箱或床）内，营养液经特殊设备形成雾状，间歇性喷到作物根系上，以提供作物生长所需的水分和养分的一类无土栽培技术。根据根系是否或者短时间在营养中分为雾培和半雾培。

雾培最早出现在意大利，用来种植生菜、黄瓜、甜瓜、番茄等蔬菜。美国亚利桑那大学环境研究实验室的研究人员对雾培进行了发展和改进，并将这一先进的栽培技术展示在美国加利福尼亚的迪士尼乐园中，供游人参观。日本已用雾培技术规模化生产叶用莴苣。我国北京等大城市的现代化农业园区也有雾培技术的应用与展示。

1. 雾培

雾培是根系完全裸露在含有营养液的雾状水汽中，根系生长在相对湿度 100% 的空气中，而不是生长在营养液中，作物茎叶的生长与一般栽培方式相同。

雾状的营养液同时满足作物根系对水分、养分和氧气的需要，根系生长在潮湿的空气中比生长在营养液或固体基质中更易吸收氧气，它是所有无土栽培方式中根系水气矛盾解决得较好的一种形式，这是雾培得以成功的生理基础。同时，雾培易于自动化控制和进行立体栽培，提高温室空间的利用率，目前主要形成有 A 形雾培（图 2-3-15）和立柱式雾培（图 2-3-16）。

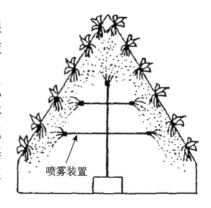

喷雾装置

图 2-3-15 A 形雾培

2. 半雾培

半雾培是雾培的特殊类型，即部分根系生长在浅层的营养液中，大部分多数根系生长在雾状的营养液的空间内（图2-3-17）。

图2-3-16　立柱式雾培

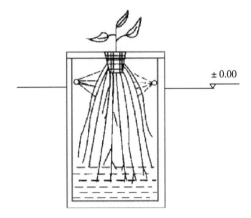

图2-3-17　半雾培

【学习评价】

采用多元化的评价体系，将学生专业知识、技能操作、技能成果和个人的职业素养有效地结合在一起考评（表2-3-6）。

表2-3-6　学生考核评价表

考核项目		权重	考核要点	考核结果		
				自我	小组	教师/专家
知识		20%	掌握水培的方法和类型			
技能	操作过程	30%	操作规范，方法正确，能进行花卉植物的水培			
	技能成果	25%	水培出花卉植物			
素质		25%	课前提前预习；遵守老师组织管理，学习认真，能吃苦耐劳；实际操作时与同学很好合作；课后复习总结，并解决实际问题			

【练习设计】

一、名词解释

雾培　深液流技术

二、填空题

1. 深液流水培设施一般由_____、_____、_____、_____四大部分组成。

2. NFT 的设施主要有_____、_____、_____三个主要部分组成。

三、单项选择题

1. NTF 的供液时营养液层深度不宜超过（　　）。

A. 1~2cm　　　　B. 2~3cm　　　　C. 2~4cm　　　　D. 3~5cm

2. DTF 与营养液膜技术差不多，不同之处是槽内的营养液层深度为（　　）。

A. 4~6cm　　　　B. 4~8cm　　　　C. 5~10cm　　　　D. 3~5cm

四、实训

查找相关水培花卉的资料，在家中实施花卉水培养护。

任务三总结

　　任务三详细阐述了无土栽培技术，主要内容包括：无土栽培的基础设施设备调查、无土栽培营养液的配制、无土栽培主要方式的固定基质栽培和非固定基质栽培等主要技术；补充了无土栽培主要技术的相关理论知识，为技能训练提供了理论参考。通过任务三的学习，学生可系统全面地掌握园林植物无土栽培的基础知识和基本技能。

任务三　思政拓展

　　民族要复兴，乡村必振兴。习近平总书记指出："脱贫攻坚取得胜利后，要全面推进乡村振兴，这是'三农'工作重心的历史性转移。"无土栽培与数字化科技有机结合，利用科技改变农业，为乡村振兴做出贡献。在河北承德的"蔬菜工厂"里应用无土栽培、智能灌溉等技术，实现各类蔬菜全年无间断生产；在浙江湖州的"未来农场"中通过引入自动化管控温度、湿度、光照、水肥以及病虫害和授粉，同时应用水肥一体化、远程专家管理、无土栽培等高新科技，工厂的生产用水、用药量均大幅下降，助力乡村振兴；广州花都利用全自动水培技术，为现代农业发展树立新标杆……

　　无土栽培技术是一种现代栽培技术，其主要营养来源是固体有机肥。固体有机肥是以工农业废料为主的有机基质经高温发酵后调配而成，可以为植物的生长提供必需的营养成分，可以给予无土栽培的蔬菜充分的营养成分，可在一定程度上降低环境污染。但是在无土栽培中会产生一定的营养液废液，未经处理的营养液废液二次利用时容易造成病虫害在栽培体系中的广泛传播，会造成不可估量的损失。因此如何科学循环利用营养液废液是目前无土栽培研究中的一个热点问题，对如何提高经济效益和环境效益有着重要意义，希望同学们利用专业知识来探索并能解决这个问题。

任务四　园林植物的促成及抑制栽培技术

【任务分析】

能根据园林植物生长发育规律、生态习性以及花芽分化、花芽发育和开花的习性要求，采取合理的技术措施进行花期的调控。

【任务目标】

（1）熟知花期调控的基本原理。

（2）能利用一般栽培技术措施调控花卉的花期。

（3）能通过温度的作用调节休眠期、成花诱导、花芽形成期和花茎伸长期等主要进程从而实现对花期的控制。

（4）能通过光照处理促进花芽分化、成花诱导、花芽发育和打破休眠，从而调控花期。

（5）能通过应用生长调节剂促进诱导成花或抑制生长延迟花期，进而实现花期的调控。

技能　花期调控技术

【技能描述】

能根据植物的特性进行园林植物花期调控。

花期调控技术

【技能情境】

（1）场地：提供各种绿化用花的温室与露地花圃等。

（2）材料：花期调控比较明显的植物材料，比如长日照或者短日照植物，生长调节剂、荧光灯、遮阴网、加温设施等。

【技能实施】

（1）查阅资料，制订花期调控方案。

（2）根据花期调控方案进行花期调控。

（3）观察记录花期调控措施与植物开花情况。

【技术提示】

（1）植物生长发育特性不同，采用的花期调控措施不同。

（2）花期调控一般是多种技术措施结合在一起进行。

（3）花期调控技术通常是在满足一定条件下才能实现，如荷兰菊，通过摘心 20d 左右开花的技术措施应在短日照期间进行才能实现。

（4）利用对植物生长有刺激作用的药剂进行花卉处理，可以使花卉提前开花，或使花朵增大。但使用时要掌握好药剂使用浓度，加强光照和水肥管理，否则植物易受害。

【知识链接】

（一）园林植物促成及抑制栽培原理

促成和抑制栽培又称为催延花期或花期控制，是指通过人为控制环境条件以及采取一些特殊的栽培管理方法，使一些花卉提早或延迟开花，即使花卉在自然花期之外，按照人的意志定时开放，其中开花期比自然花期提早者称为促成栽培，比自然花期延迟者称为抑制栽培。

1. 阶段发育理论

植物在其一生中或一年中经历着不同的生长发育阶段，在生长阶段和发育阶段有着很大的差异。最初是生长阶段，表现为细胞、组织和器官数量的增加，体积的增大；随着植物体的长大与营养物质的积累，植物进入发育阶段，开始花芽分化和开花。如果人为创造条件，满足某发育条件，植物会提前开花，否则要推迟开花。

2. 花芽分化的诱导

有些园林花卉在进入发育阶段以后，并不能直接形成花芽，需要一定的环境条件诱导其花芽的形成，这一过程称为成花诱导。诱导花芽分化的因素主要有两个方面，一是低温，二是光周期。

（1）低温春化作用。多数越冬的二年生草本花卉、部分宿根花卉、球根花卉及木本植物在其一生当中的某个阶段，只有经过一段时期的相对低温，才能进行花芽分化、孕蕾、开花，这种现象称为春化作用。若没有持续一段时间低温，它们始终不能成花。温度的高低与持续时间的长短因种类不同而异。多数园林植物需要 0 ~ 5d，天数变动较大，最大变动 4 ~ 56d。

（2）光周期诱导。光周期是指昼夜周期中光照期和暗期长短的交替变化。植物对周期性的，特别是昼夜间的光暗变化及光暗时间长短都有生理响应。很多园林花卉生长到特定阶段，需要经过一定时间的白天与黑夜的交替，才能形成花芽的现象称为光周期现象。

根据开花与光周期的关系，可将植物分为3种类型：典型的短日照植物、长日照植物、日中性植物。短日照植物是指植物只有光照时长短于某个时间长度时才能开花的植物，常见的短日照植物有菊花、一品红等。长日照植物是指植物只有光照时长长于某个时间长度时才能开花的植物，例如倒挂金钟、金光菊、紫罗兰等。日中性植物其开花对光照长度没有一定的要求，在自然环境中全年均可正常开花，例如天竺葵、香石竹、月季等。此外，还有一些植物要求先经历一段短日照时期，再经历一段长日照时期，才能开花，如风铃草等称为短—长日照植物；另一些植物要求先经历一段长日照时期，再经历一段短日照时期，才能开花，如落地生根等称为长—短日照植物。

3. 休眠与催醒休眠

休眠是植物个体为适应生存环境，在历代的种族繁衍和自然选择中逐步形成的生物习性。植物休眠分为两种，一种是受外界环境条件的影响，如严寒或高温干旱，不适合生长条件要求时暂时停止生长，这种休眠为"强迫休眠"或"暂时休眠"。一旦外界环境条件变化了，符合生长条件，就能自行解除休眠，恢复生长。另一种是植物在原产地经历多年对外部环境的适应，到期限停止生长进行休眠，已经在植物体内形成一种习性，遗传给子孙后代，因此，植物到了一定时期就自动停止生长，进入休眠，这种休眠叫作"自发休眠"或"深休眠"。此种休眠即使外界条件符合生长条件也不能解除，只有经过一段时间之后，才能恢复生长。掌握植物休眠的规律，就可以按照人类的需要通过催醒休眠或延长休眠来控制植物的花期。

（二）园林植物促成及抑制栽培措施

1. 光照处理

光照处理作用是通过光照处理促进花芽分化、成花诱导、花芽发育和打破休眠。即对短日照花卉进行长日照处理，可延迟开花，而进行短日照处理可提前开花。反之，对长日照花卉进行长日照处理可提早开花，而进行短日照的处理可延迟开花。

（1）延长光照。用于长日照花卉的促成栽培和短日照性花卉的抑制栽培。

长日照处理的方法有多种，如彻夜照明法、延长明期法、暗中断法、间隙照明法、交互照明法等。目前生产上应用较多的是延长明期法和暗中断法。

1）延长明期法。在日落后或日出前给予一定时间的照明，使明期延长到该植物的临界日长小时数以上。较多采用的是日落后做初夜照明。

2）暗中断法。也称"夜中断法"或"午夜照明法"。在自然长夜的中期（午夜）给予一定时间照明，将长夜隔断，使连续的暗期短于该植物的临界暗期小时数。通常夏末、初秋和早春夜照明小时数为 1~2 个，冬季照明小时数约 3~4 个。

3）间隙照明法。也称"闪光照明法"，该法以"夜中断法"为基础，但午夜不用连续照明，而改用短的明暗周期，一般每隔 10min 闪光几分钟，其效果与夜中断法相同。间隙照明法是否成功，取决于明暗周期的时间比。如荷兰栽培切花菊，夜间做 2.5h 中断照明，在 2.5h 内，进行 6min 明 24min 暗或 7.5min 明 22.5min 暗等间隙周期，使总照明时间减少至 30min，大大节约电能，节省电费 2/3。

4）交互照明法。此法是依据在诱导成花或抑制成花的光周期需要连续一定天数方能引起诱导效应的原理而设计的节能方法。例如长日照抑制菊花成花，在长日照处理期间采用连续 2d 或 3d（依品种而异）夜中断照明，随后间隔 1d 非照明（自然短日照），依然可以达到长日照的效应。

（2）缩短光照。用于短日照花卉的促成栽培和长日照花卉的抑制栽培。在日出之后至日落之前利用黑色遮光物，如黑布、黑色塑料膜等对植物进行遮光处理，使日长短于该植物要求的临界小时数。每天遮光处理时间的小时数不能超过临界夜光的小时数太多，否则会影响正常的光合作用，从而影响开花质量。

2. 温度处理

（1）加温处理。加温能促进花卉生长发育，加速内部新陈代谢作用，促使养分积累和花芽分化。对于已经形成花芽在冬季低温进行越冬的花卉，可以在早春用加温处理措施，打破其休眠状态，可以提前开花。地栽花卉要想提前开花，则可以在秋末落叶后上盆，放在冷室中，等 11 月份放在低温室中，一直到花前 10d 左右，加温至 18℃，夜温 12℃，经常浇水，即届时可开花。

（2）低温处理。低温处理又称冷藏处理，用来满足植物的越冬休眠，对已形成花芽、花蕾的花卉起抑制成长作用，主要从三个方面着手。首先，延长其休眠期：凡是需要休眠越冬的花木或球根都可以用冷藏的方法，延迟其开花时间。其次，强迫提前休眠：欲使冬季已休眠、早春开花的花卉，可秋季再度开花。先在早春摘除花蕾不让其开花，让养分集中供应给枝叶生长；经过春夏加强水肥管理，促使提前形成花芽；夏末秋初时少浇水并移放在冷藏室，等一周后叶子慢慢脱落进入休眠；大约一个月后，将其取出放在自然气温下，或人工适当加温，即能在晚秋重新开二次花。第三，是抑制开花：对已经含苞待放的花卉，可用降温延迟开花。此外对一些冬季开花的花卉进行低温处理，有促进提前开花的作用，待于开花前一定时期取出加温后，则能提前开花。

3. 应用植物生长调节剂

人工合成和从植物或微生物中提取的生理活性物质，称为植物生长调节剂，除包括生长素类、赤霉素类、细胞分裂素类、脱落酸、乙烯之外，还包括植物生长延缓剂和植物生长抑制剂。在花卉开花调节中，用于打破休眠，促进茎叶生长，促进成花、花芽分化和花芽发育的常用的药剂有赤霉素（GA）、萘乙酸（NNA）、2，4-D、比久（B9）、矮壮素（CCC）、吲哚乙酸（IAA）、β-羟乙基肼（BOH）、秋水仙素、马来酰肼（MH）、脱落酸（ABA）。而常用生长抑制剂在生长旺盛期喷洒处理，可明显延迟花期，常用的药剂有三碘苯甲酸（TIBA）0.2%～1%溶液，矮壮素 0.1%～0.5%溶液。其应用特点如下：

（1）相同的药剂对不同植物种类、品种的效应不同。例如赤霉素对一些植物，如花叶万年青有促进成花的作用，而对多数其他植物，如菊花等则具抑制成花的作用。

相同的药剂因浓度不同而产生不同的效果，如生长素低浓度时促进生长，而高浓度则抑制生长。相同药剂在相同植物上，因不同施用时期也会产生不同效应，如吲哚乙酸（IAA）对藜的作用，在成花诱导之前应用可抑制成花，而在成花诱导之后应用则有促进开花的作用。

（2）施用方法。易被植物吸收、运输的药剂如赤霉素（GA）、比久（B9）、矮壮素（CCC），可用叶面喷施；能由根系吸收并向上运输的药剂如嘧啶醇、多效唑（PP333）等，可用土壤浇灌；对易于移动或需在局部发生效应时，可在局部注射或涂抹，如 6-苄基腺嘌呤（6-BA）可涂于芽际促进落叶，为打破球根休眠可用浸球法。

（3）环境条件的影响。有的药剂以低温为有效条件，有的则需高温；有的需在长日照条件中发生作用，有的则需与短日照相配合。此外土壤湿度、空气相对湿度、土壤营养状况以及有无病虫害等都会影响药剂的正常效应。

4. 栽培措施处理

（1）调节播种期。不需要特殊环境诱导、在适宜的生长条件下只要生长到一定大小即可开花的植物种类，可以通过改变播种期来调节开花期。多数一年生草本花卉属于日中性植物，对光周期没有严格的要求，在温度适宜生长的地区或季节采用分期播种，可在不同时期开花，如在温室提前育苗，可提前开花。二年生花卉需在低温下形成花芽，在温度适宜的季节或冬季保护地栽培条件下，也可调节播种期使其在不同的时期开花。金盏菊在低温下播种 30～40d 开花，自 7～9 月陆续播种，可于 12 月至翌年 5 月陆续开花。紫罗兰 12 月播种，5 月开花；2～5 月播种，则 6～8 月开花；7 月播种，则来年 2～3 月开花。

（2）调节栽植期。改变植物的栽植时期可以改变花期。如需国庆节开花，可在 3 月下旬栽植葱兰，5 月上旬栽植荷花，7 月上旬栽植晚香玉、唐菖蒲，7 月下旬栽植美人蕉。唐菖蒲的早花品种，1~2月在低温温室中栽培，3~5月开花；3~4月种植，6~7月开花；9~10月栽种，12月至翌年1月开花。

（3）采用修剪，摘心、抹芽等栽培措施。月季、茉莉、香石竹、倒挂金钟、一串红等多种花卉，在适宜条件下一年中可多次开花。通过修剪、摘心等技术措施可以预定花期。月季从修剪到开花的时间，夏季约40~45d，冬季约50~55d。9月下旬修剪可于11月中旬开花，10月中旬修剪可于12月开花，不同植株分期修剪可使花期相接。一串红修剪后发出的新枝约经20d开花，4月5日修剪可于5月1日开花，9月5日修剪可于国庆节开花。荷兰菊在短日照期间摘心后萌发的新枝经20d开花，在一定季节内定期修剪可定期开花。

（4）肥水控制。通常氮肥和水分充足可促进植物营养生长而延迟开花，增施磷肥、钾肥有助于抑制营养生长而促进花芽分化。菊花在营养生长后期追施磷肥、钾肥可提早1周开花。

能连续形成花蕾，总体花期较长的花卉，在开花后期增施营养可延长总花期。如仙客来在开花近末期增施氮肥可延长花期约1个月。干旱的夏季，充分灌水有利于生长发育，促进开花。例如在干旱条件下，当唐菖蒲抽穗期充分灌水，可提早开花约1周。在休眠期或花芽分化期，可通过肥水控制迫使植物休眠或促进花芽分化。如桃、梅等花卉在生长末期，保持干旱，使自然落叶，强迫其休眠，然后再给予适宜的肥水条件，可使其在10月开花。

【学习评价】

采用多元化的评价体系，将学生专业知识、技能操作、技能成果和个人的职业素养有效地结合在一起考评（表2-4-1）。

表2-4-1　学生考核评价表

考核项目		权重	考核要点	考核结果		
				自我	小组	教师/专家
知识		20%	掌握花期调控的原理和方法			
技能	操作过程	30%	操作规范、方法正确、能进行花卉植物的花期调控操作			
	技能成果	25%	打破花卉植物休眠			
素质		25%	课前提前预习；遵守老师组织管理，学习认真，能吃苦耐劳；实际操作时与同学很好合作；课后复习总结，并解决实际问题			

【练习设计】

一、名词解释

低温春化作用　光周期现象

二、填空题

1. 有些园林花卉在进入发育阶段以后并不能直接形成花芽，需要一定的环境条件诱导其花芽的形成。诱导花芽分化的因素主要有两个方面，一是_____，二是_____。

2. 根据植物对光周期的反应可以将其分为三种类型，即_____、_____与_____。

3. 促进多种植物的花芽形成的生长调节剂有_____、_____、_____。

三、判断正误（认为正确的请在括号内打"√"，错误的打"×"）

1. 短日照植物的临界日长一定比长日照植物的临界日长短，因为短日照植物真正需要的不是短日照，而是足够长的暗期。　　　　　　　　　　　　　　　　　　　　（　　）

2. 相同的生长激素对不同种类（品种）植物的效应是相同的。　　　　　　　　（　　）

3. 影响杜鹃开花的主导因子是温度。　　　　　　　　　　　　　　　　　　　（　　）

四、简答题

常见用于花期调控的栽培技术措施有哪些？

任务四总结

本任务以花期调控技术为主线，以点带面，并在"知识链接"环节围绕技能训练的内容，系统地介绍了促成及抑制花期的原理与措施。通过学习，学生可以全面系统地掌握园林植物促成及抑制栽培的知识和技能。

任务四　思政拓展

梅花一般需要经历一段时间的持续低温春化才能由营养生长阶段转入生殖生长阶段开花，正所谓"宝剑锋从磨砺出，梅花香自苦寒来"。就如同我们处于低谷的时候，一定不要气馁，熬过严寒，就能迎来更加灿烂的人生。当然可以通过温度、水分和肥料的控制来进行梅花的花期调控，使其提前开花。在尊重自然的基础上，通过自身能动性，从而达到开花结果的目的，人生也是如此。

休眠种子即有生命力的种子，由于胚或种壳的因素，在适宜的环境条件下仍不能萌发的现象。种子休眠是植物的一种生物学特性，或者说是植物在长期系统发育过程中，形成的抵抗不良环境条件的一种适应性，即对逆境的适应，可以避开干旱、酷暑、严寒等恶劣气候。应对突发性自然灾害，如洪水、火灾、泥石流等，有利于种质延续。同学们遇到困难时可以像种子一样，选择蛰伏，积蓄力量，等到时机成熟时破土而出。

项目二总结

项目二详细阐述了保护地栽培技术，主要包括保护地栽培设施识别、容器栽培技术、无土栽培技术和园林植物促成及抑制栽培技术。通过学习，学生能够获得保护地栽培生产的技能。

项目三

园林植物栽植技术

项目引言

　　园林绿化工程中园林植物的栽植是一项系统工程。不同的园林植物对立地条件有不同的要求，要确保植物栽植成活且能正常生长，首先要了解各类园林植物的栽植原理，遵循园林植物生长发育规律；其次要根据植物的生物学特性，选择适宜的栽植时期和方法，促进植物移栽后根系的再生和树体生理代谢功能的恢复，使树体尽早恢复到根壮树旺、枝繁叶茂、花果丰硕的状态，达到园林绿化设计所要求的生态指标和景观效果。

学习目标

（1）了解园林植物栽植的相关理论知识。

（2）熟悉不同类型园林植物的栽植程序。

（3）掌握不同类型园林植物的栽植技术。

（4）具有爱岗敬业、吃苦耐劳的职业精神和安全意识、环保意识、质量意识。

（5）具有创新品质、创新思维和创新能力。

任务一　一般乔灌木栽植技术

【任务分析】

　　能了解城市绿化设计要求，根据施工图所列植物种类、数量和规格，按要求挖掘准备苗木，把苗木安全运到栽植地；然后按规划设计标准，选择合适的栽植时期，采取适当技术措施完成一般乔灌木的栽植任务。

【任务目标】

（1）掌握园林植物栽植季节和栽植时期。
（2）会按照设计要求对乔灌木苗木进行挖掘、包装、搬运。
（3）能按技术规程栽植花灌木、乔木等木本植物。
（4）具有爱岗敬业、吃苦耐劳的职业精神和安全意识、环保意识、质量意识。
（5）具有创新品质、创新思维和创新能力。

一般乔灌木
栽植技术

技能一　栽植前的准备

【技能描述】

能够按照园林绿化工程中对栽植的相关要求，完成乔灌木栽植前的各项准备工作。

【技能情境】

（1）场地：苗圃、栽植地。
（2）工具：设计图、皮尺、白纸、计算器、笔、镐、锹、推车等。
（3）材料：石灰、有机肥、复合肥等。

【技能实施】

园林乔灌木栽植是一项时效性很强的工程，其准备工作的及时与否，直接影响栽植的成活率及设计景观效果的表达，必须给予充分的认识和重视。

1. 明确设计意图，了解栽植任务

首先应了解设计意图，向设计人员了解设计思想、预想目的，以及施工完成后所要达到的效果，必须对工程设计意图有深刻的了解，才能完美地表达设计要求。如同样是银杏，作行道树栽植应选雄株，并要求树体大小一致，因为雄株可以避免银杏果实成熟时外种皮腐烂发出的恶臭；作景观树栽植时则雌、雄株均可，树体规格大小可以有异，枝下高没有固定要求，可单植，或多株群植，但需注意留足树冠发育空间。

向设计单位和工程主管部门了解工程概况，包括：①植树与其他有关工程（铺草坪、建花坛、土方、道路、给水排水、山石以及园林设施等）的范围和工程量；②施工期限（始、竣日期，其中栽植工程必须保证树木于当地最适栽植期间进行）；③工程投资（设计预算、工程主管部门批准投资数）；④施工现场的地上（地物及处理要求）、地下（管线和电缆分布与走向）情况与定点放线的依据（以测定标高的水位基点和测定平面位置的导线点，或和设计单位研究确定地上固定物作依据）；⑤工程材料来源和运输条件，尤其是苗木出圃地点、时间、质量和规格要求。园林树木栽植受施工期限、施工条件及相关工程项目的制约，需根据施工进度编制翔实的栽植计划，及早进行人员、材料的组织和调配，并制订相关的技术措施和质量标准。

2. 现场踏勘与调查

在了解设计意图和工程概况之后，施工的主要负责人员必须亲自到现场进行细致的踏勘与调查。应了解：①各种地上物（如房屋、原有树木、市政或农田设施等）的保留及需保护的地物（如古树名木等），要拆迁的如何办理有关手续与处理办法；②现场内外交通、水源、电源情况（如能否施用机械车辆，无条件的，如何开辟新线路）；③施工期间生活设施（如食堂、卫生间、宿舍等）的安排；④施工地段的土壤调查，以确定是否换土，估算客土量及其来源等。

3. 编制施工方案

园林绿化工程属于综合性工程，为保证各项施工项目的相互合理衔接，互不干扰，做到多、快、好、省地完成施工任务，实现设计意图和日后维修与养护，在施工前都必须制订好施工方案。大型的园林施工方案比较复杂，需精心安排，因而也叫"施工组织设计"，由经验丰富的人员负责编写，其内容包括：①工程概况（名称、地点、参加施工单位、设计意图与工程意义、工程内容与特点、有利和不利条件）；②施工进度（分单项与总进度，规定起、止日期）；③施工方法（机械、人工、主要环节）；④施工现场平面布置（交通线路、材料存放、囤苗处、水源、电源、放线基点、生活区等位置）；⑤施工组织机构（单位，负责人，设立生产、技术指挥，劳动工资、后勤供应，政工、安全、质量检验等职能部门以及制订完成任务的措施、思想动员、技术培训等），对进度、机械车辆、工具材料、苗木计划常绘图表示；⑥依据设计预算，结合工程实际质量要求和当时市场价格制订施工预算。方案制订后经广泛征求意见，反复修改，报批后执行。其中栽植工程与土建、市政等工程相比，有更强的季节性。应首先保证不同树木移栽定植的最适期，以此方案为重点来安排总进度计划和其他各项计划。对植树工程的主要技术项目，要规定技术措施和质量要求。

4. 施工现场清理

对栽植工程的现场，拆迁和清理有碍施工的障碍物，然后根据设计图进行种植现场地形处理，是提高栽植成活率的重要措施。必须使栽植地与周边道路、设施等合理衔接，排水降渍良好，并清理建筑垃圾和杂物。

5. 苗木准备

关于栽植树种、苗龄与规格，应根据设计图和说明书的要求进行选定并加以编号。苗木的质量好坏直接影响栽植成活率和以后的绿化效果，植树施工前选苗尤为重要。

6. 土壤准备

园林树木种植地的土壤必须能满足树木正常生长。首先，树木生长必需的最低种植土层厚度应符合表3-1-1的规定；其次，土壤理化性质能满足一般树木正常生长。如果栽植地点的土壤中含有建筑废土以及其他有害成分，或是强酸性土、强碱性土、盐土、盐碱土、重黏土、沙土等，均应根据设计规定，进行换土或采取改良土壤的技术措施后方可栽植。

表3-1-1　园林植物种植必需的最低土层厚度　　　　　　（单位：cm）

植被类型	小灌木	大灌木	浅根性乔木	深根性乔木
土层厚度	45	60	90	120

【技术提示】

（1）应全面了解设计图与工程概况，制订出合理的施工方案。

（2）要选择高质量的苗木，栽植后才能发挥出预期的效果。

【知识链接】

（一）园林树木栽植概念

园林树木栽植是将树木从一个地点移动到另一个地点，并保持其依然正常生长的操作过程，由起苗（或称为起树、掘苗）、搬运和种植（或称为植苗、植树）三个主要环节组成。起苗是将树木从生长地连根起出；搬运是将挖掘起出的树木运到新的种植点上；种植是将树木按设计要求放入事先挖好的坑（穴）中，使根系与土壤紧密接触，即栽种在新的种植点上的过程。根据种植时间长短和地点的变化，种植分为定植、移植、假植三种。定植是将树木按景观设计的要求种植在相应的位置上不再移动的方法；移植是将树木种植在一处经过多年生长后还要再次移动；假植是指树木起苗后来不及运走，或运到新的种植点而来不及栽植，将树木的根系暂时埋入湿润土壤中，防止失水的操作方法。

（二）栽植季节

俗话说："植树无期，勿使树知。"一般在树液流动最旺盛的时期不易栽植，因为这时枝叶的蒸腾作用强，由于根系受损，水分吸收量大大减少，树体由于水分失去平衡而枯死。应选择树木活动最微弱的时候进行移植，才能保证树木的成活，一般在秋季落叶后至春季萌芽前植树较适宜。

1. 春季栽植

早春气温回升，土壤刚解冻，根系已开始生长，地上部分还未生长，蒸腾较少，此时树木仍处于休眠期，栽植后容易达到地上、地下部分的生理平衡，有利于树木的成活。春季适宜全国大部分地区和几乎所有树种的栽植。最好的栽植时期是在树木发芽开始萌动前的两周或数周。春季栽植适期短，要根据植物萌芽早晚安排好栽植的先后顺序，发芽早的先栽植，发芽晚的可适当晚栽。华北地区大部分落叶阔叶树和常绿树多在3月中旬到4月下旬种植；华东地区落叶树一般在2月中旬至3月下旬栽植为好。

2. 秋季栽植

秋季栽植是指树木落叶后至土壤封冻前的树木栽植。此时树木进入休眠期，生理代谢弱，消耗营养物质少，有利于维持生理平衡。华东地区落叶树的秋植一般在11月上旬至12月下旬进行，早春开花的树木应在11月至12月种植，常绿阔叶树和竹类植物应提早至9～10月进行，针叶树以秋季栽植为好。

3. 夏季栽植

夏季园林植物处在旺盛生长期，枝叶蒸腾量大，容易失水，栽植成活率不高。受印度洋干湿季风影响，有明显旱、雨季之分的西南地区，以雨季栽植为好。江南地区，也有利用梅雨期进行夏季栽植的经验。

4. 冬季栽植

在冬季土壤基本不冻结的华东、华中、华南地区以及长江流域，可以冬季栽植。

（三）栽植苗木

1. 苗木分类

目前，园林绿地施工中应用的园林植物苗木来源主要有当地苗圃培育苗和容器苗。当地苗圃培育苗，对当地的气候等生态环境较适应，栽植后容易成活；容器苗是在竹筐、木箱或塑料桶等容器内培育而成，其根系在容器内盘旋生长，挖苗、运输过程中对根系损伤小，根系相对完整，栽植成活率高，近年来在绿地中应用越来越广泛，也是未来园林绿化的趋势。

根据苗木移植前是否经过移植而分为原生苗（实生苗）和移植苗。播种后多年未移植过的苗木吸收根分布在所掘根系范围之外，移栽后难以成活；经过多次移植的苗，侧根发达，在土球范围内有效根系多，栽植施工后成活率高，恢复快，绿化效果好。5 年以下的苗木，在苗圃培育中移植不少于 1 次；5 年以上（含 5 年生）的苗，必须经 1~2 次移植。

2. 苗木质量

高质量的园林苗木应具备以下条件：

（1）根系发达而完整，主根短直，接近根颈一定范围内要有较多的侧根和须根，起苗后大根系应无劈裂。

（2）苗干粗壮通直（藤木除外），有一定的适合高度。

（3）主侧枝分布均匀，能构成完美树冠，要求丰满。其中常绿针叶树，下部枝叶不枯落成裸干状；干性强并无潜伏芽的某些针叶树（如某些松类、冷杉等），中央干要有较强优势，顶芽发育饱满占有优势。

（4）无病虫害和机械损伤。

3. 苗木选择

根据城市绿化的需要和环境条件特点，一般绿化工程多需用较大规格的壮龄苗木。为提高成活率，宜选用在苗圃经多次移植的大苗。由于经几次移苗断根，再生后所形成的根系较紧凑，移栽容易成活。一般不宜用未经移植的实生苗，因其吸收根系远离根颈，较粗的长根多，掘苗会损伤较多的吸收根，因此难以成活。

【学习评价】

采用多元化的评价体系，将学生专业知识、技能操作、技能成果和个人的职业素养有效地结合在一起考评（表 3-1-2）。

表 3-1-2　学生考核评价表

考核项目		权重	考核要点	考核评价		
				自我	小组	教师/专家
知识		20%	优质苗条件，苗木来源			
技能	操作过程	30%	栽植地整理，选苗			
	技能成果	25%	整地效果，苗木质量			
素质		25%	无缺勤，课堂纪律良好，学习认真，操作规范，积极合作，提出新方法			

【练习设计】

一、填空题

1. 园林绿化施工中应用的园林植物苗木来源主要有_____、_____和_____。

2. 园林树木的栽植是将树木从一个地点移动到另一个地点，并保持其依然正常生长的操作过程，由_____（或称为起树、掘苗）、_____和_____（或称为植苗、植树）三个主要环节组成。

3. 根据种植时间长短和地点的变化，种植分为_____、_____、_____三种。

4. 一般种植穴直径应比裸根苗根幅大_____cm，比带土球苗土球直径大_____cm。

二、判断正误（认为正确的请在括号内打"√"，错误的打"×"）

1. 经过多次移植的苗，侧根不发达，在土球范围内有效根系多，栽植施工后成活率高，恢复快，绿化效果好。　　　　　　　　　　　　　　　　　　　　　　　　（　　）

2. 春季栽植适期短，要根据植物萌芽早晚安排好栽植的先后顺序，发芽早的先栽植，发芽晚的可适当晚栽。　　　　　　　　　　　　　　　　　　　　　　　　　（　　）

3. 5 年以下的苗木，在苗圃培育中移植不少于 1 次；5 年以上（含 5 年生）的苗，必须经 3~4 次移植。　　　　　　　　　　　　　　　　　　　　　　　　　　　　（　　）

4. 绿地内挖自然式树木栽植穴时，如果发现有严重影响操作的地下障碍物时，应与设计人员协商，适当改动位置，而行列式树木，一般不再移位。　　　　　　　　　　（　　）

三、简答题

高质量的园林苗木应具备哪些条件？

技能二　定点放线

【技能描述】

能够根据园林绿化图纸进行园林乔灌木的定点放线。

【技能情境】

（1）场地：栽植地等。

（2）工具：绿化图纸、皮尺、卷尺、平板仪、绳等。

（3）材料：石灰等。

【技能实施】

1. 审查图纸

2. 孤植树定点放线

定点放线时首先选一些已知基线或基点为依据，用交会法或支距法确定独植树中心点，即为独植树种植点。

3. 丛植乔灌木定点放线

自然式树丛标点可先用白灰线定出树丛的范围。在所圈范围的中间明显处钉一木桩，标明树种、栽植数量和坑径，在每株树的位置上用镐挖一个坑或撒上白灰点作为刨坑的中心位置。

若树木栽植为一个弧线，如街道曲线转弯的行道树，放线时可从弧的开始到末尾以路缘石或中心线为准，每隔一定距离分别画出与路缘石垂直的直线。在此直线上，按设计要求的树与路缘石的距离定点，把这些点连接起来就成为近似道路弧度的弧线，于此线上再按株距要求定出各种植点。

4. 绿篱定点放线

绿篱的定点放线先按设计指定位置在地面放出种植沟挖掘线。若绿篱位于路边、墙体边，则在靠近建筑物一侧放出边线，向外展出设计宽度，放出另一面挖掘线。若是在草坪中间或进行片状不规则栽植可用方格法放线，确定栽植范围并用石灰线标明。

5. 复核

【技术提示】

（1）对孤植树，应定出单株种植位置，并用石灰标记和钉木桩，写明树种、挖穴规格。

（2）对树丛和自然式片林定点时，依图按比例测出其范围，并用石灰标出范围边线，精确标明主景树位置。

（3）其他次要树种可用目测定点，但要自然，切忌呆板、平直，可统一写明树种、株数和挖穴规格等。定点后应由设计人员验点。

【知识链接】

根据种植设计图，按比例放线于地面，确定各树木的种植点。树木种植有规则式和自然式之分。由于树木种植点的配置方式不同，定点放线的方法也有多种。自然式树木种植方式有两种，一为单株，即在设计图上标出单株的位置，另一种是图上标明范围而无固定单株的树丛片林，其定点放线方法有以下五种：

1. 基准线定位法

一般选用道路交叉点、中心线、建筑外墙角、规则型广场和水池等建筑的边线。这些点和线一般都是相对固定的，是一些有特征的点和线。利用简单的直线丈量方法和三角形角度交会法即可将设计的每一行树木栽植点的中心线和每一株树的栽植点测设到绿化地面上。

2. 平板仪定点放线

测量基点准确的公园绿地可用平板仪定点，测设范围较大，即依据基点将单株位置及连片的范围线按设计图依次定出，并钉木桩标明，木桩上写清树种、株数。图板方位必须与实际相吻合。在测站位置上，首先要完成仪器的对中、整平、方向三项作业，然后将图纸固定在小平板上。一人测绘，两人量距。在确定方位后量出该标定点到测站点距离，即可钉桩。如此可标出若干有特征的点和线。必须注意的是，在实测 30 多个立尺点后应检查图板定向是否有变动，如有应及时发现并纠正。平板仪定点主要用于面积大、场区没有或少有明确标志物的工地。也可先用平板仪来确定若干控制标志物，定基线、基点，再使用简单的基准线法进行细部放线，以减少工作量。

3. 网格法

网格法适用于范围大、地势较为平坦且无或少有明确标志物的公园绿地。对自然地形并按自然式配置树木的情况，树木栽植定点放线常采用坐标方格网法。其做法是，按照比例在设计图上和现场分别画出距离相等的方格，定点时先在设计图上量好树木对其方格的纵横坐标距离，再按比例定出现场相应方格的位置，钉木桩或撒灰线标明。如此地上就具有了较准确的基线或基点。依此再用简单基准线法进行细部放线，导出目的物位置。

4. 交会法

适用于范围较小、现场内建筑物或其他标记与设计图相符的绿地，以建筑物的两个固定位置为依据，根据设计图上与该两点的距离相交会，定出植树位置。

5. 支距法

适用于范围更小、就近具有明显标志物的现场。是一种常见的简单易行的方法。如树木中心点到道路中心线或路缘石线的垂直距离，用皮尺拉直角即可完成。在要求精度不高的施工及较粗放的作业中都可用此法。

【学习评价】

采用多元化的评价体系，将学生专业知识、技能操作、技能成果和个人的职业素养有效地结合在一起考评（表3-1-3）。

表3-1-3 学生考核评价表

考核项目		权重	考核要点	考核评价		
				自我	小组	教师/专家
知识		20%	定点放线方法			
技能	操作过程	30%	根据施工图放线			
	技能成果	25%	苗木定点			
素质		25%	无缺勤，课堂纪律良好，学习认真，操作规范，积极合作，提出新方法			

【练习设计】

一、名词解释

定点放线

二、填空题

1. 树木种植有_____式和_____式之分。

2. 网格法适用于_____、地势_____且无或少有明确标志物的公园绿地。

3. 交会法适用于_____、_____或其他标记与设计图相符的绿地，以建筑物的两个固定位置为依据，根据设计图上与该两点的_____相交会，定出植树位置。

三、判断正误（认为正确的请在括号内打"√"，错误的打"×"）

1. 支距法是一种常见的简单易行的方法，在要求精度高、精细的作业中都可用此法。

（　　）

2. 测量基点准确的公园绿地可用平板仪定点，测设范围较小。（　　）

3. 对孤植树、列植树，应定出单株种植位置，并用石灰标记和钉木桩，写明树种、挖穴规格。（　　）

技能三　起苗与运输

【技能描述】

能够正确选择起苗方法，完成起苗工作。

【技能情境】

（1）场地：苗圃。
（2）工具：锹、镐、皮尺、卷尺等。
（3）材料：草绳、蒲包片、塑料布等。

【技能实施】裸根起苗

1. 起苗

裸根挖掘应保证树木根系有一定的幅度与深度。乔木树种的根幅可按胸径 8～12 倍确定，灌木树种可按灌木丛高度的 1/3 确定；根深应按其垂直分布密集深度而定，对于大多数乔木树种来说，60～90cm 深就足够了。

以树干中心为圆心，以胸径的 4～6 倍为半径画圆，于圆外绕树起苗，垂直向下挖至一定深度并将侧根全部切断，然后于圆内挖并将底根切断。遇粗根时最好用手锯锯断，切忌强按树干和硬切粗根，造成根系劈裂；对已劈裂的根应进行修剪。最后轻轻放倒苗木并打碎外围土块。

2. 运苗

苗木的运输质量，也是影响植树成活率的重要环节，实践证明随掘、随运、随栽，植树成活率最高。

（1）装车前的检验。运苗装车前，需仔细核对苗木的种类、品种、规格、质量等，凡不符合规格要求的，应向苗圃方面提出予以更换。掘起待运苗木质量要求的最低标准见表 3-1-4。

表 3-1-4　掘起待运苗木质量要求的最低标准

苗木种类	质量要求
落叶乔木	（1）主干不得弯曲，无蛀干害虫，有明显主轴的树种应有中央主干 （2）树冠茂密，各方向枝条分布均匀，无严重损伤和病虫害 （3）有良好须根，无劈裂大根，根际无肿瘤及病害 （4）带土球的苗木，土球必须结实，捆绑的草绳不松脱

（续）

苗木种类	质量要求
落叶灌木	（1）灌木有短主干并有分布匀称的侧枝3～6个 （2）灌丛自根际有5～20个分枝（按不同树种设计要求），分枝匀称，无病虫害 （3）根系生长正常，须根良好 （4）土球结实，草绳不松散
常绿树木	（1）主干不得弯曲，无蛀干害虫 （2）主轴明显的树种必须有中央主干 （3）树冠均匀茂密，有新生枝条，不烧膛 （4）土球结实，草绳不松脱

（2）装运裸根苗。装运乔木时，应按树根朝前、树梢向后的顺序安（码）放。车后厢板，应铺垫草袋、蒲包等物，以防碰伤树根、干皮。树梢不得拖地，必要时要用绳子围拢吊起，捆绳子的地方也要用蒲包垫上，以免勒伤树皮。装车不得超高，压得不要太紧。装完后用苫布等将树根盖严、捆好，以防树根失水。

（3）运输。途中押运人员要和司机配合，经常检查苫布是否掀起。短途运苗，中途不要休息。长途行车，必要时应洒水淋湿树根，休息时应选择阴凉处停车，防止风吹日晒。

（4）卸车。苗木卸车时轻拿轻放。裸根苗要顺序拿放，不准乱抽，更不能整车推下。

【技术提示】

（1）起苗前如果天气干燥，应提前2～3d对起苗地灌水，使苗木充分吸水，并使土质变软，便于操作。

（2）裸根起苗时，虽然根系裸露，在根系中心部位仍需保留"护心土"。

（3）起苗时一定要保护大根不劈裂，并尽量多保留须根。

（4）为提高裸根苗栽植成活率，在运输过程中，用湿草帘覆盖，以防根系风干。

（5）起苗后根系不能长时间晾晒，一般针叶树苗起苗后根系晾晒20～30min，就会使苗根死亡（侧、须根死亡达30%以上）。应避免根系损伤过多，保留根系的长度和侧根数。栽植前还应对根系进行修剪，如遇树种主根较长或起苗时根系被撕裂时，需要修剪平整。

（6）苗木挖完后应随即装车运走。如一时不能运走可在原坑埋土假植，用湿土将根埋严。如假植时间长，还要根据土壤干燥程度，设法适量灌水，以保持土壤的湿度。掘出的土不得乱扔，以便起苗后用原土将掘苗坑（穴）填平。

【知识链接】

苗木的质量直接影响树木栽植的成活率和以后的绿化效果。起出苗木的质量虽与原有苗木的质量有关，但与起苗操作也有直接的关系。不当的起掘操作，可以使原优质的苗木由于伤根过多而降级，甚至不能应用。起出苗木的质量还与土壤干湿、工具锋利程度有关。此外，起苗还应考虑到如何节约人工、包装材料、减轻运输等经济因素。

1. 起苗时间

起苗时间要尽量选择在苗木的休眠期。落叶树种从秋季开始落叶到翌年春季树液开始流动以前都可进行起苗；常绿树种除上述时间外也可在雨季起苗。春季起苗宜早，要在苗木开始萌动之前起苗，若在芽苞开放后起苗会大大降低苗木的成活率；秋季起苗在苗木枝叶停止生长后进行，这时根系仍在继续生长，起苗后若能及时栽植，翌春能较早开始生长。

2. 起苗前的准备工作

（1）苗木选择。为提高栽植成活率和以后的效果，移植前必须对苗木进行严格的选择。选苗时，除根据设计所提出的苗木规格、树形等特殊要求外，还要注意选择根系发达、生长健壮、无病虫害、无机械损伤和树形端正的苗木，并用系绳、挂牌等方式做出明显标记，以免掘错。苗木数量上应多选出一些。

（2）拢冠。对于分枝较低、枝条长而比较柔软的苗木或丛径较大的灌木，特别是带刺的灌木，如花椒、玫瑰、黄刺玫等，为方便操作，应先用草绳将其冠捆拢，以便操作与运输，以减少树枝的损伤与折裂。对于分枝较高、树干裸露、皮薄而光滑的树木，因其对光照与温度的反应敏感，若栽植后方向改变易发生日灼和冻害，故在挖掘时应在主干较高处的北面用油漆标出"N"字样，以便按原来的方向栽植。拢冠的作业也可与选苗结合进行（图 3-1-1）。

（3）准备好起苗的工具。起苗一般用铁铲或铁锹，带土球起苗还要准备好合适的蒲包、草绳、塑料布等包装材料。

（4）试掘。为保证苗木根系规格符合要求，特别是对一些情况不明之地所生长的苗木，在正式起苗之前，应选数株进行试掘，以便发现问题，采取相应措施。如果苗木生长地的土壤过于干燥，应提前数天灌水；反之，土质过湿时，应提前设法排水，以利于起挖时的操作。

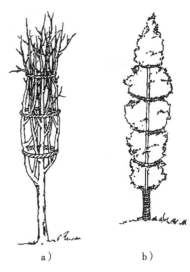

图 3-1-1　拢冠
a）落叶树　b）常绿树

3. 起苗方法

苗木挖掘常有裸根起苗和带土球起苗两种起苗法。

（1）裸根起苗。裸根苗木是挖掘时根部不带土或仅带护心土的苗木。裸根起苗，操作简便，节省人力、运输费及包装材料，但由于易损伤须根，掘起后至栽前，根系裸露，容易失水干燥，恢复需时较长，大多数落叶园林树木和栽植容易成活的其他小苗均可采用裸根起苗。

（2）带土球起苗。带土球起苗是将苗木的一定根系连土用包装材料包装挖掘出土。由于在土球范围内须根未受损伤，带有部分原有适合生长的土壤，移植过程中水分不易损失，对恢复生长有利，但操作较困难，费工，要耗用包装材料，土球笨重，增加运输负担，所耗投资大大高于裸根移植。所以，凡可以采用裸根移植成活者，一般不带土球移植。但目前移植常绿树、大树和生长季节移植落叶树一般带土球移植，具体应根据不同树种、栽植季节采用适合的方法。

土球的直径、深（或高）度在很大程度上取决于土壤的类型、根的习性及树木的种类等因素。具长主根的树种，如多数松类、美国山核桃、乌桕、檫树等，应为圆锥形土球；具较深根系的树种，如多数栎类，应为径、高几乎相等的球形；根系浅而分布广的树种，如榆、柳、杉等应为宽而平的土球。一般带土球移植的常绿树土球直径为苗木胸（干）径的8～12倍，土球高度为直径的4/5左右以上，土球底部直径为土球直径的1/3，形似苹果状；灌木、绿篱土球苗，土球直径为苗木高度的1/3，厚度为球径的4/5左右。对于直径小于50cm且土质不容易松散的土球，可以直接将底土掏空，以便将土球抱到坑外包装。刨出坑（穴）外打包，方法是先将一个大小合适的蒲包浸湿摆在坑边，双手抱出土球，轻放于蒲包袋正中。然后用湿草绳以树干为起点纵向捆绕，将包装捆紧；土质松散以及规格较大的土球，应在坑内打包，方法是将两个大小合适的湿蒲包从一边剪开直至蒲包底部中心，用其一兜底，另一盖顶，两个蒲包接合处，捆几道草绳使蒲包固定，然后按规定捆纵向草绳。小土球和近距离运输可用简易的四瓣包扎法，即将土球放入蒲包或草片上，拎起四角包好；大土球和较远距离的运输，具体操作方法可参见"任务二大树栽植技术"。

【学习评价】

采用多元化的评价体系，将学生专业知识、技能操作、技能成果和个人的职业素养有效地结合在一起考评（表3-1-5）。

表3-1-5 学生考核评价表

考核项目		权重	考 核 要 点	考核评价		
				自我	小组	教师/专家
知识		20%	起苗时间，起苗方式			
技能	操作过程	30%	起苗			
	技能成果	25%	起苗质量			
素质		25%	无缺勤，课堂纪律良好，学习认真，操作规范，积极合作，提出新方法			

【练习设计】

一、名词解释

带土球起苗　裸根起苗

二、填空题

1. 乔木土球直径为苗木胸径（落叶）或地径（常绿）的_____倍，土球厚度应为土球直径的_____以上，土球底部直径为土球直径的_____，形似苹果状。

2. 灌木、绿篱土球苗，土球直径为苗木高度的_____，厚度为球径的_____左右。

3. 裸根起苗时应距离主干_____一些，通常不得小于树干胸径的_____倍，挖掘深度应较根系主要分布区_____一些。

4. 落叶树种从_____到_____以前都可进行起苗；常绿树种除上述时间外也可在_____起苗。

三、判断正误（认为正确的请在括号内打"√"，错误的打"×"）

1. 带土球苗木，因根系部位有土壤包裹，因此不必再包扎土球。　　　　　　（　　　）

2. 带土球起苗时，土球规格要符合规范要求，保持土球完好，外表平整光滑，包装严

紧，草绳紧实不松脱。　　　　　　　　　　　　　　　　　　　　　　（　　）

　　3. 裸根苗不能长时间晾晒根苗，以防止失水影响栽植成活率。　　　（　　）

　　4. 裸根起苗时，虽然根系裸露，在根系中心部位仍需保留"护心土"。（　　）

四、实训

　　某绿化设计图中有 5 株雪松、50 株月季、5 株垂柳、300 株金叶女贞、500 株紫叶小檗，按照工期进度需在 3 月上旬完成起苗工作。请按照树种特性确定合理的起苗计划。

技能四　栽植技术

【技能描述】

能够完成一般乔灌木的栽植技术。

【技能情境】

（1）场地：栽植地。

（2）工具：锹、镐、枝剪、水桶等。

（3）材料：水、麻袋片、竹竿、木棍、细绳、遮阳网等。

【技能实施】

1. 挖穴（坑）

树木栽植之前的树穴准备，是改地适树，协调"地"与"树"之间的关系，创造良好的根系生长环境，提高栽植成活率和促进栽植后树木生长的重要环节。

所挖种植穴大小要与苗木相适应，应以容纳所栽植株的全部根系，避免窝根和栽植过深或过浅为宜，具体规格可根据根系的分布特点、土层厚度、肥力状况、紧实程度及剖面是否有间层等条件而定。一般种植穴直径应比裸根苗根幅大 20～30cm，比带土球苗土球直径大 30～40cm，各类苗木种植穴规格见表 3-1-6～表 3-1-9。在绿篱等栽植距离很近的情况下应按种植沟整地。穴或沟四壁上下大体垂直，而不应成为"锅

图 3-1-2　挖穴

a）正确，四壁垂直　b）错误，锅底形

底"形或"V"字形，在挖穴或沟时，肥沃的表层土壤与贫瘠的底层土壤应分开放置，除去所有的石块、瓦砾和妨碍生长的杂物，贫瘠的土壤应换上肥沃的表土或掺入适量的优质腐熟有机肥（图 3-1-2）。

　　在斜坡上挖穴（坑）应先将斜坡整成一个小平台，然后在平台上挖穴（坑）。穴（坑）的深度从坡的下沿口开始计算。挖穴（坑）时发现电缆、管道等，应停止操作，及时找有关部门配合解决。绿地内挖自然式树木栽植穴时，如果发现有严重影响操作的地下障碍物时，应与设计人员协商，适当改动位置，而行列式树木，一般不再移位。

表3-1-6　常绿乔木类种植穴规格　　　　　（单位：cm）

树高	土球直径或根幅	种植穴深度	种植穴直径
100～150	20～40	30～50	40～60
150～250	35～55	60～80	70～80
250～350	50～80	70～90	80～100
350～400	80～100	90～100	100～120
400以上	140以上	120以上	180以上

表3-1-7　落叶乔木类种植穴规格　　　　　（单位：cm）

胸径	种植穴深度	种植穴直径
2～3	30～40	40～60
3～4	40～50	60～70
4～5	50～60	70～80
5～6	60～70	80～90
6～8	70～80	90～100
8～10	80～90	100～110

表3-1-8　花灌木类种植穴规格　　　　　（单位：cm）

冠径	种植穴深度	种植穴直径
200	70～90	90～110
100	70～90	60～70

表3-1-9　绿篱类种植沟（槽）规格　　　　　（单位：cm）

修剪高	单排种植	双排种植	三排种植
30～50	30×40	40×60	50×70
50～80	40×40	50×60	50×70
100～120	50×40	60×60	80×70
120～150	60×40	70×60	90×70

2. 散苗

将树苗按规定（设计图或定点木桩）散放于定植穴（坑）边，称为"散苗"。苗木要轻拿轻放，不得损伤树根、树皮、枝干或土球。散苗速度应与栽苗速度相适应，边散边栽，散毕栽完，尽量减少树根暴露时间。

3. 栽植

（1）裸根苗的栽植。首先，检查坑的大小是否与苗木根深和根幅相适应，坑过浅要加深，过深要垫土，使苗木栽植后原根颈部位与地表相平或高出3～5cm。然后在坑底垫10～

20cm 的疏松土壤，踩实。最好在植穴底部先做一个锥形土堆，按预定方向与位置将根系沿锥形土堆四周自然散开。这样就能保证根系舒展，防止窝根。苗木放好后可逐渐回填土壤。通常一人将树木放入坑中扶直，另一人或多人填土，填土至栽植穴的一半时，将苗木轻轻提起，使根颈部位与地表相平，让根系自然向下呈舒展状态，然后用脚踏实土壤，或用木棒夯实，继续填土，直到比穴（坑）边稍高一些。填土时应先填根层的下面或周围，逐渐由下至上，由外至内压实，不要损伤根系。

（2）带土球苗的栽植。栽植带土球苗，需先量好栽植穴的宽度及深度与土球是否一致，如有差别应及时挖深或填土。将带土球苗小心地放入事先准备好的栽植穴内，应解除草绳等包扎材料，并将包扎材料清理出栽植穴。然后分层回土，分层捣实。当表土填入至坑的一半，用木棍将土球四周夯实，再继续用土填满穴（坑）并夯实，注意夯实时不要砸碎土球。最后用土在坑的外缘做好灌水围堰。

4. 筑灌水围堰

苗木栽植完后，用土在栽植穴的外缘做好高 15～20cm 的灌水围堰，便于保水和收集雨水。灌水围堰筑完后，将捆拢树冠的草绳解开取下，使枝条舒展。

5. 灌定根水

定根水十分重要，是保证移栽成活的关键，是植树必不可少的工序。栽后应立即灌水，水一定要浇透，因为初栽土壤中存在很多空隙，只有将水浇透后，让水分填补土壤空隙中的空气，土壤与根系才能充分结合，根系才能发挥它的吸收功能，方能保证成活（注意，下雨时栽种的植物也应浇透定根水）。浇完水后要注意观察树干周围泥土是否下沉或开裂，如果有，则及时加土填平，注意此时不要再踏实。

6. 栽植后的养护管理

（1）支撑。对新栽树木支架是为了保护树木不受机具、车辆和人为的损伤，固定根系，防止被风吹倒并使树干保持直立状态。凡是胸径在 5cm 以上的乔木，特别是裸根种植的落叶乔木、枝叶繁茂而又不宜大量修剪的常绿乔木和有台风的地区或风口处栽植的大苗（树），均应考虑进行树体支撑。支撑时捆绑不要太紧，不能伤及树皮，应允许树木能适当地摆动，以利于提高树木的机械强度，促进树木的直径生长、根系发育，增加树木的尖削度和抗风能力。

支撑应牢固，树木绑扎处应夹垫软质物，绑扎后应保持树干直立。行道树树桩定位应与道路走向平行，落叶乔木应用单柱支撑，在栽植前先竖桩。

1）四点支撑。这是目前常见的支架方式。整个支架由塑料套杯、绑带、支柱木构成，可不伤树皮，支撑牢固，操作简单，既美观又可重复使用。

2）单桩支撑。应符合以下规定：①单桩在挖好栽植穴后，东西向道路在东侧，南北向道路在北侧，倾斜 5° 埋设护树桩；②预制的单桩全长应为 3.5m，埋地深度应为 1.1m，竖桩位置与主干间距应为 25～30cm；③扎缚材料应在距护树桩顶端 20cm 处呈"∞"字形，扎缚三道加腰箍，且应保持主干直立。

3）扁担桩支撑。应符合以下规定：①在土球两侧各打一根垂直树桩，桩全长应为 2.3m，打入土层应为 1.1m，竖桩位置距土球外侧应为 10cm；②横档应在离地面 1.1m 处，且分别与苗木主干、护树桩缚牢，并应保持主干直立；③树木下沉、出现吊桩时应及时松缚，重新扎缚。

4）三角撑。宜在树干高2/3处结扎，可用毛竹或钢丝绳固定，其中一根撑杆（绳）应在主风向上位，其他两根可均匀分布，每个支撑脚应进行固定。

5）地下支撑。地下支撑是把支柱埋在地下，往栽植孔底部安装地下固定件，利用弹弓原理用绳子把根钵强力捆扎。地下支撑是为改善勒脖子现象而开发的，均装有按时限分解的环保绳。环保绳，是把具有足够强度的天然材料绳加工成因水、温度、微生物等影响在一定时间内分解的产品，经过若干年而发生龟裂，使水可以进入，这样，内部材料会马上失去强度，不会影响植物生长。

6）网络支撑。成排树木或栽植较近的树木宜采用网络支撑，应用绳索相互连接，在两端或中间适当位置设置支撑柱。

（2）树干包裹。新栽的树木，特别是树皮薄、嫩、光滑的幼树，应用草绳、粗麻布、粗帆布等包裹，以防日灼、干燥和减少蛀虫侵染，还可防止啮齿类动物的啃食。包裹物用细绳安全而牢固地捆在固定的位置上，或从地面开始，一圈一圈互相重叠向上裹至第一分枝处。树木包裹的材料应保留2年或让其自然脱落，或在影响景观效果时取下。从荫蔽树林中移出的树木，因其树皮极易遭受日灼的危害，对树干进行保护性包裹，效果十分显著。树干包裹也有其不利方面，即在多雨季节，由于树皮与包裹材料之间保持过湿状态，容易诱发真菌性溃疡病，若能在包裹之前，于树干上涂抹某种杀菌剂，则有助于减少病菌感染。

（3）树盘覆盖。对于特别有价值的树木，尤其在秋季栽植的常绿树，用稻草、腐叶土或充分腐熟的肥料覆盖树盘，沿街树池也可用陶粒或树皮覆盖，既提高树木移栽的成活率，又增加观赏性。适当的覆盖可以减少地表蒸发，保持土壤湿润，防止土温变幅过大，覆盖物的厚度至少要全部遮蔽覆盖区而见不到土壤。

【技术提示】

（1）栽植前如果发现裸根树木失水过多，应将植株根系放入水中浸泡10~20h，充分吸水后栽植。

（2）栽植环节的关键在于不同类型的苗木应选择合理的栽植方法，栽植深浅要适中，保证根系舒展，回填土壤要踩实并及时浇水。

（3）对于小规格乔灌木，在起苗后或栽植前做浆根处理，即用过磷酸钙2份，黄泥（心土）15份，加水80份，充分搅拌后，将树木根系浸入泥浆中，使每条根均匀粘上黄泥后栽植，可保护根系，促进成活，但要注意泥浆不能太稠，否则容易起壳脱落，损伤须根。

【知识链接】假植

苗木运到施工现场后未能及时栽完，应进行假植。选用湿土将苗根埋严，以防风吹日晒失水，保持根系生活力，促进根系恢复与生长。

1. 短期假植

临时性、短期假植，可在栽植处附近，选择合适地点，用苫布或草袋将根系盖严；或先挖一个浅横沟，约2~3m长，然后稍斜立一排苗木，紧靠苗根再挖一个同样的横沟，并用挖出来的土将第一排树根埋严，挖完后再码一排苗木，依次埋根，直至全部苗木假植完。带土球的苗木运到工地以后，能很快栽完的可不必假植；如1~2d内不能栽完，应集中放好，四周培土，树冠用绳拢好；如存放时间较长，土球间隙也应加湿润细土培好。常绿树在假植期间应有叶面喷水保湿。

2. 长期假植

事先在不影响施工的地方，挖好深30~40cm、宽1.5~2m、长度视需要而定的假植沟，将苗木分类排码，树头最好向顺风方向斜放沟中，依次安放一层苗木，根部埋一层土。全部假植完毕以后，还要仔细检查，一定要将根部埋严实，不得裸露。若土质干燥还应适量浇水，既要保证树根潮而土质又不过于泥泞，以免影响后续操作。

【学习评价】

采用多元化的评价体系，将学生专业知识、技能操作、技能成果和个人的职业素养有效地结合在一起考评（表3-1-10）。

表3-1-10 学生考核评价表

考核项目		权重	考核要点	考核评价		
				自我	小组	教师/专家
知识		20%	栽植与假植的区别			
技能	操作过程	30%	一般苗木栽植，栽植后管理			
	技能成果	25%	栽植质量			
素质		25%	无缺勤，课堂纪律良好，学习认真，操作规范，积极合作，提出新方法			

【练习设计】

一、名词解释

定植　假植　定根水

二、单项选择题

1. 按图定点放样，要按照绿化工程的顺序进行，一般最后确定的是（　　）。

A. 栽植　　　　　　B. 土方　　　　　　C. 道路　　　　　　D. 水体

2. 将树木种植在预定位置上，不再移走的称为（　　）。

A. 假植　　　　　　B. 寄植　　　　　　C. 定植　　　　　　D. 移植

3. （　　）栽植苗木最难存活。

A. 春季　　　　　　B. 冬季　　　　　　C. 秋季　　　　　　D. 夏季

4. 如果当地属气候寒冷地区，落叶树的种植时间在下列各阶段中以（　　）最好。

A. 落叶后　　　　　　　　　　　B. 落叶后至发芽前任何时候

C. 落叶后至发芽前的中间　　　　D. 发芽之前

三、填空题

1. 落叶树种的种植时间宜在_____以后。

2. 确定适宜的栽植时间，应考虑两个方面，一是：_____，二是：_____。

3. 栽植树体较大或在风大地区，对树体支撑多采用桩杆支撑，主要方法有_____、_____。

4. 在冬天寒冷、土壤结冻较深的北方，对耐寒性强的树种，可利用_____在冬季移栽。

四、实训

现有一面积为20m²的长方形花坛，需要种植株行距为20cm×30cm的金叶女贞和紫叶小檗各一半。请先计算出用苗量并完成两种植物的栽植工作。

任务一总结

任务一详细阐述了一般乔灌木的栽植，包括栽植前的准备、定点放线、起苗运输和栽植四部分。通过学习，学生获得常见乔灌木栽植的技能和知识。

任务一　思政拓展

"南橘北枳"出自《晏子春秋·内篇杂下》，大意是春秋时期齐国外交家晏子出使楚国，楚王想用齐人在楚为盗来羞辱晏子，结果晏子非常机智地用"橘生淮南则为橘，生于淮北则为枳，叶徒相似，其实味不同。所以然者何？水土异也"来回应，说明是水土关系造成的结果，以此讽喻楚国风气不好，从而让楚王自取其辱。后来就用"南橘北枳"来比喻同一种事物因为环境变化而产生变化，约定俗成，从而变为成语。其实从植物学的观点来看，橘和枳是完全不同的植物物种，虽然都属于芸香科，然而分别属于两个种属。其中，橘属于柑橘属，枳属于枳属，又称枸橘属。可见每个树种都有自己适应的生态环境，在栽植过程中需要尊重每株植物，尊重每个生命特性，每种植物都有其独特的魅力为世界和人类做出自己的贡献。

在我国沿岸防护林体系中，红树林是构筑防护林体系的一道特殊的海岸防线。红树林是生长在热带、亚热带海岸潮间带上部，受周期性潮水浸淹，以红树科植物为主体的常绿灌木或乔木组成的潮滩湿地木本生物群落，因为红树科植物含有红褐色的单宁成分，故此得名。由于海水环境条件特殊，红树林植物具有一系列特殊的生态和生理特征，如枝干上长出多数支持根，扎入海滩里以保持植株的稳定。与此同时，从根部长出许多指状的气生呼吸根露出于海滩地面，在退潮时甚至潮水淹没时用以通气。红树林有防风消浪、促淤保滩、固岸护堤、净化海水和空气的功能，彰显"海岸卫士"的生态效应，也以其独特的形态特征行使着海岸防线的职责。2004年印度洋海啸袭向周边12个国家和地区，死亡23万人，而印度泰米尔纳德邦的瑟纳尔索普渔村距离海岸仅几十米远的172户家庭却幸运地躲过了海啸的袭击。原来，这里的海岸上生长着一片茂密的红树林，成片的红树林不仅没有被排山倒海的海浪摧毁，还守护了岸上渔民的生命。1986年广西沿海发生了近百年未遇的特大风暴潮，合浦县398km长海堤被海浪冲垮294km，但凡是堤外分布有红树林的地方，海堤就不易冲垮，经济损失就小。许多群众从切身利益中感受到红树林是他们的"保护神"。红树林发达的根系，能够防风固堤，消减海浪威力，帮助人类抵抗台风海啸。有红树林存在的海域，几乎从未发生过赤潮。据中国林科院专家介绍，红树林每年每公顷能吸收150~250kg的氮和15~20kg的磷，对水体起着净化的作用，是天然的污水净化厂，海洋生物的伊甸园。

任务二　大树栽植技术

大树栽植技术

【任务分析】

通过学习，能够完成大树栽植工作。包括：

（1）栽植前的准备工作。

（2）定点放线。

（3）起苗。

（4）栽植。

【任务目标】

（1）了解大树移植的概念、特点及大树移植的成活原理。

（2）熟悉大树移植前的准备工作。

（3）掌握大树移植的技术规范和基本程序。

（4）学会运用适当的方法进行大树移植并能够完成栽植后的养护管理工作。

（5）具有爱岗敬业、吃苦耐劳的职业精神和安全意识、环保意识、质量意识。

（6）具有创新品质、创新思维和创新能力。

技能一　栽植前的准备

【技能描述】

能够按照要求，完成大树栽植前的选树、平衡修剪及断根缩坨等准备工作。

【技能情境】

（1）场地：大树生长地。

（2）工具：枝剪、锹、镐、手锯等。

（3）材料：药剂、水、量筒等。

【技能实施】

1. 收集基础资料

应掌握树木情况，如品种、规格、定植时间、历年养护管理和目前生长情况、发枝能力、病虫害情况、根部生长情况等，对树木立地环境，如种植地的土质、地下水位、地下管线等环境条件，以及土壤含水量、pH 值、理化性状有全面的了解。对需要移植的树木，应根据有关规定办好所有权的转移及必要的手续。

2. 编制移植方案

根据当地的大树移植规程，制订移植方案和安全措施，主要项目为：种植季节、切根处理、种植、修剪方法和修剪量、挖穴、挖运种技术、支撑与固定、材料机具准备、养护、管理、应急抢救及安全措施等。土壤湿度高，可在根范围外开沟排水，晾土，情况严重的可在四角挖 1m 以下深洞，抽排渗透出来的地下水；含杂质受污染的土质必须更换种植土；准备施工、起吊、运输的所需工具、材料、机械设备，施工前应请交通、市政、公用、电信等有关部门到现场，配合排除施工障碍并办理必要手续。

3. 大树选择

根据设计要求的树种、规格、树形、姿态、花色等选择合适的大树，选择的树木应生长健壮，生长正常，无病虫害感染和机械损伤，具有必需的观赏性，此外，选择的大树还要符合绿化要求。如行道树要选择树干直、树冠大、分枝点高、有良好的遮阴效果的树种，而用于造景的树种则偏重树姿造型。选定移植树木后，应在树干北侧用油漆做出明显的标记，以便找出树木的朝阳面，同时采取树木挂牌、编号并做好登记，以便对号入座。

建立树木卡片，内容包括：树木编号、树木品种、规格（高度、分枝点干径、冠幅）、树龄、生长状况、树木所在地、拟移植的地点。如需要还可保留照片或录像。

4. 断根缩坨

为了保证大树移植后能很好地成活，可在移植前 3 年逐年断根缩坨，切根应分期交错进行，可在立春天气刚转暖到萌芽前及秋季落叶前，其范围宜比挖掘范围小 10cm 左右。具体方法是：按胸径 3~4 倍为半径画圆，春季在树的左右两侧挖深 60cm 左右的沟，并切断树木的根系，齐平内壁，后用沙壤土填平，分层踩实，定期浇水，秋季再以同样的方法挖掘另外相对的两面。到了第三年时，四周均长满了须根，此时便可移植。

5. 修剪

大树修剪的强度和修剪量根据树木种类、移植季节、挖掘方式、运输条件、种植地条件等因素来确定。一般落叶树可抽稀后进行强截，多留生长枝和萌生的强壮枝，修剪量可达 6/10~9/10；常绿阔叶树采取收冠的方法，截去外围的枝条，适当抽稀树冠内部必要的弱枝，多留强壮的萌生枝，修剪量可达 1/3~3/5；针叶树以抽稀树冠外围枝为主，修剪量达 1/5~2/5；对易挥发芳香油和树脂的针叶树、香樟等应在移植前一周进行修剪，剪口光滑平整，10cm 以上的大伤口应消毒，并涂保护剂。

落叶树移植前对树冠进行修剪，裸根移植一般采取重修剪，剪去枝条的 1/2~2/3；带土球移植则可适当轻剪，剪去枝条的 1/3 即可。修剪时剪口必须平滑，截面尽量缩小。常绿树移植前一般不需修剪，定植后可剪去移植过程中的折断枝或过密枝、重叠枝、轮生枝、下垂枝、徒长枝、病虫枝等。常绿树修剪时应留 1~2cm 木橛，不得贴基部剪去。落叶树修剪时可适当留些小枝，易于发芽展叶。

6. 拢冠

收扎树冠时应由上至下，由内至外，依次向内收紧，大枝扎缚处要垫橡胶等软物，不应损伤树木。根据树冠形态和种植后造景的要求，对树木要做好定方位的记号；树干，主枝用草绳或草片进行包扎后应在树上拉好缆风绳。

【技术提示】

（1）选择适合移植的大树品种。

（2）确定适合移植的时间。

（3）移植前进行断根缩坨和平衡修剪。

（4）为提高大树成活率，对于五年以上未做过移植或断根处理的大苗，应在移植前 1~2 年进行断根处理；确因工期紧张的，至少提前半年断根。断根应分期、分区交错进行，其范围宜比挖掘范围小 10cm 左右，断根区应回填含腐殖质较多的土壤。

（5）禁止移植古树名木，因特殊原因需要移植古树名木前需办理相关手续，未经批准移植古树名木属于违法行为。

【知识链接】

树木的规格符合下列条件之一的均应属于大树移植，其中落叶和阔叶常绿乔木胸径在 20cm 以上，针叶常绿乔木株高在 6m 以上或地径在 18cm 以上。通常大树移植落叶树应在落叶后树木休眠期进行，宜在 3 月进行；常绿树春、夏（雨）、秋三季均可进行，但夏季移植应错过新梢生长旺盛期，一般以春季移植最佳，宜在 4 月上、中旬进行。

1. 大树移植的特点

大树移植对树木的伤害十分严重，树冠很难恢复到移植前的水平，移植稍有不当可造成死亡。大树移植考虑其技术难度和经济投入，要因地制宜，不能盲目效仿，更不能随意破坏已有的自然资源。

（1）成活困难。主要由以下几方面原因造成：一是大树树龄大，细胞再生能力下降，在移植过程中被损伤的根系恢复慢，新根发生能力较弱，给成活造成困难。二是树木在生长过程中，根系扩展范围很大，使有效地吸收根处于深层和树冠投影附近，而移植所带土球内吸收根很少，且高度木栓化，故极易造成树木移栽后失水死亡。三是大树的树体高大，枝叶蒸腾面积大，为使其尽早发挥绿化效果和保持原有优美姿态，多不进行过重修剪，因而地上部分蒸腾面积远远超过根系的吸收面积，树木常因脱水而死亡。

（2）移植周期长。作移植前断根处理，需几个月或几年。

（3）工程量大、费用高。规格大，技术高，机械化程度高。

2. 大树移植原则

（1）选择移植容易成活、寿命长的树种。

（2）树体规格适中：并非规格越大越好，严禁破坏自然资源。

（3）树体年龄适合：慢生树20～30年，速生树10～20年，中生树15年。

（4）生态适应性原则：就近选择，使移栽的树木能适应新栽植地的环境，提高成活率。

（5）科学配置：突出大树在园林景观中的位置，形成主景、视觉焦点。

（6）科技领先原则：降低水分蒸腾，促进萌生根系，恢复树冠生长。

3. 大树移植基本原理

（1）大树收支平衡原理。生长正常的大树，根和叶片吸收养分（收入）与树体生长和蒸腾消耗的养分（支出）基本能达到平衡。也只有养分收入大于或等于养分支出时，才能维持大树生命或促进其正常生长发育。

（2）大树近似生境原理。大树近似生境原理是指光、气、热等小气候条件和土壤条件（土壤酸碱度、养分状况、土壤类型、干湿度、透气性等）。如果把生长在酸性土壤中的大树移植到碱性土壤，把生长在寒冷高山上的大树移入气候温和的平地，其生态环境差异大，影响移植成活率，因此，移植地生境条件最好与原生长地生境条件近似。移植前，如果移植地和原生地太远，海拔差大，应对大树原植地和定植地的土壤、气候条件进行测定，根据测定结果，尽量使定植地满足原生地的生境条件以提高大树移植成活率。

（3）移栽对大树收支平衡的影响。大树根被切断后，吸收水分和养分的能力严重减弱，甚至丧失，在移栽成活并长出大量新生根系之前，树体对养分的消耗（支出）远远大于自身对养分的吸收合成（收入）。此时，大树养分收支失衡，大树表现为叶片萎蔫，严重时枯缩，最后导致大树死亡。根据大树养分收支平衡原理，采用合理的移植技术措施促进树势平衡，提高大树移栽成活率。

【学习评价】

采用多元化的评价体系，将学生专业知识、技能操作、技能成果和个人的职业素养有效地结合在一起考评（表3-2-1）。

表3-2-1　学生考核评价表

考核项目		权重	考 核 要 点	考核评价		
				自我	小组	教师/专家
知识		20%	大树移植的特点，大树移植的基本原理			
技能	操作过程	30%	选树，断根缩坨，平衡修剪			
	技能成果	25%	移植前的准备			
素质		25%	无缺勤，课堂纪律良好，学习认真，操作规范，积极合作，提出新方法			

【练习设计】

实训

某公园新规划的草坪中央需要栽植一株大树，请根据本地气候条件选择树种。

要求：以常绿阔叶树为最佳，同时具有抗性强、观赏效果好等特点。

技能二　定点放线

【技能描述】

能够根据园林绿化设计图，确定出每株大树的种植点位置。

【技能情境】

（1）场地：栽植地等。
（2）工具：皮尺、钢卷尺、平板仪、绳等。
（3）材料：石灰等。

【技能实施】行道树定点放线

在已完成路基、路缘石的施工现场，即已有明确标志物条件下采用支距法进行行道树定点。一般是按设计断面定点，在有路缘石的道路上以路缘石为依据，没有路缘石的则应找出准确的道路中心线，并以之为定点放线的依据。再用钢卷尺等工具定出行位，大约10株钉一木桩作为行位控制标记，然后采用石灰点标出单株位置。若道路和栽植树为一条弧线，如道路交叉口，放线时则应从弧线的开始至末尾以路缘石或中心线为准在实地画弧，在弧上按株距定点。

【技术提示】

由于道路绿化与市政、交通、沿途单位、居民等关系密切，植树位置的确定，除和规定设计部门配合协商外，在定点后还应请设计人员验点。行道树定点遇有障碍物影响株距时，应与设计单位取得联系，进行适当调整。

【知识链接】

出于安全的考虑，树木栽植之前要考虑树木与架空线、地下线及建筑物之间的安全距离，确保植物能正常生长的同时，不影响和破坏管线设施和建筑物。

（1）树木与架空线的距离应符合下列要求：电线电压380V，树枝至电线的水平距离及垂直距离均不小于1m；电线电压3300~10000V，树枝至电线的水平距离及垂直距离均不小于3m。

（2）树木与地下管线的间距。地下管线是指给水管、雨水管、污水管、煤气管、电力电缆、弱电电缆。乔木中心与各种地下管线边缘的间距均不小于0.95m；灌木边缘与各种地下管线边缘的间距均不小于0.5m。

（3）树木与建筑物、构筑物的平面距离见表3-2-2。

表 3-2-2　树木与建筑物、构筑物的平面距离

建筑物、构筑物名称	距乔木中心不小于/m	距灌木边缘/m
公路铺筑面外侧	0.80	2.00
道路侧路缘线（人行道外缘）	0.75	不宜种
高2.00m以下围墙	1.00	0.50

（续）

建筑物、构筑物名称	距乔木中心不小于/m	距灌木边缘/m
高 2.00m 以上围墙（及挡土墙基）	2.00	0.50
建筑物外墙上无门、窗	2.00	0.50
建筑物外墙上有门、窗（人行道旁按具体情况决定）	4.00	0.50
电杆中心（人行道上近路缘石一边不宜种灌木）	2.00	0.75
路旁变压器外缘、交通灯柱	3.00	不宜种
警亭	3.00	不宜种
路牌、交通指示牌、车站标志	1.20	不宜种
消防龙头、邮筒	1.20	不宜种
天桥边缘	3.50	不宜种

（4）道路交叉口、里弄出口及道路弯道处栽植树木应满足车辆的安全视距。在行道树定点时遇下列情况也要留出适当距离（数据仅供参考）。

1）遇道路急转弯时，在弯的内侧应留出 50m 的空档不栽树，以免妨碍视线。

2）交叉路口各边 30m 内不栽树。

3）公路与铁路交叉口 50m 内不栽树。

4）道路与高压电线交叉 15m 内不栽树。

5）桥梁两侧 8m 内不栽树。

6）另外如遇交通标志牌、出入口、涵洞、电线杆、车站、消火栓、下水口等，定点都应留出适当距离，并尽量注意左、右对称。定点应留出的距离视需要而定，如交通标志牌以不影响视线为宜，出入口定点则根据人、车流量而定。

【学习评价】

采用多元化的评价体系，将学生专业知识、技能操作、技能成果和个人的职业素养有效地结合在一起考评（表3-2-3）。

表 3-2-3　学生考核评价表

考核项目		权重	考核要点	考核评价		
				自我	小组	教师/专家
知识		20%	规则式种植放线			
技能	操作过程	30%	根据施工图放线			
	技能成果	25%	行道树定点			
素质		25%	无缺勤，课堂纪律良好，学习认真，操作规范，积极合作，提出新方法			

【练习设计】

实训

某单位计划于明年新建一处职工食堂，规划地内生长有一株胸径为 20cm 的国槐，请你制订一套国槐移植方案（移植期限为一年半）。

技能三　起　　苗

【技能描述】

能够按要求完成带土球起苗，选择合适的方法和材料进行土球包扎。

【技能情境】

（1）场地：大树生长地。
（2）工具：锹、镐、皮尺、卷尺等。
（3）材料：草绳、麻绳、蒲包片、塑料布、木箱等。

【技能实施】带土球起苗

一、确定土球尺寸与包装方式

土球规格应为树木胸径的 6～10 倍，土球高度为土球直径的 2/3，土球底部直径为土球直径的 1/3；土台规格应上大下小，下部边长比上部边长少 1/10。

大树土球包装一般有软包装和箱板包装。一般树木胸径 20～25cm 时，可采用土球移栽，进行软包装；当树木胸径大于 25cm 时，可采用土台移栽，用箱板包装。在生长较弱、移植难度较大或非适宜季节移植大树的情况下，须用硬材包装法移植，特别是常绿树或古树。

二、起苗

1. 木箱包装

（1）掘树。以树干为中心，比土球大 10cm 画一个正方形。以画的线为准，在线的外缘开挖沟壕。土坨上端的尺寸与箱板尺寸一致，放线，先清除表土，露出表面根，按规定以树干为中心，选好树冠观赏面，划出比规定尺寸大 5～10cm 的正方形土台范围，尺寸必须准确。然后在土台范围外 80～100cm 再划出一个正方形白灰线，为操作沟范围。土坨下端尺寸应比上端略小 5cm。

（2）装箱。土球挖好后，先上四周侧面箱板，然后上底板。侧板的大小可稍短于土坨的长和宽，土坨表面比箱板高出 1cm。在安装箱板时，两块箱板的端部在土坨的角上相互错开，并露出土坨的一部分。最后在土坨表面铺上一层蒲包，上"井"字形板。硬材包装的材料必须能承受树木的重量和起吊时的压力，起吊部位必须设置在重心部位，并有安全装置。

2. 软材料包装

（1）掘树。以树干为中心，按胸径的 6～10 倍为直径画圆圈，在圈外挖宽 60～80cm 的操作沟深度以达到土球所要求的高度为止。挖时先去表土，见表根为准，再行下挖，挖时遇粗根必须锯断再削平，不得硬铲，以免造成散坨。当土球修整到 1/2 深度时，可逐步向里收底，直到缩小到土球直径的 1/3 为止，然后将土球表面修整平滑，下部修一个小平底，土球就算挖好。

（2）包扎。常见的软包装材料有蒲包、草绳、无纺布、土球包带等。以下以草绳包扎为例讲解。

1）打腰箍。草绳在土球中部扎宽20cm左右的腰箍。球体表面全部用草绳紧密排列缠绕，从土球腰宽的2/3处开始，并以45°角收底。网络形式和层数应根据土球大小、土质情况、吊运条件而定，网络必须收紧，第一层网络的绳子必须嵌入土球表土。为保证网络不松动，应再打第二道腰箍。

2）打花箍。打花箍的形式有橘子式（网络法）、"井"字式、五角式等。

①橘子式（网络法）包扎：先将草绳一头系在树干上，再在土球上斜向缠绕，草绳经土球底绕过对面经树干折回，顺同一方向按一定间隔缠绕至满球。接着再缠绕第二遍，缠绕至满球后系牢（图3-2-1）。

②"井"字式：先将草绳一端系于腰箍上，然后按图3-2-2中左图所示数字顺序，由1拉到2，绕过土球下面拉到3，经4绕过土球下面拉到5，经6绕过土球下面拉到7，最后经8绕过土球下面拉到回1。按此顺序包扎满6~7道"井"字形为止。

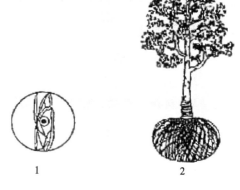

图3-2-1　橘子式包扎示意图
（《园林植物栽培学》，芦建国，2000年）

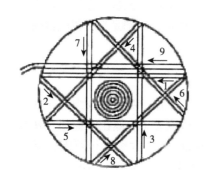

图3-2-2　"井"字式包扎示意图
（《园林植物栽培学》，芦建国，2000年）

③五角式：先将草绳一端系于腰箍上，然后按图3-2-3中左图所示数字顺序，由1拉到2，绕过土球下面拉到3，经4绕过土球下面拉到5，经6绕过土球下面拉到7，最后经10绕过土球下面拉回到1。按此顺序包扎满6~7道为止。

3）封底。凡在坑内打包的土球，在捆好腰绳后，轻轻将苗木推倒，用蒲包、草绳将土球底包严捆好，称为"封底"，具体做法是先在坑的一边（计划推倒的方向）挖一条小沟，并系紧封底草绳，用蒲包插入草绳将土球底部露土之处盖严，然后将苗土朝挖沟方向推倒，采用封底草绳与对面的纵向草绳交错捆连牢固即可。土壤过干易松散，可以边掘土球边横向捆紧草绳，称为"打内腰绳"，然后再在内腰绳之外打包以保证土球成形。

土球封底后，应该立即出坑待运，并随时将掘苗坑填平。如果是土质较硬不易散坨者，也可不用蒲包。

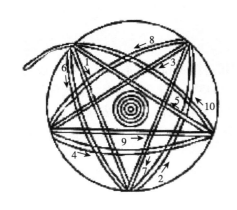

图 3-2-3　五角式包扎示意图

（《园林植物栽培学》，芦建国，2000 年）

【技术提示】

（1）针叶常绿树、珍贵树种、生长季移植的阔叶乔木必须带土球（土台）移植。

（2）起苗前，首先根据土壤的干湿情况适当浇水，以避免挖掘时土壤过干导致土球松散。

（3）清理大树周围的环境，并合理安排运输路线。起挖前应先立好支柱，支稳树木，以确保安全。根据树木胸径大小，选择适合的挖掘和包装方法。

（4）苗木挖掘前应在主干朝南方向做好标记。

（5）苗木应做到当天挖、当天运、当天种。起苗前必须拉好缆风绳，其中一根必须在主风向上位，其他两根可均匀分布。

【知识链接】

一、大树的裸根起苗

对于如杨柳、刺槐、栾树等容易成活的大树，也可在秋季树木落叶至翌春发芽前进行裸根移植，有些树种只能在春季移植。裸根移植前对树干进行修剪，确定主干后，适当进行疏枝。

挖掘时按照规定的尺寸沿所留根幅外垂直下挖至所需深度，再从沟底向树干底掏土，当主根与侧根切断后，轻轻推倒树干，顺着根系将土挖散敲脱。挖掘过程所有预留根系外的根系应全部切断，剪口要平滑不得劈裂。从所留根系深度 1/2 处以下，可逐渐向内部掏挖，切断所有主侧根后，即可打碎土台，保留护心土，清除余土，推倒树木，如有特殊要求可包扎根部。若运输距离较远，为防止根系失水及损伤，根部要进行包装。裸根树带根较多，所以将根向同一方向靠拢，然后用湿草袋等软质材料包缚，根系内的空隙可以填入湿的苔藓等保湿。

二、起吊运输

带土球的大树，常重达数吨，所以要用机械吊运。吊运时要事先准备好 3～3.5cm 粗的麻绳或钢丝绳，以及蒲包片、碎砖块和木板等。将绳索一头拴在土球的腰下部，另一头拴在主干中下部，注意事项如下：

（1）树木挖掘包好后，必须当天吊出树穴。

（2）起吊的机具和装运车辆的承受能力，必须超过树木和泥球的重量（约一倍）。

（3）起吊绳必须兜底通过重心，树梢用绳（小于45°），挂在吊钩上，收起缆风绳。

（4）起吊人必须服从地面施工负责人指挥，相互密切配合，严防安全事故发生，慢慢起吊，吊臂下和树周围除工地指挥者外不准留人，起吊时，如发现有未断的底根，应立即停止吊拉，切断底根后方可继续起吊。

（5）装车时树根必须在车头部位，树冠在车尾部位，土球要垫稳，树身与车板接触处，必须垫软物，并作固定。

【学习评价】

采用多元化的评价体系，将学生专业知识、技能操作、技能成果和个人的职业素养有效地结合在一起考评（表3-2-4）。

表3-2-4　学生考核评价表

考核项目		权重	考 核 要 点	考核评价		
				自我	小组	教师/专家
知识		20%	土球包装方法			
技能	操作过程	30%	起苗			
	技能成果	25%	起苗质量			
素质		25%	无缺勤，课堂纪律良好，学习认真，操作规范、积极合作、提出新方法			

【练习设计】

一、单项选择

1. 大树移栽时要进行平衡修剪，这项工作应在（　　）进行。

A. 移前半月　　　　B. 移后半月　　　　C. 移前半年　　　　D. 移前三个月

2. 大树移栽时，挖掘土球的大小，一般可按树干直径的（　　）确定。

A. 5 ~ 7 倍　　　　B. 7 ~ 8 倍　　　　C. 6 ~ 10 倍　　　　D. 8 ~ 12 倍

3. 大树移栽一般针对树木胸径（　　）cm 以上。

A. 20　　　　　　　B. 15　　　　　　　C. 10　　　　　　　D. 35

4. 大树断根缩坨时间一般在栽前（　　）进行。

A. 1 年　　　　　　B. 1 ~ 2 年　　　　C. 2 ~ 3 年　　　　D. 3 ~ 4 年

二、判断正误（认为正确的请在括号内打"√"，错误的打"×"）

1. 大树移栽的栽植深度，一律要比原来的种植深一些，才有利于大树的成活。（　　　）

2. 两株植物栽植时距离靠近，间距不要大于树冠半径之和。（　　　）

3. 行列式栽植可用枝叶稀疏、树冠不整齐的树种。（　　　）

4. 落叶树种的栽植时间应在春季以后。　　　　　　　　　　　　（　　）

三、简答题

简述"井"字式打花箍方法？

技能四　栽　　植

【技能描述】

能够把运输到目的地的大树栽植到栽植穴中。

【技能情境】

（1）场地：大树栽植地。
（2）工具：锹、镐、皮尺、卷尺、水桶等。
（3）材料：甲基托布津、根腐灵等。

【技能实施】

1. 挖穴

根据树根挖掘范围，土球大小、形状确定树穴大小、形状、深度，每边留 40cm 的操作沟；树穴必须符合上下大小一致的规格，如含有建筑垃圾、有害物质均必须放大树穴，清除废土换上种植土，并及时填好回填土。树穴基部必须施基肥。

栽植穴应根据根系或土球的直径加大 60~80cm，深度增加 20~30cm。树穴底部应采取有效排水工程措施，并和圃地排水管网做好衔接。栽植前应做好土壤的改良和消毒工作。

2. 栽植

（1）带土球移植法。将树吊入穴中；入坑后进行调正，保证大树原朝阳的方向不变，应将树冠最丰满面朝向主观赏方向，并考虑树木在原生长地的朝向；方向确定后放在土堆上扶正，用木棒支撑和固定树体，土球放稳后，拆底板和下部四周箱板或者去包扎的草绳等软包装材料；分层填土，填土至1/3深时，拆除木箱上板和四周上部箱板，每填 20~30cm 要压紧一次，直至填满。

（2）裸根移植法。休眠期移植落叶乔木可进行裸根带护心土移植，根幅应大于树木胸径的 6~10 倍，根部可喷保湿剂或蘸泥浆处理。

树木到位后，安放通气管，用细土慢慢均匀地填入树穴，特别对根系空隙处，要仔细填满，防止根系中心出现空洞。土填到50%时灌水，发现冒气泡或快速流水处要及时填土，直到土不再下沉，不冒气泡为止。待水不渗后再加土，加到高出根部即可做围堰浇水。

（3）机械移植法。机械移植法就是用大树移植机移植树木。大树移植机是指一种在载货汽车或拖拉机上装有操纵尾部、四扇能张合的匙状大铲的移树机械。

机械移植操作步骤如下：先用四扇匙铲在栽植点挖好同样大小的坑穴。为便于起树操作，应预先把有碍的树干基部枝条去除，用草绳捆拢松散的树冠。移植机停留在合适的起树位置，张开匙铲围于树干四周，直至相互并合，收提匙铲，将树抱起，树梢向前，匙铲在后，横倒于车上，到栽植点后张开，直接放入已挖好的栽植穴中，适当填土，做围堰灌水。

3. 移植后的养护

（1）支撑。设立支撑及围护，大树的支撑宜用四角支撑，支撑点以树干高2/3处左右为好，并加垫保护层，以防损伤树皮（图3-2-4）。

（2）树体防护。大树移植后，由于根系和树冠的受伤，对水分尤为敏感，通常的做法有对地上部分树干包扎、架设遮阴网以降低蒸腾失水。用草绳或麻布片包裹树干，经过1年、2年的生长周期，树木生长稳定后，方可解除。

图3-2-4　支撑

在入冬寒潮来临之前，做好树干保温工作，可采取覆土、裹干、设立风障等方法（图3-2-5）。

（3）水肥管理。栽植后应立即浇透水，3d内再浇水，过一周后浇第三次水，浇足浇透；如果树穴周围出现下沉时要及时填平。栽植后的浇水要根据植株生长情况、天气等而定，每次浇水都要做到干透浇透，表土干后要及时进行中耕，经常检查通气管内是否有堵塞或积水。结合树冠水分管理，每隔20~30d用100mg/L尿素和150mg/L磷酸二氢钾喷洒叶面，维持树体养分平衡（图3-2-6）。

图3-2-5　树体防护

图3-2-6　水肥管理

叶绿有光泽，枝条水分充足，色泽正常，芽眼饱满或萌生枝正常，常规养护即可。叶绿而失去光泽，枝条显干，芽眼或嫩枝显萎，如土干，应立即浇水，土不干，可进行叶面、树干周围环境喷水。水分足，叶色黄、落叶，应及时排水，可横纵深挖排水沟，沟深至土球底部。如大量落叶，应及时抽稀修剪或剥芽。叶干枯，不落，应作特殊处理，如疑似死亡的树，可将大树整株起挖。首先，对前次移栽失败进行检查分析，如果是由于栽植过深，再次移植时应抬高栽植；如果是根部腐烂，应切除腐烂根，在原来根系切断处再次锯出新生组织，在新的断面喷洒生根剂和根系防腐剂，消毒防腐，诱发新根。然后，用土壤消毒剂对土坑和栽植土进行消毒杀菌处理。最后，适当增加修剪量，剪口用伤口愈合涂抹剂进行防腐处理。

（4）剥芽。在树木移栽中，经强修剪，树干或树枝上可能萌发出许多嫩芽和嫩枝，这些会消耗营养，扰乱树形。在树木萌芽后，选留长势较好、位置合适的嫩芽或幼枝，其他的应尽早抹除。剥芽不能一次完成。留芽应根据树木生长势及今后树冠发展要求进行，应多留高位壮芽。对有些留枝过长、枝梢萌芽力弱的，应从有强芽的部位进行短截；对切口上萌生的丛生芽，必须及时剥稀；树冠部位萌发芽较好的，树干部位的萌芽应全部剥除；树冠部位无萌发芽时，树干部位必须留可供发展树冠的壮芽。常绿树种，除丛生枝、病虫枝内膛过弱的枝外，当年可不必剥芽，到第二年修剪时进行。

（5）树盘处理。人流量大的地方应铺设透气材料，以防土壤板结。

【技术提示】

（1）大树栽植要"随挖""随包""随运""随栽"，以保证栽植成活率。

（2）地势较低处种植不耐水湿的树种时，应采取堆土种植法，堆土高度根据地势而定，堆土范围：最高处面积应小于根的范围（或土球大小2倍），并分层夯实。

（3）大树运输到栽植地，根据植物的特性、规格和需求等因素在栽植前或者栽植后进行修剪。

（4）在施工中对土壤条件差的环境需换土还要在树穴的回填土中掺入蛭石、珍珠岩等，以增强大树根部土壤的通气性，增设排水沟或渗水井，埋入事先准备的通气管以增强土壤的通气性。

【知识链接】

一、提高大树移植成活率的措施

1. ABT 生根粉的使用

采用软材包装移植大树时，可选用 ABT 1 号、3 号生根粉处理树体根部，可快速恢复移植和养护过程中损伤的根系，促进树体的水分平衡，提高移植成活率。掘树时，对直径大于 3cm 的断根伤口喷涂 150mg/L ABT 1 号生根粉，以促进伤口愈合。修根时，若遇土球掉土过多，可用拌有生根粉的黄泥浆涂刷。

2. 保水剂的使用

主要应用的保水剂为聚丙乙烯酰胺和淀粉接枝型高吸水性树脂。使用时，在有效根层干土中加入 0.1% 拌匀，再浇透水；或让保水剂吸足水成饱和凝胶，以 10% ~15% 比例加入与土拌匀。

3. 输液促活技术

采用向树体内输液给水的方法，即用特定的器械把水分直接输入树体木质部，确保树体获得及时、必要的水分，从而有效提高大树移植的成活率。输入液体主要以水分为主，可配入微量的植物生长激素和磷钾矿质元素。为了增强水的活性，可以使用磁化水或冷开水，同时 1kg 水中可溶入 ABT5 号生根粉 0.1g、磷酸二氢钾 0.5g。用木工钻在树体的基部钻洞孔数个，孔向朝下与树干呈 30°夹角，深至髓心。洞孔数量的多少和孔径的大小应与树体大小和输液插头的直径相匹配。采用树干注射器和喷雾器输液时，需钻输液孔 1 ~2 个；挂瓶输液时，需钻输液孔洞2～4个。输液洞孔的水平分布要均匀，纵向错开，不宜处于同一垂直线方向。输液方法：注射器注射，将树干注射器针头拧入输液孔中，把储液瓶倒挂于高处，打开开关，液体即可输入，结束后拔出针头，用胶布封住孔口；喷雾器压输，将喷雾器装好配液，喷管头安装锥形空心插头，加压，输液，当手柄打气费力时即可停止输液，并封好孔口；挂液瓶导输，储液瓶钉挂在孔洞上方，把棉芯线的两头分别伸入储液瓶底和输液洞孔底，配液可通过棉芯线输入树体。

二、容器苗栽植技术

容器苗就是直接栽植于容器内或由地栽移植到容器内，在容器内生长至少半年以上，已形成完整根系的各种花卉和苗木。容器苗在栽植过程中应该注意以下几点：

（1）容器苗装运时，按"品"字形摆放，不要压在苗木上，防止损伤苗木，并要形成一定倾斜度。运输时，车速要适当，避免上下颠簸，造成营养土散坨。

（2）容器小苗栽植时，用手托起容器苗，轻轻将袋撕掉，轻放在植树坑内，踏实四周，轻踏营养土所在部位，避免营养土坨踩散、须根系折断。然后浇足水，封好堰。

（3）容器大苗栽植时，需要用起重机吊至栽植位置，对于不可降解的容器剥出容器后定植，可降解的直接连同软容器一起埋入土中。

（4）栽植时，对于老化和腐朽的根系进行必要的修剪。

【学习评价】

采用多元化的评价体系，将学生专业知识、技能操作、技能成果和个人的职业素养有效地结合在一起考评（表3-2-5）。

表3-2-5　学生考核评价表

考核项目		权重	考 核 要 点	考核评价		
				自我	小组	教师/专家
知识		20%	栽植技术			
技能	操作过程	30%	栽植			
	技能成果	25%	栽植质量			
素质		25%	无缺勤，课堂纪律良好，学习认真，操作规范，积极合作，提出新方法			

【练习设计】

一、填空题

1. 挖穴时，栽植穴应根据根系或土球的直径加大_____cm，深度增加_____cm。

2. 对新植树，特别是对移植时进行过_____的树体所萌发的芽要加以保护，在树体萌芽后，要特别加强_____、_____、_____等养护工作，保证嫩芽与嫩梢的正常生长。

二、单项选择题

1. 挖掘带土球的灌木，其土球直径通常是该灌木根系丛的（　　　）倍。

A. 1   B. 1.5   C. 2   D. 3

2. 根据当地条件选择种植的树种是一种（   ）的方法。

A. 选树适地   B. 选地适树   C. 改地适树   D. 改树适地

3. 下列哪种大树移植不易成活？（   ）

A. 杨树   B. 柳树   C. 国槐   D. 冷杉

三、判断正误（认为正确的请在括号内打"√"，错误的打"×"）

1. 根据树根挖掘范围，土球大小、形状而定树穴大小、形状、深浅，每边留 80cm 的操作沟。   （   ）

2. 带土球移植时，将树吊入穴中；入坑后进行调正，保证大树原朝阳的方向不变，应将树冠最丰满面朝向主观赏方向，并考虑树木在原生长地的朝向。   （   ）

3. 大树移植后，设立支撑及围护，大树的支撑宜用四角支撑，支撑点以树干高 2/3 处左右为好，并加垫保护层，以防伤树皮。   （   ）

4. 用草绳或麻布片包裹树干进行大树移植的树体保护，需经过 3、4 年的生长周期，树木生长稳定后，方可解除。   （   ）

任务二总结

任务二详细阐述了大树栽植技术，包括栽植前的准备工作、定点放线、起苗和栽植四部分。通过学习，学生能掌握进行大树栽植的技能和知识。

任务二 思政拓展

中国是历史悠久的文明古国，在园林领域有辉煌的成就，被称为"世界园林之母"，在植物栽培技术方面也一直走在世界的前列。唐·郭橐驼《种树书》："凡移树不要伤根须，阔掘埃，不可去土，恐伤根。"元·鲁明善《农桑衣食撮要》上："古人云，移树无时，莫教树知；多留宿土，记取南枝。宜宽深开掘，用少粪，水和之成泥浆，根有宿土者，栽于淤泥中。"移栽树苗不一定在什么时候，移时要轻移轻栽；多留根部陈土，牢记选取向阳的树枝。要想一棵大树成活，快速生根是关键，只有根系快速发育，使植物根系能快速恢复吸收功能，能自动吸收营养和水分，以及进行有效的光合作用，达到植物营养供需平衡，才能确保植物移栽后的真正成活。

文明城市、园林城市的创建和城市环境的改善和提升加快了城市园林绿化建设的步伐，越来越多的大树向城市聚集、移植。树木作为生命体，迁移过程中每个环节所采取措施如果不严谨，都会影响其成活率和景观价值。整个大树移植过程不光是技术活，还承载着绿色生命的延续，为城市发展刻下印记，更是岁月的积累和沉淀。十年树木，百年树人，树木的迁移服务了城市的发展，时光交替中，让我们共同努力携手呵护绿色家园。

任务三　地被草坪栽植技术

【任务分析】

通过学习，能够完成绿化施工中地被、草坪类植物的栽植任务，包括：
(1) 设计合理的栽植密度，计算数量，预算成本。
(2) 确定正确的栽植方法，规范地被植物的栽植流程。
(3) 学会草坪建植技术。

地被草坪
栽植技术

【任务目标】

(1) 识别常见地被草坪植物，了解不同种类的形态特征、生态习性。
(2) 熟悉常见地被草坪植物的养护技巧。
(3) 学会常见地被草坪植物的栽植技术。
(4) 具有爱岗敬业、吃苦耐劳的职业精神和安全意识、环保意识、质量意识。
(5) 具有创新品质、创新思维和创新能力。

技能一　地被植物栽植技术

【技能描述】

能规范地完成地被植物的种植和初期养护。

【技能情境】

(1) 场地：实训地点。
(2) 工具：种植铲、手剪、铁耙、喷水管带、便携式水泵。
(3) 材料：尼龙绳、盆栽植物、有机肥。

【技能实施】

1. 施工前期准备

施工前按设计要求做好材料、场地、人工等准备。施工应符合设计要求，如无法满足设计要求，应提前7d做出调整方案。

2. 场地清理

地被植物栽植前土壤必须进行深翻细作，翻地深度不小于30cm，清除石块、残根、杂草，施入基肥。栽植前土壤应进行杀虫和灭菌处理，严禁含有有害物质和大于1cm以上的石子等杂物遗留。种植地形整理要符合土面中间隆起呈甲鱼背状，坡度在0.5%～1%，表土平整，平整度应符合设计要求。土壤颗粒均匀，无积水。

3. 土壤改良

按照栽植土厚不小于30cm的标准操作。栽植土质量须采用疏松、肥沃、富含有机质的土壤，对不符合栽植要求的土壤，必须根据植物的习性改良土壤结构，调整酸碱度，一般采用在翻地时施入有机肥的方法进行改良。基肥每平方米饼肥 10kg 加过磷酸钙 3% ~ 5%，翻耕 25 ~ 30cm，按照 50g/m² 施复合肥作为基肥，复合肥中氮磷钾比例按照所种植物及季节决定。将有机肥、复合肥及种植土按比例搅拌均匀。土壤宜提前测试，土壤主要理化状态宜符合：土壤 pH 值 6 ~ 7.5，酸性花卉土壤 pH 值 5 ~ 7，有机质含量≥2%，通气孔隙度≥6%，有效土层≥30cm。

4. 栽植

（1）栽植顺序：较大的区域需要分区、分块栽植。可根据实际情况采用先中间后四周，或先里边后外边，或先高处后低处栽植。每个栽植区应按设计要求放样、定好株行距，以达到观赏期内不露底土为宜。初种时，林下、花坛、花境地被植物的覆盖率不宜低于 80%。

（2）栽植：栽植深度保持原苗栽植深度，严禁栽植过深。在相应的轮廓线内栽植，尺度较大时应拉设标高线，以控制栽植的高度及整体效果。栽植穴稍大，使根系舒畅伸展。盆栽苗要除去花盆及垫片。在栽植大株的地被花卉时，应进行根部修剪，去除伤根、烂根、枯根。栽后填土应充分压实，使穴面与地面相平略凹。

（3）栽植后浇水：栽植后应浇足水分，注意水流大小，防止新种苗倒伏；第二天再浇一次透水。视天气情况，栽后一周内加强水分管理，夏季应每天清晨或傍晚浇水，随时检查，及时补水。浇水宜避开高温暴晒时段。

5. 养护管理

（1）修剪。及时修剪已凋谢的残花及枯叶，特别是针对残花宿存的一些品种；修剪徒长的花枝叶，使其不得超过整体高度的 5cm。

（2）补植、更换。已经或濒临死亡及长势不良已失去观赏价值，且无法恢复生长的植株，应立即连根挖除。对遗留的缺株、空秃区域，应及时补植同种类的地被植物，并力求规格与原来植株接近，以保证优良的景观效果。补植区域保持原有的种植深度（通常为 8 ~ 10cm）和种植区域的轮廓线。补植苗木时，要压紧栽植植株的根部，通常压缩到 80% ~ 90%。

（3）病虫草害防治。病虫害的防治原则为"病害预防为主，虫害以生物调控加药剂防治为主，尽量减少化学杀虫剂的喷施"，务必做好预报预测及有效预防工作。栽植前应进行播撒颗粒缓释肥和杀菌消毒剂等工序。对各种病症病状勤观察、早发现，针对各季节主要病害进行针对性防治，严格按照药剂的产品、用量和打药时间要求配置药剂。为提高药效，可适当加入展着剂，如好湿 3000 倍或金诺 2000 倍，应用之前需做小范围试验，确认没有不良反应后方可使用。

及时做好除草工作，除草应在杂草发生之初尽早进行。对多年生杂草，要在杂草开花结实前将其连根拔净。除草要从 4 月开始，直到 10 月底多次进行。

（4）设施的维护。设施、容器应保持牢固、清洁；影响行人、游客安全或缺损的设施应及时调整修复。地被与草坪之间的切边（或插片）线条应流畅，草坪边沟切边角度应为 45° 左右，深宽分别为 15cm。围桩拉线保护，生长期地被植物禁止游客踩踏。

（5）日常养护工作记录。对日常养护中重点工作进行如实记录，为下一次同类工作的改进提供依据，包括：①地形处理和土壤改良工作记录表；②植物栽植工作记录表；③日常养护（除草、摘除残花和枯枝烂叶、清除病株、补植）工作记录表；④病虫害防治（防治方法、常见病虫害防治、常用药剂及使用方法）工作记录表。

【技术提示】

（1）施工前工具准备充分，在设计交底的基础上，根据实际情况提出调整或优化意见，达成一致后编制施工进程计划表。

（2）梅雨、暴雨季节施工应保持排水通畅，如有积水应立即采用开沟等方式进行排水。

（3）施肥量多少因植物的种类和品种而异，生长期土壤追肥和根外追肥可根据需要间隔混施，但肥料浓度不宜过高，做到薄肥勤施。

【知识链接】地被植物在立体绿化中的应用

地被植物随着城市化发展，除了用在传统的绿地平面作为景观布置外，还被不断拓展用在了城市立体绿化中，尤其在屋顶绿化中应用比较广泛。

在国外，立体绿化已成为全世界绿色运动的一部分，呈现出了全球化、多样化、规模化、迅速化及法制化等趋势。目前，我国各地大小城市的园林绿化单位都对本地城市立体绿化的可能性进行探讨，有些城市进行了不少实践，立体绿化得到了较大发展。2010年，上海世博会上多样化的立体绿化，充分体现了立体绿化的理念，开始引领我国绿化方式的发展潮流，立体绿化便在各地日渐风行。

屋顶绿化是促进海绵城市建设低影响开发的实施途径之一，屋顶绿化工艺技术主要分为花园式屋顶绿化和简式屋顶绿化。花园式屋顶绿化是相对传统的工艺形式，目前国家已制定了《种植屋面工程技术规程》（JGJ 155—2013）等相关标准可以参考执行，这种技术工序相对烦琐，需多工种（建筑、防水、园林）配合，建设成本高，养护管理不便，对建筑物承载要求严格，这制约了屋顶绿化的普及，推广困难。而简式屋顶绿化适应范围广，解决了花园式屋顶绿化存在的问题，对于补偿城市绿地面积是一种非常有效的形式。目前，简式屋顶绿化包括容器组合式和铺贴式，具有相对成本低廉、施工快速和重量轻等优点。但是，我国屋顶绿化在海绵城市建设发展中仍面临许多待解决的问题，未得到广泛的推广应用。

在城市屋顶绿化植物研究方面，已筛选出一批适合屋顶绿化运用的植物，主要以地被植物为主，可满足植物设计与配置应用时需要达到的层次、色彩效果。相关研究学者在植物研究方向也取得了一定的成果，研究了不同绿化植物的光合特性，研究了不同立体绿化植物的耐旱性，以期更为合理地配置植物等。但是，在植物应用方面，仍然存在植物稳定性不强、季相变化不明显、植物的生态效益未能和具体施工项目相匹配等问题，因此需要进行深入的研究。

筛选出屋顶绿化中耐旱植物后，关键技术是新型、优质介质可以促进植物的可持续利用。适用于地被植物应用的屋顶绿化最新技术是基质容器式屋顶绿化，以日本三得利公司为代表研发的新型泡沫基质，虽然克服了传统轻型基质的缺点，但是仍存在成本高等问题。以新型植物纤维基质为重点开发的容器式工艺，如湖南尚佳绿色环境有限公司的垒土技术，具有成本低、重量轻、适宜植物根系生长、寿命长等优点，具有很强的应用前景。以秸秆、棉花秆等农林废弃物为主要原料，在不改变土壤原有特性的情况下，根据植物生长良好所需的营养基构造制作生产出的一种固化可塑成型活性纤维培养土，在屋顶绿化、绿色家装、装配式绿化等方面已广泛应用。

地被植物在城市立体绿化建设中广泛应用的同时，因使用小环境区别于绿地，目前很多园艺市场已经针对这种生境情况不断开发智能化管控养护技术以及配套设施，实现省人工、降成本、增效益，是地被植物发展应用的重要趋势。

【学习评价】

采用多元化的评价体系，将学生专业知识、技能操作、技能成果和个人的职业素养有效地结合在一起考评（表3-3-1）。

表3-3-1　学生考核评价表

考核项目		权重	考 核 要 点	考核评价		
				自我	小组	教师/专家
专业知识		20%	栽植程序			
技能	操作过程	30%	操作规范、方法正确、规定时间内完成工作量			
	技能成果	25%	成活率90%以上，无倒伏，无杂草			
素质		25%	无缺勤，课堂纪律良好，学习认真，操作规范，积极合作，提出新方法			

【练习设计】

实训

在重要景观节点、视觉焦点和对景处分组设计、栽植一处面积为 $20m^2$ 的造型花坛，筛选5种适应本地土壤的草本花卉，制订出合理的栽植方案。

技能二　草坪建植技术

【技能描述】

能够独立完成草坪的建植工作。

【技能情境】

（1）场地：植物园苗圃、草皮生产基地、绿化工地等。
（2）工具：播种机、植草机、滚筒、钉耙、剪草机、喷水管带、便携式水泵。
（3）材料：草种、草茎、草炭、有机肥、过磷酸钙等。

【技能实施】

一、建坪

1. 施工前期准备

在施工面展开前，需要对机械、材料、技术等进行提前准备，这一工作直接影响各施工要素的顺利开展。施工人员均需经技术培训合格，并持证上岗。施工使用的机具必须受检合格，采用的管材、管件、阀件等材料必须由具有相应资质的生产厂商提供。施工场地及施工材料临时储放地，应能满足施工需要。

2. 测量

测量定位工程是贯穿整个施工过程的一项极其重要的工作，是保证施工中各个单项工程顺利实施的基础，是设计师理念得以具体实施的重要保障。因为需要和设计师密切配合，所以需要具有丰富测量施工经验的专业人员，严格按照测量流程负责实施。测量工程中拟采用全站仪、水准仪等仪器，完成场内控制网测量、局部施工放样测量和高程控制测量。

3. 现场清理

按照场地清场图，将指定范围内的树木、树桩、杂草、被污染的土壤、地上及地下建筑物和构筑物等有碍施工的物体清除出场，为场地的下一步施工做好准备。将树根、树桩、树枝、树叶清理干净，清理深度以清理干净为准。树木树枝掩埋时，不得埋在工程范围内，掩埋深度不低于1m。保留和有意识收集有景观作用的大石块。在表层土壤较干燥时，使用推土机、铲运机将地面表层20～30cm深的表土运输到指定存放点，草坪坪床处理前再运回铺设。

4. 土壤改良

根据本底原土类型进行针对性改良，包括改良土壤质地、调节土壤酸碱度两项内容。

（1）沙坪坪床：一般用于高尔夫球场、运动场草坪，或高档草坪。种植层的配比不尽相同，根据草坪档次、草坪用途、经费等因素适当调整配比。

如一般足球场配比为：种植层厚度25cm，黄沙＋沸石＋草炭＋过磷酸钙。黄沙粒径，中沙约55%、中粗沙约30%；沸石与黄沙重量比2.7%；草炭与黄沙体积比3.5%～5%；过磷酸钙为2.7kg/m²。黄沙要与沸石和草炭充分搅和，过磷酸钙施于种植层表层，与黄沙充分搅和约5cm。

（2）泥坪坪床：泥土掺沙、有机质是改良草坪土壤的常规方法，如针对辰山绿色剧场的改良配方：4份土＋4份沙＋2份有机基质＋0.5～0.8份草炭＋0.5～0.8份有机肥＋土壤结构改良剂。

5. 土壤耕作

基于草坪草的根系一般分布在15～30cm的表层土壤里，选择在建坪前对土壤进行耕、旋、耙、平等一系列操作过程（图3-3-1）。耕作可使建植草坪的坪床土质疏松、透气、肥沃、平整、排水良好以及有较好的保肥、抗旱能力，为草坪生长发育创造良好的土壤条件。

耕作期：秋、冬季节。

耕作程序：犁地、旋耕、平整。

图3-3-1　草坪种植区耕作

二、植草

1. 播种法

播种法建植草坪的材料就是种子，这种方法成本低，混播可选择的方案多，同时建坪初期没有枯草层的形成，多用于冷季型草坪，暖季型草坪中假俭草、结缕草、普通狗牙根、地毯草也可用种子播种，但成坪期较长。播种前对坪床要适度浇灌，保证土壤层的最佳湿润度。播草籽应在早晚无风时进行，播种完毕后应均匀洒水，少量多次，使沙层表面保持适宜的湿润度。注意以下几个因素：

（1）播种时间。暖季型草坪草宜春末夏初播种；冷季型草坪草宜夏末初秋播种。

（2）播种量。草坪种子的播种量取决于种子质量、混合组成和土壤状况以及工程的要求。特殊情况下，为了加快成坪速度可加大播种量。注意：播种量大不一定等于能达到所需求的密度，两者之间还受单位面积承载量、草坪修剪程度等影响。一般播种前应做发芽试验和催芽处理，确定合理的播种量。

（3）播种方法。将种子均匀地撒在建坪地上，松耙，使种子掺和到 $0.5 \sim 1.5 cm$ 的土层中；或先播撒种子，再覆土 $0.5 \sim 1 cm$ 厚。注意：不同种子播种深度不一（图 3-3-2），一般播种深度以不超过所播种子长粒径的 3 倍为准。

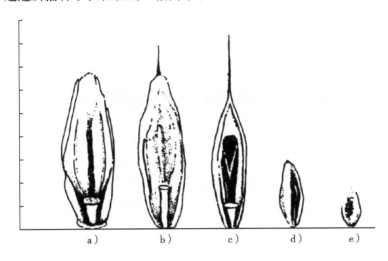

图 3-3-2　不同草种的长粒径

a）多年生黑麦草　b）高羊茅　c）紫羊茅　d）草地早熟禾　e）匍匐剪股颖

2. 草茎种植法

草茎种植法即利用草坪的茎作为"种子"撒布于坪床上，经成活、成坪管理形成草坪的一种建坪方法，适用于具有发达匍匐茎的草种，如狗牙根、海滨雀稗、结缕草、假俭草、匍匐剪股颖等。这种方法建坪迅速，对水分的需求量较小，保护土壤不受侵蚀，竞争性杂草存在的可能性小，多用于暖季型草坪。

草茎种植法的特点：因在草圃中只取草茎作为建坪材料，这样避免了铲取草皮的泥沙搬家，大量节省运输成本，特别适于长途运输；因避免了泥沙搬家，也就避免了地下害虫、土染病菌、杂草幼苗及其土壤中杂草种子的传播；节省建坪材料，节省成本；成坪草坪平整。

在草茎建植草坪实际生产中常采用播撒草茎法和草茎埋植法。

（1）播撒草茎法：这种方法特别适用于大面积建植草坪，如大型草圃、高尔夫球场常用此方法。在坪床上像满铺草皮一样，全面撒草茎，然后用较轻的滚筒碾压一遍，使草茎平伏贴地。有条件的使用同轴多片（10～20片，间距10cm左右）叶轮式圆盘植草机（图3-3-3）对坪床进行碾压，以利于草茎和土壤有很好的接触，并将草茎切入土壤内1cm左右，碾压碾转动速度应保持均匀，不得在坪床表面转弯和反复碾压；也有全面撒草茎后，用覆沙机覆盖5～8mm黄沙，继而浇水转入养护阶段。全面撒草茎的多少可根据要求的成坪速度而定。

（2）草茎埋植法（适于沙坪坪床）：这种方法适用于较小面积建植草坪，草茎利用率高，节省草茎。用特制的4～5个齿的钉

图3-3-3　叶轮式圆盘植草机

耙（齿长10cm，齿粗8～10cm，间距10cm左右，齿的间距决定着草茎埋植的疏密）开种植槽，然后在种植槽内斜向摆放草茎，草茎摆放后即覆土。摆放时草茎需露出地面3～5cm，但不要超过5cm，因草茎露出地面太长易干枯，随即用滚筒压实，并浇水，进入养护期。

3. 草皮密铺法

将草皮或草毯以1～2cm间隔铺植在整好的场地上，并经镇压、浇水等管理方式使之成坪的方法。

（1）铲取草皮：传统草皮供应商都用人工在草圃里铲取草皮，厚约1cm，长30cm、宽30cm，按10片/m²，实则仅9折。现在一般用小型铲草机在草圃里铲取草皮。小型铲草机的铲草刀幅宽一般是35cm，按每两卷1m²计算，则每卷草皮长度是142cm。铲草前先在草圃里用卷尺每量142cm宽，用划草皮刀切断，则铲草机横向经过铲下的每条草皮面积即为142cm长、35cm宽。

（2）坪床施入过磷酸钙：过磷酸钙的作用是有利于草皮的新根生长，一般为2.5kg/100m²。

（3）草皮铺植：一般采用满铺的方法，也有为了节省草皮而采用1:3或1:5甚至更稀拆铺的方法，但必须有足够的成坪生长时间，特别不宜秋季拆铺。草皮铺植时先在边沿铺植两行或三行，然后铺植人员站在草皮上铺植，向前推进。下行两卷草皮接头处必须与上行两卷草皮接头处错开，犹如砖头砌墙般错缝。两行草皮接缝处或两卷草皮接头处需紧密，不留缝隙。铺植时坪床拉毛人员必须与铺植人员配合，同时进行。草皮拆铺方法需注意将撕开的草皮块用力按入沙或土表层中，使草皮块边沿与沙或土紧密接触。

（4）浇水：草皮铺植后即全面浇水使草皮、坪床湿润，不宜多浇。

（5）滚压：待草皮叶面和草丛水干后不沾土时，用足够重量的滚筒（一般100kg以上）滚压，使草皮与沙或土紧密接触，并使草坪表面平整。

（6）在草苗密度达到30%时开始滚压，并每隔15d滚压一次。应人工拔除杂草，开始

防治病虫害。在草坪密度达到80%以上并长至5~6cm时，开始修剪，每3d修剪一次，剪草高度3~4cm。在草坪密度达到95%以上时逐渐将剪草高度降到3cm，达到场地标准。

三、新建草坪的养护管理

1. 覆盖、浇灌

未成坪的幼坪养护，水分管理是关键。为了保持湿度，常用覆盖的办法。覆盖材料常用25~30g/m²无纺布，不宜用塑料薄膜覆盖（水汽易凝结，造成表层太湿，易生病）。覆盖还可提高坪床温度，有利于种子发芽和匍匐茎的生根。待有较多幼苗叶尖钻出无纺布时，即应揭去无纺布。

幼苗期浇水原则是少量多次，尤其是由种子播种建植的草坪，应保持坪床表面土壤湿润。春末夏初或秋初视天气情况，晴天一般每天需浇水3~4遍，满铺建植草坪因草皮本身有一定的涵蓄能力，可以少浇一遍。傍晚浇水不能太晚，浇水后应让坪床表面适度干燥后进入夜间，避免夜间因露水而太湿，减少病害的发生。

由种子播种建植草坪，当种子全部出齐、幼苗长出真叶后，满铺建植草坪长出大量新根后，应适度减少浇水次数，浇水原则由少量多次改为少次多量，促进幼苗根系向深层健康生长，并降低坪床表面湿度，减少病害的发生。

2. 修剪

修剪是指去掉草坪草一部分生长的茎叶，这是草坪养护管理中的核心内容。

草坪草因生长点低、生长低矮、修剪后可再生，因此可以反复修剪，达到完美的效果。通过定期修剪可以控制草坪草的生长高度，防止草坪草茎叶徒长，促进其分蘖从而增加草坪的密度，保持草坪的平整美观。

修剪可以抑制因枝叶过密引起的病害，剪去叶部病灶及螟蛾科等叶部卵块（一个卵块可孵化出几十至上百条幼虫）。修剪同时也剪去杂草地上部分，防止杂草侵入草坪。修剪可使草坪草始终保持旺盛的生长活力，防止其因开花结实而老化。可以说，草坪如果不进行修剪，就不能称为草坪。相反，一片无人管理的狗牙根等野生草地，经适当修剪后，也具有草坪的观赏性。所以，草坪修剪是养护管理的最主要措施。高档草坪要2~3d修剪一次，高尔夫的果岭需每天修剪。

因此，草坪管理者必须通过科学合理的修剪，使其对草坪造成的伤害降至最低。由种子播种建植草坪，以多年生黑麦草为例，播种25d后已长出3~4片真叶，草高6cm左右，此时可以进行第一次剪草。

第一次剪草，留茬高度不适用1/3剪草原则，仅把叶梢剪平即可，不能剪去太多，留茬高度必须在4~5cm以上。剪草不能太早，一般在修剪留茬高度的2倍时修剪；如果树荫下幼苗生长较快，可提早至20d剪草。由种子播种建植草坪幼苗十分柔嫩，第一次剪草时刀片必须锋利，草坪较干，更不能露水作业，一般在下午进行。由草皮或草茎建植的幼坪第一次剪草即可适用1/3剪草原则。

第二次和第三次剪草间隔时间应依剪草留茬高度1/3原则确定，多年生黑麦草正常留茬高度3.5~4.5cm。如多年生黑麦草剪草留茬高度为3.5cm，按此留茬高度和多年生黑麦草生长速度，第二次和第三次剪草间隔时间为6d左右。

留茬高度因草种而异。无论哪种建植的草坪，剪后都应该及时施肥、浇水一次。

3. 施肥

新建草坪如果种植前已经有充足的底肥，可以不施肥。如果肥力不足导致幼苗淡绿、叶梢发黄则说明缺肥，需要少量多次施氮肥尿素 $5 \sim 10 g/m^2$，或施复合肥 $20 g/m^2$，注意在叶面干燥时施肥，否则新叶易被灼伤。

由草皮或草茎建植的幼坪，第一次施肥即应用复合肥，且在草皮或草茎建植前在坪床上施 $25 g/m^2$ 复合肥作底肥。

4. 有害生物防治

（1）杂草处理：新建草坪的第一年杂草数量少、种类少。由于除草剂有严格的品种适应性，要根据现场杂草的类型进行使用。

以球场草坪建植为例，由于周边树林等区域可能将杂草种子带进球场内，一般新建球场在草坪第一次越冬以后需要在春季草坪萌芽之前喷施萌前除草剂，除草剂的种类及使用量需要按照周边区域的杂草种类来严格控制。为此除草剂的使用方式需要根据现场决定。杂草拔除、清理要注意轻重缓急，以果岭、发球台及周围为主。杂草较多的地方，拔除后要进行铺沙。大面积成块杂草以更换草皮形式进行，换草皮后要压平浇透水，以后保持水分供应，新换上草皮应插桩标明为"修整地"，等草长好可以打球之后再取掉桩。拔除杂草应统一放到指定垃圾点。杂草拔除工作应每周定期进行一次。

（2）虫害处理：杀虫剂的使用与除草剂一样，需要严格按照草坪的实际情况及天气条件来进行。虫害防治主要以调查为基础，在虫害刚发生时抓紧时间防治，防止扩散蔓延。

喷洒杀虫剂由草坪直接管理者安排草坪工进行，喷洒药时顺风进行，喷洒药时需戴口罩和手套，防止农药顺风飘移接触到身体和通过呼吸进入体内。喷洒药时由草坪主管指导进行，统防统治，并按一定速度喷洒，长草区打药时速度要放慢。

地面害虫以喷洒药液为主，喷洒药时均匀透彻，触杀性药剂一定要直接接触虫体，药液配比由草坪领班按各种农药说明书进行。地下害虫防治以撒施颗粒剂为主，这种方法简便易行，效果也较好，具体用量参照说明书处理。

5. 草坪覆沙

覆沙可促进匍匐枝节间的生长和地上枝条发育；可填平洼地，形成平整的草坪地面。在草坪基本成坪后，应每两月至少覆沙一次（覆沙前先修剪并碾压），增加草坪表面的光滑度和平整度。表施土壤是将沙、碎土和有机质适当混合，均一施入草坪坪床，填平坪床表面的小洼坑（图3-3-4）。

图 3-3-4　草坪覆沙

表施土壤的材料理化性质要接近已建成的坪床土的性质，主要配比成分是园土、沙、有机质等，一般配比为园土∶沙∶有机质＝1∶1∶1。注意：施土前必须先剪草和施肥，土壤材料应干燥并过筛，施土厚度不宜超过0.5cm，施后必须用金属刷拖平。

表施时间：一般在草坪草萌芽期或生长期进行最好。冷季型草坪草在春季和秋季，3～6月和9～11月。暖季型草坪草在春末夏初和秋季，通常在4～7月和9月。表施土壤的数量为0.5～1.0cm厚，一般的草坪为1年1次；高尔夫球场、运动场草坪为1年2～3次。

6. 滚压

对草坪滚压是抵抗外来压力、保持场地平整的重要保障措施之一，即用压辊在草坪上边滚边压的作业。

滚压时间：冷季型草坪应选择在春、秋季节进行；暖季型草坪在夏季进行。

滚压方法：滚压分人力手推和机械两种，草坪滚压机的镇压器多数是充水的，可通过调节水量来改变压力大小，滚压强度必须依据具体情况合理控制，避免强度过大造成土壤板结，或强度不够达不到预期效果。一般手推轮重为60～200kg，机动滚轮重为80～500kg。滚压的重量依滚压的次数和目的而异，如为了修整床面则宜少次重压（200kg），播种后使种子与土壤接触宜轻压（50～60kg）。

【技术提示】

（1）铺草皮坪床要拉毛，目的是让草皮与土壤紧密接触，土壤水分能传导到草皮，利于生根。此工序与草皮铺植配合进行，即铺植多少面积，拉毛多少面积，避免拉毛后再被行走踩实。

（2）修剪是把双刃剑，修剪对草坪草而言是一种胁迫，不合理的修剪会对草坪草造成伤害，使草坪草根系呈现浅层化而降低其抗逆性，甚至死亡。尤其是冷季型草坪草，夏季若高强度低修剪则很易死亡，使草坪造成空秃。修剪伤害叶片与茎，若在草坪潮湿或带露水时作业则有利于病害的发生与传播。

（3）草坪覆沙在理论上是表施土壤的材料要干燥、过筛，实际中用中粗黄沙代替；一定不能带杂草种子、病虫害等；严格控制表施土壤的深度，千万不要施得太厚；配合施肥、杀地下虫等作业一并进行。

（4）滚压注意：滚压也会给草坪带来副作用，当土壤紧实度过大，草坪种子不能发芽、生根；所以经常滚压的草坪应定期进行疏耙，地面修整也可采用表施土壤来代替滚压；在土壤黏重、太干或太湿时不宜滚压；滚压通常都结合修剪、表施土壤、灌溉等作业进行。

【知识链接】

1. 草坪的概念

草坪是草本植物经人工建植或天然草地经人工改造后形成的具有美化和观赏效果，并能提供人们休闲、游乐和体育运动的以低矮的多年生草本植物为主体，相对均匀地覆盖地面的坪状草地，包括草坪植物群落及支撑群落的表土所形成的统一整体。这个概念包含以下三个方面的内容：

（1）草坪性质：人工植被。

（2）基本景观特征：低矮、均匀的地被。

（3）明确的使用目的：保护环境，美化环境，为人类娱乐和体育提供优美舒适的场地。

2. 草坪草分类

草坪草的气候生态区划是以气候生态条件为基础，结合草坪草对环境条件的生态适应性进行划分的。影响草坪草分布和生长的环境因子有很多，但从气候因子来看，主要是温度，其次是水分。在地球表面由于纬度、海拔高度、海陆分布、大气环流等影响，导致了温度、水分等气候要素的组合在陆地上有多样性，这样就形成了不同的气候带，除冻原之外，全世界各气候带内都分布有与其相适应的草坪草种。

（1）基于以上气候生态区划理论，根据草坪植物对气候和温度的适应性分为暖季型和冷季型草坪草。主要判断标准是草坪植物的绿期表现，大致分为夏绿型、冬绿型和常绿型三种。夏绿型指春天发芽返青、夏季生长旺盛、秋季枯黄、冬季休眠的一类草坪草，常被归为暖季型草坪草，如长三角区域的狗牙根、马尼拉。冷季型包括冬绿型和常绿型两种，冬绿型指秋季返青，进入生长高峰，冬季保持绿色，春季再有一个生长高峰，夏季枯黄休眠的一类草坪草，如黑麦草。常绿型指一年四季都能保持绿色的草坪草，如长江以北种植的剪股颖、高羊茅、白三叶。同一种草坪草在不同的地方可能属于不同的类型，如高羊茅在北京种植属于常绿型，在上海则属于冬绿型。

（2）按照草坪功能的不同，草坪可分为景观型草坪、运动型草坪、生态型草坪等。

景观型草坪以观赏为主，草坪建植在人口比较密集的地区，特别强调环境优美的观赏性为其主要特征。例如广场、商业街区、各类公园、名胜古迹、办公场所的草坪等。

运动型草坪与景观型草坪完全不同，其功能就是为一定的运动项目提供场地。例如足球场、草地网球场、棒球场等，高尔夫球场更是以草坪面积大、草坪种类多、养护水平高而著称。

生态型草坪也叫实用型草坪，最基本功能为固定地表土壤、防止水土流失和土壤侵蚀、防尘防沙。例如公路的护坡和中间隔离带、机场跑道周围的飞行区、防护林带绿地、水源涵养绿地等。

（3）根据叶片宽度将草坪草分为宽叶型草坪草和细叶型草坪草。宽叶型草坪草叶宽茎粗，生长强壮，适应性强，草坪质量相对较差，适于粗放管理的草坪，如高羊茅、日本结缕草、野牛草、地毯草、钝叶草等。细叶型草坪草茎叶纤细，可形成致密的草坪，但生长势较弱，要求较好的环境条件与管理水平，如草地早熟禾、细叶结缕草、剪股颖、狗牙根等。草坪草叶片的宽度也跟其他因素相关，如播种密度、修剪频率和高度等。

（4）根据草坪植物的高度分为高型草坪草和低型草坪草。高型草坪草植株自然高度一般为30~100cm，如黑麦草、高羊茅、早熟禾等。低型草坪草植株高度一般在20cm左右，可形成低矮致密的草坪，具匍匐茎或根状茎，如狗牙根、剪股颖等。

（5）根据草坪植物的生长特性，又可以分为丛生型和匍匐型草坪草。大部分冷季型草坪草为丛生型，如高羊茅、细羊茅、多年生黑麦草、草地早熟禾，只有匍匐剪股颖是匍匐型生长，大部分暖季型草坪草是匍匐生长，如狗牙根、日本结缕草、马尼拉草、天鹅绒草、假俭草等，弯叶画眉草和百喜草是丛生生长。丛生型草坪草比匍匐型草坪草需要略多的修剪。另外，草地早熟禾有根茎，有些人单独列出来，称为根茎型。

（6）根据草坪的配置方式，分为单一草坪、混播草坪、缀花草坪等。

3. 草坪栽培养护管理中最为重要的剪草策略

草坪通过定期剪草而确定草坪与草原、草地的差异性。从1830年发明剪草机到现在，剪草成为主要的草坪养护措施。草坪机械设备生产商研发出一系列设备来提高剪草质量与效率，以及通过有效的技术处理修剪草屑。可持续性草坪修剪综合全面考虑4个剪草因素：剪草高度、剪草频率、草屑管理和剪草机械的配置。

（1）剪草高度。在追求可持续性方面，剪草高度是一个需要考虑的主要因素。一般绿地养护中，剪草高度一概而论，被统一修剪到一定高度。可持续剪草应该根据草坪种类、草坪用途、环境条件、生长阶段等来确定剪草高度。

（2）剪草频率。由于对精细化养护中剪草机械化程度的认识不足，在草坪剪草中，确保修剪高度不会超过草坪总高度1/3的推荐做法几乎是不可能实现的。因此在日常养护中，一般按照调度安排剪草，而不是根据草坪生长来进行剪草。

为了在减少剪草频率的同时仍然保持草坪整洁性，可持续做法是：根据草坪类型，尽量选择生长缓慢的草种；通过减少浇灌量而降低生长速率；通过减少氮肥使用而降低生长速率；使用化学生长调节剂来抑制生长，这种方式在高尔夫球场草坪上具有优势，但在一般商业地产景观养护中不具可操作性。

（3）草屑管理。草屑管理在景观养护中始终是一个问题，草种类型、浇灌和施肥方式都会影响草屑的数量。管理目标是通过控制这些因素来减少草屑的产生，也可以降低剪草频率和减少燃料的消耗。对暖季型草坪草来说，目标是在自然活力旺盛的夏季将其生长效率降至最低；对冷季型草坪草来说，目标是在植物自然活力旺盛的春季和秋季避免由于浇灌和施肥作业而造成过度生长（图3-3-5）。

冷季型草坪草

1月 2月 3月 4月 5月 6月 7月 8月 9月 10月 11月 12月

暖季型草坪草

图3-3-5 冷、暖季型草坪草生长最适季节

大部分草坪都是使用小型旋刀式剪草机来剪草，草屑粒径大，易产生草屑团粒。所以剪草过程中清除的草屑都是被送往绿化垃圾场，这就造成了废弃物和肥料流失的问题，草屑带走的养分必须经过额外的施肥来补充。

（4）剪草机械的配置。传统的剪草机械基本都是使用旋刀式剪草机，尤其在亚热带以北区域，冷季型的高羊茅、多年生黑麦草修剪常规高度为5cm，而匍匐生长的暖季型草坪草可以快速侵占，成为杂草。如果长期使用剪草高度较高的旋刀式剪草机，草坪质量会随匍匐生长植物的蔓延并成为主导草种而降低。旋刀式剪草机还会导致草屑问题产生。改进策略：使用剪草高度较低的滚刀式剪草机，同时使用含氮量较低的复合肥。在最适宜的水肥条件和适当的剪草高度下，减少匍匐性生长的杂草和草屑，提高草坪养护质量和效率。

4. 草坪建植质量评估

在草坪建造完成后、交付使用前，一般要对草坪工程的质量进行评价，一般情况由草坪建设单位或业主方组织专家对草坪建植质量做出评价，但常因缺乏完善的、适应地域条件的草坪质量标准，或缺乏简便易行的草坪工程质量评价方法和程序，主观性较强，经常在草坪验收过程中造成甲、乙双方的深刻矛盾，不利于草坪可持续发展。在这方面，苏德荣等人提出的草坪工程质量评价模型，用于草坪工程质量评价，可作为参考（图3-3-6）。

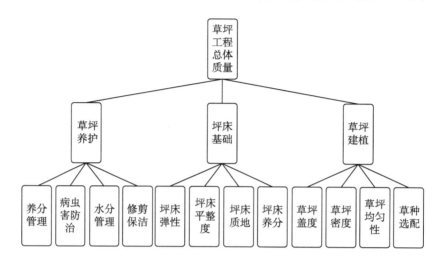

图 3-3-6　草坪建造工程质量评价模型

【学习评价】

采用多元化的评价体系，将学生专业知识、技能操作、技能成果和个人的职业素养有效地结合在一起考评（表3-3-2）。

表 3-3-2　学生考核评价表

考核项目		权重	考 核 要 点	考核评价		
				自我	小组	教师/专家
专业知识		20%	草坪草识别、分类清晰，草坪建植程序熟悉			
技能	操作过程	30%	操作规范，方法正确，规定时间内完成工作量			
	技能成果	25%	成活率90%以上，草坪草生长均一性好，无杂草			
素质		25%	无缺勤，课堂纪律良好，学习认真，操作规范，积极合作，提出新方法			

【练习设计】

一、名词解释

草坪　匍匐茎撒播法

二、填空题

1. 草茎种植法适用于具有发达匍匐茎的草种，如 _____、_____、_____

_____剪股颖属等都可以用此方法建植草坪。

2. 草坪修剪的 1/3 原则是确定草坪_____和_____的唯一依据。

三、判断正误（认为正确的请在括号内打"√"，错误的打"×"）

1. 由种子播种建植的草坪，幼苗出苗后半个月，需及时补充"断奶肥"，少量多次。

（　　）

2. 清除杂草是坪床准备的重要一步，尤其要清除宿根杂草。　（　　）

3. 控制杂草应该全部依靠除草剂。　（　　）

4. 坪床床面平整、曲面圆滑是草坪建植关键一步。　（　　）

5. 草皮密铺法是将草皮或草毯毫无间隔铺植在整好的场地上，并经镇压、浇水等管理方式使之成坪的方法。　（　　）

四、简答题

草坪草利用人工撒播草种步骤是什么？

五、实训

实训要求见表 3-3-3。

表 3-3-3　实训要求

序号	实训项目名称	实训教学内容	实训教学目标
1	草皮建植与生产实践	草坪的建植	能根据气候、用途等选择合适的草种 能做好坪床准备、播种、覆盖、滚压等草坪建植工作
2	新建草坪的养护管理	草坪养护主要措施 草坪养护特殊措施	能做好草坪修剪、施肥、灌溉等工作

任务三总结

任务三着重阐述常用地被、草坪的建植技术的重点知识和技能模块，通过学习，使学生了解和掌握地被、草坪建植及养护的理论知识，并训练相关的实践技能，让学生初步具备将设计图按照规范进行地被、草坪种植的能力。

任务三　思政拓展

植物成活重要因素是要与土壤紧密结合，根深才能叶茂，我们要像植物一样，不仅仅是立足大地干事情，更是要深深扎根在这片土地上，厚积薄发，破土而生。无论走到哪也要知道自己的"根"在哪，这就是乡土情结，就是强农兴农志，爱国报国心。

地被草坪相比乔灌木生长周期更加短暂。"人生一世，草木一春"可能更加适合名不见经传的小草，但"离离原上草，一岁一枯荣。野火烧不尽，春风吹又生"，小草在外界压力下不因自己的渺小而止步不前，而是不畏艰难、生生不息，在短暂中获得存在的价值、生命的意义。这正如我们每一个小人物，在日常世俗生活中都是一颗颗不起眼的"螺丝钉"，但在改革发展以及时代之大变局的今天，只有我们每个个体在学习、生活、工作中坚持不懈的努力，不虚度光阴，以强有力的智慧、姿态支撑在社会的每一个关节处，我们的民族复兴才会指日可待。

项目三总结

项目三详细阐述了园林植物的栽植技术，包括一般乔灌木栽植技术、大树栽植技术、地被草坪栽植技术三部分。通过学习，学生获得能够完成各类园林植物栽植的技能和知识，具备综合素质。

园林植物养护管理技术

项目引言

　　园林植物栽植后能否成活、能否健康生长，能否实现绿化设计的功能效果，取决于养护管理水平的高低。俗话说："三分栽，七分管"，就是强调园林植物在营造工作完成后，养护管理工作的重要性。本项目依据实际工作情景，分别从土、肥、水管理，整形修剪，自然灾害防治以及古树、名木管理等方面设计了不同技能情境，并介绍了各相关基础知识。

学习目标

（1）熟悉园林植物养护管理的基本内容。

（2）熟知园林植物常见自然灾害的防治措施。

（3）掌握园林植物的土、肥、水管理及整形修剪技术。

（4）掌握园林古树名木养护管理技术。

（5）培养吃苦耐劳、团结协作等职业素养和精益求精的工匠精神。

任务一　土壤管理技术

【任务分析】

能根据土壤、植物、气候的实际情况，进行土壤的基本管理工作，包括：

（1）栽植前的整地。

（2）土壤改良技术。

（3）中耕除草技术。

（4）地面覆盖技术。

【任务目标】

（1）了解园林植物整地的意义，掌握各类园林植物的整地技术。

（2）能根据不同土壤的状况实施适宜的改良措施。

（3）能根据土壤状况和园林植物种类准确的应用中耕除草技术。

（4）能根据土壤状况和园林植物种类选择适宜的覆盖材料，并实施覆盖。

（5）培养吃苦耐劳、团结协作等职业素养和精益求精的工匠精神。

技能一　栽植前的整地

【技能描述】

能根据一、二年生草本花卉，宿根花卉，球根花卉等园林植物的类型进行整地。

栽植前的整地

【技能情境】

（1）场地：公路绿化带、小区绿地、公园绿地、公共绿地等区域的草本植物种植区。

（2）工具：铁锹、耙子、锄头、旋耕机、拖拉机等。

（3）材料：一、二年生草本花卉，宿根花卉及球根花卉，肥料等。

【技能实施】

1. 确定整地的时间

一、二年生草本花卉、宿根花卉及球根花卉每年需要重新整地种植，整地应结合本地露地种植时间或茬口，在土壤干湿适中时进行。

2. 整地的深度

整地的深度根据植物种类、土壤质地不同而定。一、二年生花卉生长期短，根系较浅，宜浅耕，整地深度一般为20～30cm；多年生宿根草本植物整地深度应达30～40cm，甚至40～50cm，并应施入大量的有机肥；球根花卉的土壤应适当深耕30～40cm，甚至40～50cm，并通过施用有机肥，掺和其他基质材料来改良土壤。另外，根据土壤质地不同也有差异，沙质土壤宜浅耕，黏质土壤宜深耕。

3. 整地的方法

（1）清除杂物。将圃地植被和杂物清除干净，然后用铁锹或旋耕机对土壤进行翻耕，并敲碎土块，除去土中的植物残体、残根、石砾、砖头、垃圾等杂物。

（2）耕翻土壤。在地表先施一层有机肥，再用铁锹、锄、旋耕机等均匀耕翻一遍，将有机肥翻入土壤耕作层。必要时可以拌入杀菌或杀虫的药剂（如多菌灵、五氯硝基苯、呋喃丹、福尔马林等）进行消杀。

（3）耙地。用耙子耙碎土块，混合肥料，平整土地，并适当整理地形（图4-1-1）。

（4）镇压。用铁锹或木板对土壤进行镇压。

图 4-1-1　整地

4. 做畦

绿化中草本花卉种植前有的只进行场地的平整，有的采用畦栽。畦栽可采用高畦、平畦或低畦，高畦畦面高出地面 20cm，两侧做排水沟；平畦畦面与地面一致，两侧做畦埂；低畦畦面低于地面 15cm，两侧做畦埂。近年来园林绿地中采用喷灌或滴灌方式进行灌溉的越来越多，所以对畦面平整要求不再很严格。依据花卉种类和土质决定畦的宽度。畦面一般宽100～120cm，畦埂高 20～30cm。草花或密植花卉畦面不宜太宽，一般小于 160cm。

【技术提示】

（1）以小组为单位，每组划分 10m² 绿地范围。
（2）要做到地面平整，无杂物，土壤细碎，土层上松下实。
（3）施肥均匀，耕翻深度适宜。
（4）注意安全，工具要按正确方法使用及放置。

【知识链接】

（一）整地的意义

整地可以改进土壤物理性质，使水分空气流通良好，种子发芽顺利，根系易于伸展；保持土壤水分，促进土壤风化和有益微生物的活动；有利于可溶性养分含量的增加；可预防病虫害。将土壤中潜藏的病虫害等翻于表层，暴露于空气中，经日光和严寒灭杀。

（二）畦栽方式的选择

露地花卉栽培多采用畦栽方式，依地区和地势不同，有高畦、平畦和低畦三种方式（图 4-1-2），我国北方干旱少雨地区，一般以平畦和低畦为主，畦面平整，两侧有畦埂，若采用漫灌则畦面必须平整、坚实一致。近年来采用喷灌和滴灌方式灌溉的越来越多，所以对畦面平整要求不再很严格。南方多雨或地势低洼的地区，则多采用高畦，其畦面高出地面，两侧有排水沟，便于排水。依据花卉种类和土质决定畦的宽度。

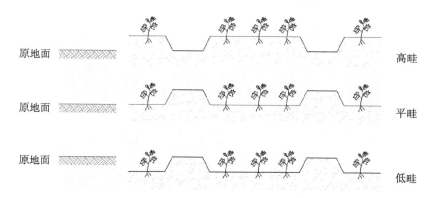

图 4-1-2　高畦、平畦与低畦示意图

（三）整地的方法

园林植物的整地工作，包括适当整理地形翻地，去除杂物、碎土，耙平和镇压土壤。其方法应根据不同情况进行。

1. 一般平缓地区的整地

对坡度在 8°以下的平缓地，可采取全面整地。通常翻耕 30cm 的深度，以利蓄水保墒。对于重点布置地区或深根性树种可翻耕 50cm 深，并施有机肥，借以改良土壤。多雨地区平地整地要有一定倾斜度，以利于排除过多的雨水。

2. 市政工程场地和建筑地区的整地

这些地区常遗留大量灰渣砂石、砖石、碎木及建筑垃圾等，在整地之前应全部清除，还应将因挖除建筑垃圾而缺土的地方，换入肥沃土壤。由于地基夯实，土壤紧实，所以在整地时应将夯实的土壤挖松，并根据设计要求处理地形。有时还应考虑换土。

3. 新堆土山的整地

挖湖堆山，是园林建设中常用的改造地形措施之一。人工新堆的土山，要在其自然沉降后，才可整地植树。因此，通常多在土山堆成后，至少经过一个雨季，才能进行整地。人工土山基本是疏松的新土，缺少养分，因此，可以按设计进行局部的自然块状整地，并适当施入有机肥。

4. 荒山整地

整地之前，要先清理地面，刨出枯树根，搬除可以移动的障碍物。在坡度较平缓、土层较厚的情况下，可以采用水平带状整地；在干旱石质荒山及黄土或红壤荒山的植树地段，可采用连续或断续的带状整地；在水土流失较严重或急需保持水土、使树木迅速成林的荒山，则应采用水平沟整地或鱼鳞坑整地，还可以采用等高撩壕整地。

【学习评价】

采用多元化的评价体系，将学生专业知识、技能操作、技能成果和个人的职业素养有效地结合在一起考评（表 4-1-1）。

表 4-1-1 学生考核评价表

考核项目		权重	考核要点	考核评价		
				自我	小组	教师/专家
知识		20%	整地意义，整地要求，栽前土壤准备			
技能	操作过程	30%	耕翻季节、整地时间合理；能针对不同种类植物选择合适的深度；畦面干净无杂物；施入肥料铺撒混合均匀；无大块土块；镇压到位；畦埂高度适中并均匀			
	技能成果	25%	土壤状态符合种植要求			
素质		25%	认真踏实，能吃苦耐劳；不旷课，不迟到早退；能与班级、小组同学很好配合；能提前预习和总结，能解决实际问题			

【练习设计】

一、填空题

1. _____花卉及_____花卉每年需要重新整地种植。

2. 一、二年生花卉生长期短，根系较浅，宜浅耕，整地深度一般_____；多年生宿根草本植物整地深度应达_____，并应施入大量的有机肥；球根花卉的土壤应适当深耕_____，并通过施用有机肥，掺和其他基质材料。

3. 一般平缓地区的整地，采用_____整地。

二、判断正误（认为正确的请在括号内打"√"，错误的打"×"）

1. 整地时首先要清除杂物，将圃地植被和杂物清除干净，然后用铁锹或旋耕机对土壤进行翻耕，并敲碎土块，除去土中的植物残体、残根、石砾、砖头、垃圾等杂物。
（   ）

2. 整地时需要施有机肥，但是没有必要拌入杀菌或杀虫的药剂进行消杀。 （   ）

三、多项选择题

1. 整地具有（   ）的作用。

A. 改进土壤物理性质   B. 保持土壤水分
C. 促进土壤风化和有益微生物的活动   D. 有利于可溶性养分含量的增加
E. 可预防病虫害

2. 整地的方法包括（   ）。

A. 清除杂物   B. 耕翻土壤   C. 耙地   D. 镇压

四、实训

自行选择一种一、二年生花卉，宿根花卉，球根花卉，设计露地整地方案。

技能二 土壤改良

【技能描述】

能根据土壤实际情况和园林植物种类选取合适的改良措施，进行土壤改良。

土壤改良

【技能情境】

（1）场地：园林绿地。

（2）工具及材料：铁锹、小推车、农家肥、化学肥料等。

【技能实施】

1. 调查研究，确定土壤改良方法

对园林绿地植物生长情况和土壤情况进行调研研究，根据调查研究确定土壤改良季节和方法。

2. 按照方案，进行深翻熟化

树盘深翻：在树冠边缘，在地面的垂直投影线附近挖环状深沟，宽度 30～40cm，深度依树木根系垂直集中分布区而定。

（1）表土与心土分开放置。

（2）将农家肥与化学肥料和表土混合填入沟底，心土填到上面。

（3）浇水。

3. 观察植物后期生长情况

【技术提示】

（1）挖土过程中，不要挖断直径在 1cm 以上的根。

（2）肥料与土壤要均匀混合。

（3）使用的农家肥要充分腐熟。

（4）施肥后一定要及时浇水。

【知识链接】

园林绿地土壤改良和管理的任务，是通过各种措施来改善土壤结构和理化性质，以提高土壤的肥力，不断供应园林树木所需要的水分和养分，为其生长发育创造良好的条件。同时还应结合实行其他措施，维持地形地貌整齐美观，减少土壤冲刷和尘土飞扬，增强园林景观效果。园林植物中大多数为多年生，尤其是园林树木，在生长过程中会不断消耗地力，所以土壤改良是一项经常性的管理工作。

园林绿地的土壤改良有深翻熟化、客土改良、土壤质地改良、土壤酸碱度调节和盐碱地改良等措施。

1. 深翻熟化

深翻就是对园林植物根区范围的土壤进行深度翻垦，其主要目的是加快土壤的熟化。通过深翻，特别是结合施用有机肥，可以改善土壤结构和理化性状，促使土壤团粒结构的形成，增加孔隙度。深翻后土壤的含水量和透气状况大大改善，促进了土壤微生物的活动，加速土壤熟化，使难溶性营养物质转化为可溶性养分，相应地提高了土壤肥力。

荒山、低湿地、建筑的周围、土壤的下层有不透水层的地方、踩踏和机械压实过的地段等适合深翻熟化。一年四季均可深翻，主要在秋末和早春进行，以秋末冬初效果为佳。秋末冬初时期植物地上部分生长基本停止或趋于缓慢，同化产物消耗少，并已经开始回流积累；此时根系处于秋季生长高峰，伤口容易愈合，并发出部分新根，吸收能力提高，吸收的和合成的营养物质在树体内进行积累，有利于翌年的生长发育；同时秋翻后经过漫长的冬季，有利于土壤风化和积雪保墒。也可以在早春进行，最好是在土壤一解冻就及早实施。此时植物地上部分处于休眠状态，根系刚开始活动，生长较为缓慢，除某些树种外，伤根后也较易愈合再生新根。但是早春时间短，气温上升快，伤根后根系还未及时恢复，地上部分已经开始生长，需要大量的水分和养分，往往因为根系供应的水分和养分不能满足地上部分生长的需要，造成根冠水分代谢不平衡，致使树木生长不良。

翻的深度与地区、土质、树种等有关。通常，在一定范围内，翻得越深越好，一般为60～100cm，最好距根系主要分布层稍深、稍远一些，以促进根系向纵深及周边生长，扩大吸收面积，提高根系的抗逆性。黏重土壤应深翻；沙质土壤可适当浅翻，地下水位高时也宜浅翻；下层为半风化岩石时宜深翻以增加土层厚度；深层为砾石或沙砾时也应深翻；地下水位低、土层厚，栽植深根性树种时宜深翻；下层有不透水层或为黄淤土、白干土、胶泥板及建筑物地基等残留物时深翻深度以打破此层为宜，以利渗水。

深翻后的作用可以保持多年，因此不需要每年都进行深翻。一般情况下，黏土、涝洼地深翻后容易恢复紧实，因此保持年限较短，每隔2～3年深翻1次；而地下水位低、排水良好、疏松透气的沙壤土，保持时间长，每隔3～4年深翻一次。同时深翻应结合施肥和灌溉进行。

2. 客土改良

客土改良是在栽植园林树木时，根据树木的生长特点，对栽植地实行局部换土。通常是在土壤不适宜园林树木生长的情况下，需要对栽植地实行局部换土。当在岩石裸露、人工爆破坑栽植，或土壤十分黏重、土壤过酸过碱以及土壤已被工业废水、废弃物严重污染等情况下，或者在清除建筑垃圾后仍然板结、土质不良，宜在栽植地一定范围内全部或部分换入肥沃土壤。

3. 土壤质地改良

（1）培土。培土就是在园林树木生长过程中，根据需要在树木生长地添加部分土壤基质，以增加土层厚度、保护根系、补充营养、改良土壤结构的措施，也称压土。培土工作要经常进行，并根据土质确定培土基质类型。土质黏重的应培含沙质较多的疏松肥土，甚至河沙；含沙质较多的可培塘泥、河泥等较黏重的肥土以及腐殖土。

培土量视植株的大小、土源、成本等条件而定。培土的时期，在北方寒冷地区一般在晚秋至初冬进行，可起到保温防冻、积雪保墒的作用，一般厚度为5～15cm。

（2）有机改良。增加有机质是土壤改良的一种方法。在沙性土壤中，有机质有利于保持水分和矿质营养；在黏土中，有机质有助于团聚较细的颗粒，形成较大的孔隙度，改善土壤透气排水性能。改良土壤最好的有机质是粗泥炭、半分解状态的堆肥和腐熟的厩肥。增施有机质不是越多越好，一般认为 $100m^2$ 的施用量不多于 $2.5m^3$，约相当于增加 3cm 厚的表土。

（3）无机改良。过黏土壤中掺适量粗沙，加沙量为原有土壤体积的 1/3，也可加入陶粒、粉碎的火山岩、珍珠岩、硅藻土、石灰、石膏、硫黄等。沙性强的土壤中可结合施用有机肥掺入适量黏土或淤泥。

（4）土壤改良剂的应用。土壤改良剂是采用有机物提取物、天然矿物或人工高分子聚合物合成，主要用于改良土壤的物理、化学和生物性质。土壤改良剂可以改变土壤团粒结构，增加土壤毛管孔隙、非毛管孔隙，减小土壤容重，增加土壤通气度，增加饱和导水率，保蓄水分，减少蒸发，有效提高降水利用效率；可以增加土壤有机质，调节土壤酸碱度，增强土壤缓冲能力，增加土壤抗水蚀能力；可以增加土壤微生物数量和活性，同时，抑制真菌类、细菌、放线菌活动，减少土传病害等。

目前市场中供应的土壤改良剂有四类：一是矿物类土壤改良剂，如泥炭、褐煤、风化煤、石灰、石膏、蛭石、沸石、珍珠岩和海泡石等；二是天然和半合成水溶性高分子类，主要有秸秆类、多糖类物料、纤维素物料、木质素物料和树脂胶物质；三是人工合成高分子类，主要有聚丙烯酸类、醋酸乙烯马来酸类和聚乙烯醇类；四是有益微生物制剂类，如海藻提取物、腐殖酸肥等。可以根据土壤改良的目的来选择。

4. 土壤酸碱度的调节

土壤的酸碱度主要影响土壤养分物质的转化与有效性，土壤微生物的活动和土壤的理化性质，因此，与园林植物的生长发育密切相关。一般来说，我国南方的土壤 pH 值偏低，北方土壤偏高，所以，土壤酸碱度的调节是一项十分重要的土壤管理工作。

对偏碱性的土壤一般进行必要的酸化处理，使 pH 值降低到 8 以下，或者栽培喜酸性土植物时需要将土壤 pH 值降到 6.5 以下，符合园林植物生长需要。目前，土壤酸化主要通过施用有机肥料、生理酸性肥料、硫黄、硫酸亚铁等进行调节。据试验，每亩施用 30kg 硫黄粉，可使土壤 pH 值从 8 降到 6.5 左右。硫黄粉的酸化效果较持久，但见效缓慢。对盆栽植物也可用 1:50 的硫酸铝钾，或 1:180 的硫酸亚铁水溶液浇灌植株来降低 pH 值。实施中注意不能一次施入量过大，需要多次施用。

偏酸的土壤要进行碱化处理，提高土壤 pH 值，符合园林植物生长需要。土壤碱化的常用方法是向土壤中施加石灰、草木灰等碱性物质，生产上普遍使用的是熟石灰。

5. 盐碱地的改良

盐碱土是盐化和碱化土壤的总称，又称盐渍土，一般出现在滨海地区及干旱、半干旱地区。盐碱土中可溶盐类对植物的危害以碳酸钠为最厉害，氯化钾次之，硫酸镁、氯化钠、氯化镁、氯化钾又次之，碳酸氢钠、硫酸钠毒害较轻。该类土壤溶液浓度过高，根系很难从中吸收水分和养分，植物不仅生长势差，而且容易早衰。在园林绿化工程之前就必须进行改良。一般采取物理改良、化学改良和生物改良等方法。

（1）物理改良。主要通过灌水洗盐、深耕晒垡，阻止水盐上升。要及时松土保持土壤的良好墒情，控制土壤盐分上升。还可以微区改土，植树时先将塑料薄膜隔离袋置于树穴中添以客土。有时在树穴内铺隔盐层，即铺粗砂、炉灰渣、锯屑、碎树皮、马粪或麦糠等，然后填以客土。也可采用大穴客土，下部设隔离层和渗管排盐，分为两种形式：一是用水泥渗漏管或塑料渗漏管，埋入地下适宜深度排走溶盐；二是挖暗沟排盐，沟内先铺鹅卵石，然后盖粗沙与石砾或铺未烧透的稻糠壳灰，然后填土。这种方法见效快，客土持续时间长，绿化美化效果好，成本相对较低。

（2）化学改良。对盐碱土增施化学酸性肥料过磷酸钙，可使 pH 值降低，同时磷素能提高树木的抗性。施入适当的矿物性化肥，补充土壤中氮、磷、钾、铁等元素的含量，有明显的改土效果。也可用通过施用大量有机质，如腐叶土、松针、木屑、树皮、马粪、泥炭、醋渣及有机垃圾等进行改良。

（3）生物改良。种植耐盐的绿肥和牧草，如田菁、草木樨、紫花苜蓿等，对盐土改良有积极作用。这种方法投资最小，但见效慢。

【学习评价】

采用多元化的评价体系，将学生专业知识、技能操作、技能成果和个人的职业素养有效地结合在一起考评（表4-1-2）。

表 4-1-2　学生考核评价表

考核项目		权重	考核要点	考核评价		
				自我	小组	教师/专家
知识		20%	深翻的时期，深翻方法			
技能	操作过程	30%	深翻位置和深度合适；心土与表土分开放置；肥料与土壤充分混合；施肥后及时浇水并能浇透			
	技能成果	25%	土壤符合植物种植的条件			
素质		25%	认真踏实，能吃苦耐劳；不旷课，不迟到早退；能与班级、小组同学很好配合；能提前预习和总结，能解决实际问题			

【练习设计】

一、填空题

1. 园林绿地中常采用的土壤改良有_____、_____、_____、_____和_____等措施。

2. 深翻就是对园林植物_____范围的土壤进行深度翻垦，其主要目的是加快_____。

二、判断正误（认为正确的请在括号内打"√"，错误的打"×"）

1. 园林植物土壤一年四季均可深翻。就一般情况而言，深翻主要在秋末和早春进行。以秋末冬初效果为佳。　　　　　　　　　　　　　　　　　　　　　　　（　　）

2. 培土量视植株的大小、土源、成本等条件而定。培土厚度过薄起不到培土作用，所

以越厚越好。　　　　　　　　　　　　　　　　　　　　　　　　（　　）

　　3. 深翻应同时结合施肥和灌溉进行。　　　　　　　　　　　　　（　　）

三、多项选择题

土壤酸化可以通过施用（　　）等进行调节。

A. 有机肥料　　　B. 生理酸性肥料　　　C. 硫黄　　　D. 石灰　　　E. 硫酸亚铁

四、实训

选择校园里新栽植 1～3 年的园林树木，测定其土壤 pH 值。

技能三　松土除草

【技能描述】

能根据土壤与园林植物生长的实际情况，合理进行松土、除草。

松土除草

【技能情境】

（1）场地：公园绿地、公路旁绿化带等。

（2）工具：锄头、手套、小型旋耕机、各种除草剂等。

【技能实施】

1. 调查研究，确定绿地松土除草的方法

目前除草的方法有人工除草、机械除草和化学除草，现阶段我国的园林绿地主要采用人工除草。

2. 按照确定的方法进行绿地松土除草

松土除草的范围和深度应根据植物种类及树木当时的根系的生长状况而确定，一般树木松土的范围在树冠投影半径的 1/2 以外到树冠投影外 1m 以内的环状范围，深度约为 6～10cm，灌木、草本可在 5cm 左右。松土除草应掌握靠近基干浅、远离基干深的原则。松土时应避免碰伤树木的树皮、根系等，生长在地表的浅根可适当剪去割断，促进树木侧根的萌发。

3. 总结并制定出绿地松土除草计划

松土除草计划主要是制订出绿地松土除草的时间及次数。

松土除草的季节和次数要根据当地的具体气候、树木生长状况、土壤状况和树木生育特点及配置方式等因素综合而定。如北方地区在春季和秋季管理以中耕作业为主，进入 6 月份以后则应以除草为主。灌水或大雨过后，或人为践踏导致土壤紧实，为防止土壤板结，应安排中耕松土。

除草的次数一般每年 1～3 次，新栽植的园林绿地第一年次数宜多，以后逐渐减少。每年一次的，在盛夏到来之前进行；每年除草 2 次的，第一次在盛夏前，第二次在立秋后；每年 3 次的，在盛夏和立秋之间再增加 1 次。用大苗栽植的孤立树，各种丛植、群植的树木或行道树，松土除草要长期而经常地进行，可选择在天气晴朗或雨后、土壤不过干和不过湿的情况下进行才可获得最佳的效果。

【技术提示】

（1）把握好中耕除草的时机，做到早除、巧除。

（2）除草的深度因根据植物种类有所区分，不能过深，伤及根系。

（3）使用除草剂应在无风晴天露水干后施用（喷粉法除外），且至少半天无雨。在规定面积上将药液施完，喷洒要均匀，速度适当，避免重喷和漏喷。

（4）除利用生理和形态解剖上的差异除草外，不能将除草剂施在苗上。

（5）操作人员必须戴手套、口罩，防止药剂接触皮肤、口腔，喷完后要洗手洗澡。

（6）使用除草剂，特别是除草剂混用时一定要谨慎，要经过试验，取得经验后方可推广。

【知识链接】

（一）松土除草的目的

松土是为了疏松表土，切断表层与底层土壤的毛细管联系，减少土壤水分蒸发，同时改善土壤的通气性，加速有机质的分解和转化，从而提高土壤的综合营养水平，有利于树木的生长。

除草是为了排除园林绿地中没有观赏价值而且影响景观和人的活动的杂草、灌木，避免与园林植物进行水、肥、气、光、热的竞争，同时避免杂草、灌木、藤蔓对树木的危害。杂草生长迅速，不但与花卉苗木争夺养分和水分，而且还是多种病虫害的中间寄主，通过除草还能减少病虫害的发生。

一般情况下，栽植大苗或灌木的园林绿地，杂草的危害不会很严重，因为树木的个体大，已经占据有利的生态空间，这时只需本着"除小、除早、除了"的原则及时清除杂草即可；对于栽植草本植物的园林绿地，除草则非常重要，因为此时杂草与苗木的生长处在同一起跑线上，而通常杂草的生命力更旺盛，适应性更强，对水、肥、光等有更强的竞争力，如不及时抑制杂草的生长势，园林植物将无法正常生长。但是，为了发挥林木涵养水源、保持水土等多种生态效益，维护生物多样性，林地中除草以抑制杂草、灌木的竞争，不影响树木正常生长为度，并不需要将林地上的杂草、灌木全部清除，待林分郁闭后，就可停止除草，以形成以乔木为主体，灌木和草本层共存的较为复杂的森林生态系统，为多种生物的生长繁衍创造合适的条件，更好地发挥森林的功能效益。

（二）除草的方法

1. 人工除草

人工除草是目前我国园林绿地中采用最多的，也是主要的除草方式。工具大都是使用不同规格的锄头，除草彻底干净，但总体劳动强度大，工作效率低。

2. 机械除草

机械除草主要用于栽植乔木或灌木、地表无地被植物的绿地，可选用小型旋耕机穿行行间进行翻土、松土及除草作业。效率高，但适用范围窄。

3. 化学除草

化学除草剂是控制恶性杂草最有效的武器，它具有显著的经济效益、社会效益。但乱用或滥用除草剂不仅会造成药害、带来环境污染，而且还会致使杂草产生抗药性等问题。因此科学使用除草剂极为重要。

有效的杂草防治不仅要了解杂草生命周期，还需要早防早治。大多数除草剂在杂草较小时使用效果最好。因此，杂草幼苗的鉴定是防治成功的关键。杂草防治工作要特别注意遗漏的杂草和新出现的杂草。

（1）除草剂类型。根据使用时间分类可以分为土壤处理除草剂、茎叶处理除草剂和土壤兼茎叶处理除草剂。根据传导方式分类可以分为内吸型除草剂和触杀型除草剂。根据选择性进行分类可以分为选择性除草剂和灭生性除草剂。

（2）除草剂的施用要点。

1）选择最佳施药时间。对于封闭类除草剂，务必在杂草萌芽前使用，一旦杂草长出，抗药性增加，除草效果差。对于茎叶处理类除草剂，应当把握"除早、除小"的原则。杂草株龄越大，抗药性就越强。

2）灵活掌握用药量。苗木对除草剂的耐药性是有一定的限度的，所以不能随意加大用量。此外，不同苗木的耐药性不同，应严格按产品说明使用。一般来说，针叶树种的用药量可以大些，阔叶树种的用药量宜小些。对于一年生杂草，使用推荐用药量即可；对于多年生恶性杂草、宿根性杂草，需要适当增加用药量。

3）注意施药时的温度和土壤湿度。应在晴天气温较高时施药，才能充分发挥药效。不论是苗前土壤施药还是生长期叶面施药，土壤湿度均是影响药效高低的重要因素，若土壤潮湿、杂草生长旺盛，有利于杂草对除草药剂的吸收和在体内运转，因此药效发挥快，除草效果好。

4）根据苗木种类、杂草种类选择对路有效的除草剂。除草剂的品种很多，要根据不同的苗木品种和不同时期的杂草分别选用。如针叶树种抗药性强，可选由除草醚、盖草能和果尔等；阔叶树种抗药性差，可选用圃草封、圃草净、地乐胺、扑草净等。

5）确定合理的施药方法，提高施药技术。根据除草剂的性质确定正确的使用方法，如使用草甘膦等灭生性除草剂，务必做好定向喷雾，否则就会对苗木造成伤害；如使用氟乐灵，则需要混土，否则容易引起光解而失效。施用除草剂一定要施药均匀。如果相邻地块是除草剂的敏感植物，则要采取隔离措施，切记有风时不能喷药，以免危害相邻的敏感作物。喷过药的喷雾器要用漂白粉冲洗几遍后再往其他植物上使用。施用除草剂的喷雾器最好是专用，以免伤害其他作物。

6）严格掌握除草剂的兑水量。每种除草剂都有最佳药效浓度；水量过大，除草剂浓度低，会影响除草效果；水量过小，除草剂浓度高，成本高，且易造成药害。因此，喷施除草剂时一定要严格按照说明书进行兑水，可以使用量筒、烧杯协助称量，尽量做到称量准确。

另外，有机质含量高的土壤颗粒细，对除草剂的吸附量大，而且土壤微生物数量多，活动旺盛，药剂量被降解，可适当加大用药量；而沙壤土质颗粒粗，对药剂的吸附量小，药剂分子在土壤颗粒间多为游离状态，活性强，容易发生药害，用药量可适当减少。多数除草剂在碱性土壤中稳定，不易降解，因此残效期更长，容易对后期苗木产生药害，在这类土壤上施药时应尽量提前，并谨慎使用。

【学习评价】

采用多元化的评价体系，将学生专业知识、技能操作、技能成果和个人的职业素养有效地结合在一起考评（表4-1-3）。

表4-1-3　学生考核评价表

考核项目		权重	考核要点	考核评价		
				自我	小组	教师/专家
知识		20%	松土除草的作用，除草的方式及除草剂的类型			
技能	操作过程	30%	松土范围和松土除草的深度合理；除草剂用量、施药方法、兑水量指标操作到位			
	技能成果	25%	土壤状态符合植物生长的条件，无杂草			
素质		25%	认真踏实，能吃苦耐劳；不旷课，不迟到早退；能与班级、小组同学很好配合；能提前预习和总结，能解决实际问题			

【练习设计】

一、填空题

1. 松土是为了疏松_____，切断表层与低层土壤的毛细管联系，减少土壤_____，同时改善土壤的_____，加速有机质的_____，从而提高土壤的综合营养水平，有利于树木的生长。

2. 深翻就是对园林植物_____范围的土壤进行深度翻垦，其主要目的是加快_____。

二、单项选择题

1. 封闭类除草剂，务必在杂草（　　）使用，一旦杂草长出，抗药性增加，除草效果差。

A. 萌芽前　　　B. 萌芽后　　　C. 杂草旺盛生长期　　　　D. 杂草缓慢生长期

2. 化学除草要根据除草剂的性质确定正确的使用方法。施用草甘膦，务必做好（　　）。

A. 定向喷雾　　　B. 需要混土　　　C. 无需定向　　　　　D. 不用考虑是否有风

三、判断正误（认为正确的请在括号内打"√"，错误的打"×"）

1. 苗圃地中耕松土的深度，以不伤苗木根系为度，针叶树苗木、小苗宜深，阔叶树苗、大苗宜浅；株间宜深，行间宜浅。　　　　　　　　　　　　　　　　　　　　　　（　　）

2. 使用化学除草剂，每种除草剂都有最佳药效浓度。喷施除草剂时一定要严格按照说明书进行兑水。　　　　　　　　　　　　　　　　　　　　　　　　　　　　　　　　（　　）

3. 对于园林树木，松土除草深度应掌握靠近基干深、远离基干浅的原则。　（　　）

四、实训

调查本地园林绿地杂草种类，制定除草方案。

技能四　地面覆盖

【技能描述】

能根据土壤及园林植物生长的实际情况，选择合理的地面覆盖物并采取地面覆盖措施。

地面覆盖

【技能情境】

（1）场地：公园绿地、公共绿地等。

（2）工具：铁锹、手套。

（3）材料：各种覆盖材料。

【技能实施】

覆盖材料以就地取材、经济适用为原则，如水草、树叶、锯末、马粪、泥炭等均可应用，也可用石子、沙砾、陶粒、果壳、树皮、专用覆盖物等。在大面积粗放式管理的园林中，还可以将草坪上或树旁割下来的草头堆放在树盘附近，用以进行覆盖。

1. 选择绿化地中的覆盖区域

在园林绿地中，凡是裸露的地表均可实行覆盖，如乔灌木的树盘位置、乔灌木的林下空地等。

2. 根据园林绿地选择适宜的覆盖物

目前覆盖物分为无机覆盖物、有机覆盖物和植生覆盖物。常见的无机覆盖物有卵石、沙砾、陶粒、火山岩等；常见的有机覆盖物有树皮、树叶、松针、草屑、木片、果壳、彩色有机覆盖物、碎枝等；常见的植生覆盖物为草坪或地被植物，如三叶草、马蹄金、萱草、玉簪等，根据园林绿地绿化特点及经济成本选择适宜的覆盖物。

3. 根据覆盖面积和覆盖厚度，计算出覆盖物的重量

覆盖物铺得太薄，无法控制杂草生长，保湿保温作用不明显，铺得太厚就会导致土壤的渗透性和通透性变差，一般5~8cm的覆盖厚度比较适宜。根据覆盖的面积及厚度，可以计算出覆盖物的重量。

4. 覆盖材料的覆盖

将覆盖材料按照设计的区域和厚度，均匀地铺设于地表。

【技术提示】

（1）覆盖的厚度通常以3~6cm为宜，鲜草以5~6cm。

（2）树盘范围内覆盖物不宜过厚。

【知识链接】

20世纪80年代，美国的园林行业开始推广有机覆盖技术，提倡和推崇精致的景观效果和自然的选材。20世纪90年代在美国研制出了有机染料，从而诞生了彩色覆盖物，在原本

实用的基础上大大增强了景观效果，丰富了整体色彩层次感和设计感，得到了市场的一致认可和接受。

（一）地面覆盖的好处

利用无机物、有机物或植物活体覆盖园林绿地的土面，具有以下好处：

1. 可以防止或减少土壤水分蒸发

覆盖物能够蓄积雨水，并能阻止水分沿着土壤毛细管输送到地面而被蒸发，可以有效地保持土壤水分，减少了土壤湿度变化的幅度，从而起到节水、保水的作用。

2. 防止土表裸露，减少尘土飞扬

土壤扬尘是影响城市生态环境的一个重要方面，特别是在早春多风季节，地被植物相对较少，地表裸露严重，加上落叶树种尚未展叶，树木挡风能力差，极易造成沙尘天气。目前在我国北方干旱地区，在不能保证市内有效绿化的情况下，主要还是采取地面硬化或铺装的方法来减少城市裸露地面，力争做到"黄土不露天"。覆盖物粗糙的表面可以降低地表风速、留滞粉尘，留滞的粉尘会通过雨水淋洗进入地下，不会出现二次扬尘，能够保持空气的清洁，减少了尘源。另外，由于有机地表覆盖物表面粗糙，材料本身也具有一定的滞尘功能。

3. 防止土壤表面的板结，防止水土流失

覆盖物可以提高水分在土壤中的吸收和渗透，不仅能够阻挡雨水直接冲击土壤，防止土壤溅蚀发生，而且对暴雨或浇水冲刷具有良好的缓冲作用，可以减轻土壤自然侵蚀程度，降低流速，减轻因缓慢径流造成的水蚀和径流造成的冲刷。

4. 抑制或减少杂草生长

当覆盖物本身不含草种并且铺设的厚度到达一定厚度，就能有效抑制杂草种子萌发并且灭除现有的小杂草。

5. 调节土壤温度

覆盖物可以使土壤维持一个比较均衡的土壤温度，因为覆盖物热传导慢，使土壤在强阳光照射下能够保持相对的凉爽，同时在严寒的天气条件下能够保暖。覆盖物既可以遮挡烈日，避免土壤温度持续升高，又能在天气寒冷时保存土壤热量，减少极端土温对树木根系的伤害。

6. 增加土壤有机质

有机材料作为覆盖物能够改善土壤结构和耕作性能，有机覆盖物腐烂分解之后还可以作为肥料补充土壤的养分，增加土壤有机质，改善土壤结构，提高土壤肥力。

7. 具有良好景观效果

覆盖物材料外观粗糙、颜色自然、富有质感，尤其是各种染色有机覆盖物的出现，进一步丰富了城市园林景观的色彩变化。不同色彩和质感的覆盖物应用于绿地，可以为地表提供均衡的颜色和有趣的纹路。

8. 具有良好的环保效果

有机覆盖物通过对农业、林业生产过程中的剩余物或城市绿化废弃物加工后回归到城市绿地，实现资源的循环再利用。

9. 实现园林绿地低成本维护效果

城市绿化中应用有机地表覆盖物可有效减少苗木种植费用，减少浇水、施肥、除草等管理成本，并通过对土壤的长期改良与保育作用，实现城市绿地的低成本维护。同时城市绿化管理过程中产生的大量绿化废弃物可原地转化成有机覆盖物应用，减少了垃圾处理费用。

（二）地面覆盖物的种类

园林覆盖物是指用于土壤表面保护和改善地面覆盖状况的一类物质的总称。应用于城市园林绿化中的一般分为三大类，即无机覆盖物、植生覆盖物和有机覆盖物。

1. 无机覆盖物

卵石（图4-1-3）、沙砾、陶粒、火山岩等是最常用的无机覆盖物类型。其维护费用低，且不易腐烂，但有时会使土壤通气性变差，影响植物生长。

图4-1-3 无机覆盖物

2. 植生覆盖物

植生覆盖物是指在地表种植草坪或地被植物起到覆盖裸土的作用（图4-1-4）。但植生覆盖物也有诸多缺点：草坪草皮及地被植物不能有效地改善土壤状况，甚至会与树木的生长竞争水分和养分；在一些草坪不宜生长的地方还会存在许多裸露地表；林内经常性的除草管理方式也产生了许多人工裸地，这为扬尘天气的发生创造了必要的条件；同时草坪和地被植物的维护成本昂贵，这也加重了城市绿化建设的投入成本。

3. 有机覆盖物

有机覆盖物主要利用树枝、树皮、树叶、松针、草屑、木片、果壳类等植物材料，将其粉碎，便可覆盖在花坛露地、花盆表面、乔灌木下以及花境的地表。

从来源看，主要可分为两类：一类是森林采伐或加工剩余物，如松树皮、碎木片、松针、果壳等，专业生产企业通过腐熟、粉碎、打磨、熏蒸、分级筛选等处理工序，生

图4-1-4 植生覆盖物

产出规格一致的有机覆盖物产品；另一类是将城市公园、道路等绿地管理中产生的枝叶等各种园林废弃物，经粉碎后直接用于城市绿地。

有机覆盖物具有生态、美观、环保、经济等诸多优点，以及其独特的园林生态景观，在欧美等发达国家的城市绿化中有几十年的应用历史，已发展成相对成熟的产业。在我国有机覆盖物也受到业界重视，越来越多的企业从事有机覆盖物的研究、开发和生产，获取有机覆盖物变得越来越方便，绿地有机覆盖物被越来越多的园林人员所认可和使用。

（1）碎树皮：是常见和低廉的覆盖材料类型，以树皮为原料，经切削、粉碎、筛选、除尘、灭菌等工序加工而成，形态条状，色泽持久，附着性好。取材很多，如各种松柏类，特别适合使用在有坡度的种植，不容易坡滑。

（2）干树叶：秋冬时可保存使用，落叶腐化很快，使用前可以先压碎它们再覆盖到土壤上（图4-1-5）。这种覆盖物常用于冬季土壤覆盖。

（3）草：一类可以免费的覆盖物，绿地中清除的杂草或修剪草坪后的草渣都可以利用。但是草可以很快分解，为土壤化作养分。最好用于薄薄的一层，一般等待草干后使用，这样可避免腐臭。

图4-1-5　干树叶覆盖效果

（4）秸秆：秸秆有漂亮的颜色，而且比树叶和草更慢分解。但要确保秸秆里面没有混合的草种，否则将可能引起野草泛滥。

（5）松针叶。松针叶是很漂亮的覆盖物，可以很稳定地覆盖在一个地方，也很适合坡地，能慢慢降解。但长时间使用松针，土壤会变酸，对于喜欢酸性土壤的植物来说，是非常理想的覆盖物。

（6）块状松树皮：以松树皮为主要原料，经腐熟、粉碎（或抛光）、分级筛选、熏蒸杀虫等工序加工而成。松树皮降解也很慢，但不容易保持稳定。因此不适合用于坡地或者容易被大雨冲刷掉的地方。块的大小可自由选择，越大降解越慢。特点是树皮质感丰富，色泽艳丽，不同纹理的树皮为园林景观增添了一份野趣，给人一种回归自然的亲近感。pH值低偏酸性，覆盖不能太薄，否则不能有效抑制杂草生长和保持土壤水分（图4-1-6）。

图4-1-6　松树皮及覆盖效果

（7）木屑：这是一种可以从附近木材厂免费获得的东西，特别是那些新鲜的木屑，很容易吸收土壤中的养分并改变土壤的pH值。

（8）果壳：因为有漂亮的形状和丰富的颜色，所以果壳是最漂亮的覆盖物之一。如核桃、桃、杏的果壳（图4-1-7）。

图4-1-7　果壳及覆盖效果

（9）彩色有机覆盖物：由生产企业利用有机物专门生产，人工染色的有机覆盖物在生产加工过程中采用植物染料等环保颜料染色，形成红色、黄色、棕色、粉色、黑色等系列色彩（图4-1-8）。

图4-1-8　彩色有机覆盖物

（10）碎枝：园林中修剪下来的各类枝条用碎枝机打碎后可以使用，绿色环保。

（三）覆盖物的应用方式

覆盖物可以在道路绿化、公园景区、屋顶绿化、庭院绿化等中使用，特别是随着彩色覆盖物的兴起和发展，覆盖物的应用领域更加广泛，适用于城市内的一切裸露地表，包括一些立地条件很差暂时不宜绿化的贫瘠土壤的覆盖装饰，城市公共绿地园路、小径的铺装。通过各种颜色搭配，既生态环保，又有良好的景观效果。

1. 树池覆盖（图4-1-9）

应用于树木根部周围的覆盖，既能把树木与周围草地有效地分隔，又不破坏绿地景观，一般可连续使用5年以上。覆盖物在树木生长的任何时间都可以使

图4-1-9　树池覆盖

用。一般覆盖的面积要以树木的大小而定，覆盖范围应达到树冠的宽度或者按照预留好的树池或树盘的位置铺设，厚度一般以 5 ~ 8cm 为宜，应用于行道树树池时应低于路缘石高度。

2. 花坛、树坛覆盖（图 4-1-10）

应用于稀植花坛或树坛植物间的表土覆盖，以及造型花坛的自然配色等。在应用前需先去除杂草，一般覆盖于花坛边缘或者中间裸土处。应用于花坛边缘时可保持花坛清晰的边缘，使人产生空间界线的视觉感受。

图 4-1-10 花坛、树坛覆盖

3. 公园覆盖

应用于公园覆盖时，一般面积都较大，可以用来分隔空间，丰富色彩变化，还可作为缓冲材料，提高儿童游乐场地的安全性。大面积铺设应先将杂草清除干净，以防生命力强的杂草萌发生长。同时需选择在空间开阔、通畅的地方，不能用于植物密集处，以防止火灾隐患。

（四）注意事项

（1）第一次铺设不要太薄，至少要 3cm 以上。有机覆盖物每年会有少量的流失或被吹跑，之后每年根据情况补充 1 ~ 2cm。

（2）树池、花坛等外边框，最好要略高于铺后的覆盖物，避免覆盖物散出、被雨水冲刷出来或被风吹出。

【学习评价】

采用多元化的评价体系，将学生专业知识、技能操作、技能成果和个人的职业素养有效地结合在一起考评（表 4-1-4）。

表 4-1-4 学生考核评价表

考核项目		权重	考 核 要 点	考核评价		
				自我	小组	教师/专家
知识		20%	地面覆盖的好处，常见的有机覆盖物			
技能	操作过程	30%	覆盖物的色彩和质地选择合理，覆盖的位置和厚度合适			
	技能成果	25%	覆盖物的防护效果和景观效果发挥良好			

（续）

考核项目	权重	考核要点	考核评价		
			自我	小组	教师/专家
素质	25%	认真踏实，能吃苦耐劳；不旷课，不迟到早退；能与班级、小组同学很好配合；能提前预习和总结，能解决实际问题			

【练习设计】

一、填空题

1. 园林覆盖物是指用于_____保护和改善_____状况的一类物质的总称。

2. 应用于城市园林绿化中的覆盖物一般分为三大类，即 _____、_____ 和 _____。

二、多项选择题

园林绿地进行覆盖具有（ ）的好处。

A. 防止或减少土壤水分蒸发   B. 防止土表裸露，减少尘土飞扬

C. 防止土壤表面的板结，防止水土流失   D. 抑制或减少杂草生长

E. 调节土壤温度   F. 增加土壤有机质

G. 具有良好景观效果   H. 具有良好的环保效果

I. 实现园林绿地低成本维护效果

三、判断正误（认为正确的请在括号内打"√"，错误的打"×"）

1. 树池、花坛等外边框，最好要略高于铺后的覆盖物。 （ ）

2. 园林绿地用覆盖物覆盖后，不用维护。 （ ）

四、实训

选择当地地表裸露比较显著的绿地，制订出覆盖方案。

任务一总结

本任务主要介绍了园林植物土壤管理工作，主要内容有：园林植物栽植前整地、土壤改良、中耕除草以及地面覆盖等技术；补充了有关园林树木栽植前整地的内容；介绍了园林绿地的土壤特点以及相应的土壤改良措施；介绍了松土除草，并系统地补充了化学除草的内容；增加了地面覆盖尤其是有机覆盖物的内容。通过任务一的学习，学生可以全面系统地掌握园林植物土壤管理的知识与技能。

任务一　思政拓展

土壤是万物之源，农业之本，但是目前土壤退化现象比较突出，已成为严重的全球性环境问题之一，直接危及人类的生存基础和生存环境。全球共有 20 亿 hm^2

的土壤资源受到土壤退化的影响，占全球土地面积的6.5%，即全球农田、草场、森林与林地总面积的大约22%的土壤发生了不同程度的退化。

我国土壤退化现象非常严重，据统计，因水土流失、盐碱化、沼泽化、土壤肥力衰减及酸化等造成的土壤退化面积约4.6亿hm^2，占全国土地面积的40%，是全球土壤退化总面积的1/4。因此我们应该注重农业生产过程的清洁性、可持续性，保护好生态环境，坚守社会主义生态文明建设。

任务二　灌溉技术

【任务分析】

能根据园林植物需水特性、土壤类型以及当地的气候条件进行合理的水分管理工作，主要包括园林植物的灌排水工作。

【任务目标】

（1）了解园林植物对水分的需求规律。
（2）能根据各种园林植物的需水规律与实际土壤状况进行合理灌溉。
（3）能根据当地气候、实际园林植物的种类以及土壤的实际情况设计合理的排水方案。
（4）培养吃苦耐劳、团结协作等职业素养和精益求精的工匠精神。

技能一　排　　水

【技能描述】

能根据土壤情况和植物种类，在梅雨等特殊季节针对不同的园林植物情况进行排水管理。

排水

【技能情境】

（1）场地：公路绿化带、小区绿地、公园绿地、公共绿地、校园绿地等区域。
（2）工具：铁锹、耙子、锄头。
（3）材料：绿地中的各种植物。

【技能实施】

（1）调查绿地植物生长和绿地排水情况。
（2）分析积水与排水和植物损坏情况，提出排水管理方案。
（3）根据排水管理方案，分小组实施。
（4）观察排水管理方案实施后植物生长状况。

【技术提示】

（1）正确判断植物生长不良是否与排水有关。

（2）绿地植物耐水湿和土壤情况不一样，采取的排水管理方法不一样。

（3）实施排水方案应尽可能减少对原有绿地的破坏。

【知识链接】

（一）排水的作用

排水是为了减少土壤中多余的水分，以增加土壤空气的含量，促进土壤空气与大气的交流，提高土壤温度，促进好氧性微生物活动，加快有机物质的分解，改善园林植物的营养状况，使土壤的理化性能得到全面改善。如果不及时排出积水，会影响植物生长。当土壤中水分过多会导致使土壤中缺氧，影响根系的呼吸、土壤中微生物的活动、有机物的分解等，严重时导致根系腐烂。灌溉中形成的不流动的浅水，加上日晒增温，对植株危害也很大，有时会导致植株死亡。不同种类的植物，其耐水力不同。一般不耐涝的乔、灌木，在积水中浸泡3～5d，就会发生树叶变黄脱落的现象。幼龄苗和老年树本身生命力弱，更不抗涝，要特别注意防范。因此，要依据情况及时排水。

（二）需要排水的情形

（1）在地势低洼或排水沟渠易堵塞处，雨季期间易出现积水现象，应做好排水工作。

（2）土壤结构不良，渗水性差，特别是坚实不透水的土壤，水分下渗困难，形成过高的假地下水位。

（3）临近江河湖海的园林绿地，地下水位高或雨季易遭淹没，形成周期性的土壤过湿。

（4）平原或山地城镇，在洪水季节有可能因排水不畅，形成大量积水。

（三）绿化中常用排水方法

园林绿地的排水是一项专业性基础工程，在园林规划及土建施工时应统筹安排，建好畅通的排水系统。园林绿地中常用的排水方法有以下几种：

1. 地表排水法

地表排水法是最常用、最经济的排水方法，可通过道路、广场等地面高差，汇聚雨水然后集中到排水沟；也可利用自然坡度排水，或将地面改造成一定坡度，保证雨水顺畅流走。坡度设置应合适，地面坡度以 0.1% ～ 0.3% 为宜，坡度过小易排水不畅，坡度过大则易造成水土流失。同时，地面要平坦，不要有坑洼处，以免造成积水。需要园林设计者精心设计安排高程，才能达到预期效果。

2. 明沟排水法

在不易实现地表径流的绿化地段，在地面上挖一定坡度的纵横明沟排水的方法，叫作明沟排水，尤其适用于易发生暴雨或阴雨连绵造成积水很深的地方。明沟常由小排水沟、支排水沟以及主排水沟等组成一个完整的排水系统，在地势最低处设置总排水沟，沟底坡度以0.1% ～ 0.5% 为宜，宽度视水情而定。

3. 暗沟排水法

在绿地下挖暗沟或铺设管道，借以排出积水或降低地下水位。暗沟排水系统也有排水管、支管和干管之别，管道多由塑料管、混凝土管或瓦管制成。这种方法节约用地，不占地面，既可保持地面原貌，又不影响交通，但设备费用较高。

4. 机械排水法

在地势低，采用沟排水有困难时，可采用抽水泵进行排水。此法适用于绿地面积不大、积水量不多或大雨后抢救性的排除积水。

5. 滤水层排水法

滤水层排水法也是一种地下排水方法，一般是对低洼积水地以及透水性极差的立地，或是一些极不耐水湿的树种在栽植初期采取的排水措施。在树木生长的土壤下层填埋一定深度的煤渣、碎石等材料，形成滤水层，并在周围设置排水孔，遇到积水及时排除。这种排水方法只能小范围使用，可起到局部排水的作用。

【学习评价】

采用多元化的评价体系，将学生专业知识、技能操作、技能成果和个人的职业素养有效地结合在一起考评（表4-2-1）。

表4-2-1　学生考核评价表

考核项目		权重	考核要点	考核评价		
				自我	小组	教师/专家
知识		20%	熟知排水方法			
技能	操作过程	30%	排水方法选择适当，设计合理			
	技能成果	25%	排水通畅，植物生长良好			
素质		25%	认真踏实，能吃苦耐劳；不旷课，不迟到早退；能与班级、小组同学很好配合；能提前预习和总结，能解决实际问题			

【练习设计】

一、填空题

1. 排水是为了减少土壤中_____，以增加土壤_____的含量。

2. 园林绿地中常用的排水方法有_____、_____、_____、_____和_____等。

二、判断正误（认为正确的请在括号内打"√"，错误的打"×"）

1. 园林绿地的排水是一项专业性基础工程，在园林规划及土建施工时应统筹安排，建好畅通的排水系统。　　　　　　　　　　　　　　　　　　　　　　（　　）

2. 采用地表排水时坡度设置应合适，地面坡度以1%～3%为宜。　　　　（　　）

三、单项选择题

1. 绿地面积不大、积水量不多或大雨后抢救性的排除积水可采用（　　）。

A. 地表排水法　　　B. 明沟排水法　　　C. 暗沟排水法　　　D. 机械排水法

2. 一般对低洼积水地以及透水性极差的立地，或是一些极不耐水湿的树种在栽植初期采取（　　）。

A. 地表排水法　　　B. 明沟排水法　　　C. 暗沟排水法　　　D. 滤水层排水法

四、实训

选择一个园林绿地，对园林绿地及周围环境做出调查，设计出排水方案。

技能二　灌　　溉

灌溉

【技能描述】

（1）能合理地进行木本园林植物的灌溉。

（2）能合理地进行草本园林植物的灌溉。

（3）能合理地进行草坪草的灌溉。

【技能情境】

（1）场地：公园绿地、公路绿化带、苗圃、行道树区、绿篱区等。

（2）工具：浇水软管、喷灌或滴管等设备。

【技能实施】

1. 木本园林植物的灌溉

木本植物通常在初春芽萌动前、春夏生长旺盛时期、秋冬土壤冻结前进行灌溉。只要土壤水分不足应进行灌溉。春、夏季灌溉最好在清晨进行，也可在傍晚进行；冬季灌溉应在中午前后进行。一般采用小水灌透的方法，使水分慢慢渗入土中。每次灌溉深入土层的深度，花灌木应达 40 ~ 50cm，乔木应达 60 ~ 100cm，保证植物根系集中分布层处于湿润状态，即根系分布范围内的土壤湿度达到田间最大持水量的 60% ~ 80% 左右。

2. 草本花卉灌溉

一般草本花卉的幼苗定植于绿地后需连续灌溉 3 次，在定植后立即灌溉一次；过 3d 后第二次灌溉；再过 5 ~ 6d 第三次灌溉。三次灌溉后进行松土，以后正常灌溉。灌溉量和灌溉次数根据季节、土质和花卉种类不同而定。夏季和春季干旱时期应多灌溉。

草本花卉露地栽培主要采用地面灌溉。地面灌溉的方法主要是畦灌和浇灌。北方气候干燥、地势平坦的地区一般采用畦灌，灌溉水经水沟引入畦面。面积较小或土壤不太干燥的情况下常浇灌，多采用橡胶管引水进行浇灌。

3. 草坪灌溉

草坪灌溉主要时期为春季返青期和夏季高温干旱期。一般情况下，每周灌溉 2 ~ 3 次。

灌溉量以使 20cm 以上土层水分饱和为原则。入冬前和初春两季灌溉量相对较大；秋季封冻水一定要浇足；春季的返青水应浇早浇足。如有条件的绿地尽量使用喷灌设备。

【技术提示】

（1）灌溉的时间依据季节而定，尽量缩小水温与土温的差距。夏季中午及气温较高时不宜灌溉；冬季早晚气温较低时不宜灌溉。

（2）灌溉量应根据植物种类有所不同，使园林植物根系集中分布区域的土壤水分达到田间最大持水量的 60% ~ 80% 。

（3）每次灌溉要灌透，水分要深入到整个栽植层，切忌仅灌湿表层。两次灌溉间隔时间不要过短，以免频繁灌溉致使植物根系长期浸泡在水中因缺氧而死亡。

【知识链接】

（一）合理灌溉的依据与原则

1. 园林植物的生物学特性及其年生长节律

（1）树种：不同的园林植物具有不同的生态习性，对水分的要求不同，有的高，有的低，要区别对待。一般情况下能耐干旱的树木如油松、樟子松、侧柏等灌溉次数可以少，不耐干旱的植物只要出现干旱症状就要灌溉。新栽植的植物在成活期内对水分的要求高，整个成活期要保持土壤湿润，每次灌溉的量要多；定植多年的树木根系深广，抗旱力强，可少灌溉甚至不灌溉。

（2）物候期：树木在不同的物候期对水分的要求不同。一般要求为前供后控，植物生长的前期对水分的需求大，后期对水分的需要小。

2. 气候条件

气候条件中主要是年降水量、降水强度、降水频度与分布。干旱的气候条件或干旱季节灌水量应多，反之应少。

3. 土壤条件

不同土壤具有不同的质地与结构，保水能力也不同。保水能力强的灌溉量应酌减，间隔期应长一些；黏重的土壤，其通气性和排水性较差，灌溉次数要适当减少，但灌溉的时间应适当延长，最好采用间歇方式，给土壤留有足够渗水时间；质地轻的土壤如沙地，或表土浅薄、下有黏土盘，其保水保肥性差，宜少量多次灌溉，以防土壤中的营养物质随水重力淋失而使土壤更加贫瘠；盐碱地的灌溉量每次不宜过多，以防返碱或返盐；土层深厚的沙壤土，一次灌溉应灌透，待见干后再灌。

4. 经济与技术条件

在园林中全面普遍灌溉是不现实的，应该重点保证，对明显水分亏缺的树木进行灌溉。

5. 其他栽培管理措施

在全年的栽培管理工作中，灌溉应与其他技术措施密切结合，如灌溉与施肥，灌溉与中耕除草、培土、覆盖等土壤管理措施相结合，目的是为保墒。

（二）园林树木的灌溉时期

1. 休眠期灌溉

在秋冬和早春进行。尤其在东北、西北、华北降水量少，冬春严寒干旱，休眠期灌溉十分必要。秋末冬初土壤结冰前灌溉一般称为"冬水"或"封冻水"，可以提高树木的抗寒能力使树木安全越冬。早春树木萌芽前也要灌一次水，一般称为"春水"或"萌芽水"。

2. 生长期灌溉

（1）花前灌溉：北方一些地区容易出现早春干旱和风多雨少的现象，及时灌溉补充土壤水分的不足，是促进树木萌芽、开花和提高坐果率的有效措施，同时还可以防止春寒、晚霜的危害。

（2）花后灌溉：花谢后半个月左右，是树木新梢速生期，此期水分不足会严重抑制新梢的生长。

（3）花芽分化期灌溉：树木新梢缓慢生长或停止生长后，进入花芽分化阶段，也是果实的速生期，有利于花芽分化和果实发育。

（三）绿化中常用的灌溉方法

灌溉不仅讲究适时，还要讲究方法。方法不当，不仅达不到灌溉的效果，费工费水，甚至会产生危害。在园林绿地中灌溉的方法多种多样，传统的人工灌溉费工多，耗水量大，近年来，逐渐推广使用机械化和自动化灌溉，减轻了劳动强度，提高了灌溉的效率，节约了宝贵的水资源。依据园林绿地的地形、植物配置方式和规模大小，常用的灌溉方法有以下几种：

1. 漫灌

成片种植的绿地，可以采用漫灌，让水漫过整个绿地，自由流动过程中浸润土壤。漫灌方法简便，但费水多，往往灌溉不均匀，离水渠远的地方水分难以渗透到下层土壤，而且容易破坏土壤结构，导致表土板结，不是很理想的灌溉方法。要注意灌溉后及时松土保墒。在盐碱地使用此法有洗盐的作用。

2. 畦灌

畦灌是对漫灌的改良，用土埂将成片的绿地人为分为小区域进行地面灌溉，用水较少，灌溉较为均匀，但费工。

3. 盘灌

盘灌又称围堰灌溉，对于露地栽植的单株乔灌木如行道树、庭荫树、园景树等，以树干为中心，在树冠的垂直投影范围处围堰，埂高约 15～20cm。灌溉前先疏松盘内土壤，以利于水分渗透，再利用橡胶管、水车或其他灌溉工具，对每株树木进行灌溉。灌溉应使水面与堰埂相齐，待水慢慢渗下后，将围堰铲除覆盖在树盘内，以保持土壤水分。此法用水比较集中，省水，成本较低。但浸湿土壤的范围较小，离干基较远的根系难以得到水分供应。

4. 穴灌

在树冠投影线外围附近挖穴，数量一般为 8～12 个，直径 30cm 左右，深度以不伤粗根为准，将水灌满穴，让水慢慢渗透到整个根区。穴灌用水经济，浸湿根系范围的土壤较宽而均匀，不会引起土壤板结，特别适合水源缺乏的地区。

近年来，一种更为先进的穴灌技术被推广使用，方法是在离干基的一定距离上，垂直埋设数个直径 10 ~ 15cm、长 80 ~ 100cm 的永久性灌水（也可施肥）管，可以在栽树时埋入，对已栽树木也可以挖穴埋入，灌水管可用瓦管、羊毛芯管或 PVC 管，管壁上布满透水的小孔，最好再埋设环管与竖管相连。灌水管埋好后，内装卵石或炭末等沥水性好的填充物，灌溉时从竖管上口灌水，灌足后将顶盖关上。这种方法节约用水，适合在平地给大树灌溉，特别是在有硬质铺装的街道和广场等地此法最为实用。

5. 沟灌

沟灌又叫侧方灌溉，适合于列植的种植形式，如绿篱或规则式片林或行列栽植的花卉等。每隔 100 ~ 150cm 开一条沟，深 20 ~ 25cm，使水沿沟底流动浸润土壤，直至水分充分渗入周围土壤为止。优点是水从侧方慢慢渗透，不会破坏土壤结构，水能较好地被土壤吸收，比较均匀地浸湿土壤，水分的蒸发和流失量少，防止土壤结构的破坏，便于实现机械化。注意灌溉后将沟整平保持水分。

6. 喷灌

喷灌是用专门的管道系统和设备，使水通过喷头（或喷嘴）射至空中，以雨滴状态降落到绿地中的一种灌溉方法。喷灌设备由进水管、抽水机、输水管、配水管和喷头（或喷嘴）组成，可以是固定式的（图 4-2-1）或移动式的（图 4-2-2），是目前大多数城市园林绿地灌溉的主要方法。

图 4-2-1　固定式喷灌

图 4-2-2　移动式喷灌

（1）喷灌的优点。

1）提高水的利用率：由于喷灌系统可以控制喷水量和均匀性，避免产生地面径流和深层渗漏，使水的利用率大为提高，比地面灌溉节约用水30％～50％，同时便于严格控制土壤水分，使之维持在园林植物生长最适宜的范围。

2）调节小气候：喷灌时可以增加空气湿度，降低温度，在一定范围内调节绿化区的小气候。

3）提高工效：喷灌便于实现机械化、自动化灌溉，可与施肥、喷药等结合使用，提高了工作效率，降低了人工费用。

4）提高土地利用率：喷灌的园林绿地无须田间的灌溉沟渠和畦埂，比地面灌溉更能充分利用耕地，从而提高土地利用率。

5）利于保护土壤：喷灌对土壤不产生冲刷作用，减少对土壤结构的破坏，有利于保持土壤的团粒结构，使土壤疏松多孔、通气性好，有利于植物生长。

6）减轻自然灾害的危害：喷灌能减轻或避免低温、高温、干热风对植物的危害，又能冲掉植物茎叶上的尘土，有利于植物呼吸和光合作用，既可达到生理灌溉的目的，又具有生态灌溉的效果，与此同时也提高了植物的绿化效果。

7）对各种地形适应性强：喷灌对土壤的平整程度要求不高，在坡地和起伏不平的地面均可进行，特别是土层薄、透水性强的沙质土，非常适合喷灌。

（2）喷灌的缺点。喷灌系统投资较高；喷灌受风和空气湿度影响大，当风速在5.5～7.9m/s即四级风以上时，能吹散水滴，使灌溉均匀性大大降低，飘移损失增大；空气湿度过低时，蒸发损失加大；喷灌耗能较大，为了使喷头运转和达到灌溉均匀，必须给水一定压力，除自压喷灌系统外，喷灌系统都需要加压，消耗一定的能源；同时因空气湿度增大，易造成植物感染白粉病和其他真菌病害。

7. 滴灌

将一定粗度的胶胶水管埋在土壤中或树木根部，用自动定时装置控制水量和时间，利用滴头将压力水以水滴状或连续细流状缓慢施于植物根系的方法，是集机械化、自动化等多种先进技术于一体的灌溉方式（图4-2-3）。滴灌仅湿润根区和表层土壤，而且是缓慢渗透，不破坏土壤结构，有利于根系充分吸收水分，因此是最节水的灌溉方法之一，有利于树木生长发育。但也存在一次性投资较大，管道和滴头容易堵塞的缺点。

图4-2-3　滴灌

近些年来，节水灌溉技术飞速发展，出现了雾灌、渗灌、微喷灌等微灌方法，这些方法是在喷灌和滴灌的基础上进行改进而发展起来的，是根据园林植物生长发育需求，通过管道系统与安装在末级管道上的灌水器，将水和植物生长所需的养分以较小的流量，均匀、准确地直接输送到植物根部土壤或栽培基质的灌溉方法。这些方法更加节水、效率更高，在实际应用中可根据经济条件和绿地特点选用。

【学习评价】

采用多元化的评价体系，将学生专业知识、技能操作、技能成果和个人的职业素养有效地结合在一起考评（表4-2-2）。

表 4-2-2　学生考核评价表

考核项目		权重	考核要点	考核评价		
				自我	小组	教师/专家
知识		20%	熟知植物需水规律、灌溉依据及灌溉方法			
技能	操作过程	30%	能根据天气、土壤墒情、植物需水规律进行适时、适量、适法灌溉			
	技能成果	25%	土壤水分含量适宜，植物生长良好			
素质		25%	认真踏实，能吃苦耐劳；不旷课，不迟到早退；能与班级、小组同学很好配合；能提前预习和总结，能解决实际问题			

【练习设计】

一、填空题

1. 植物一生中对水分缺乏最敏感、最易受害的时期，称为_____。

2. 灌水常用的方法有_____、_____、_____、_____、_____及_____。

3. 秋末冬初土壤结冰前灌水一般称为"_____"或"_____"，可以提高树木的抗寒能力使树木安全越冬。早春树木萌芽前也要灌一次水，一般称为"_____"或"_____"。

二、多项选择题

1. 关于植物灌水错误的叙述是（　　）。

A. 北方地区一般在 11～12 月份灌封冻水

B. 因沙土容易漏水，保水力差，故应加大每次灌水量

C. 花谢后半个月左右，是树木新梢速生期，要减少灌水

D. 灌水应与中耕除草等土壤管理措施相结合

2. 目前园林绿地采用喷灌是因为（　　　）。

A. 节约用水

B. 减少对土壤结构的破坏

C. 便于实现机械化、自动化灌溉

D. 有利于植物呼吸和光合作用

E. 对各种地形适应性强

三、单项选择题

1. 草坪草灌溉在有条件的情况下，最好尽量采用（　　）方法。

A. 漫灌　　　　　B. 畦灌　　　　　C. 滴灌　　　　　D. 喷灌

2. 下列灌水方法中最省水的方法是（　　）。

A. 漫灌　　　　　B. 畦灌　　　　　C. 滴灌　　　　　D. 喷灌

四、判断正误（认为正确的请在括号内打"√"，错误的打"×"）

1. 近年来，园林灌溉中逐渐推广使用机械化和自动化灌溉，减轻了劳动强度，提高了灌溉的效率，节约了宝贵的水资源。　　　　　　　　　　　　　　　　　　　　（　　）

2. 植株移植、定植后的灌溉与成活关系不大。　　　　　　　　　　　　　　　（　　）

五、实训

手测土壤墒情。

任务二总结

本任务主要介绍了园林植物排水和灌溉内容，介绍了绿化中常用的排水方法；重点介绍了植物的需水规律，并系统全面地讲述了有关灌溉各相关技术环节，包括灌溉时期、灌溉量和次数以及灌溉方法。通过任务二的学习，学生可以全面地掌握园林植物水分管理的知识与技能。

任务二　思政拓展

水是人类生存、发展不可或缺的资源。水资源现已成为全球最稀缺的自然资源，据世界资源研究所分析，全球近三分之一人口即26亿人生活在"高度缺水"的国家，我国就是全球13个人均水资源最贫乏的国家之一。尤其是我国西部地区因受地理环境和人为因素所致，水资源紧缺的问题日趋突出，已不仅仅是资源问题，更成为关系到国家经济、社会可持续发展和长治久安的重大战略问题。在园林绿化中，通过采用滴灌、喷灌、地下滴灌等先进的现代技术；提高对雨水及处理过后的城市废弃用水的利用；合理设计水景及选择植物，降低园林绿化工程的需水量等措施保护水资源，合理利用水资源是园林绿化设计的重点。

任务三　施肥技术

【任务分析】

能根据园林植物的需肥规律，进行合理的养分管理，具体包括：

（1）认识各种肥料的性状。

（2）合理施肥。

【任务目标】

（1）熟知有机肥与无机肥的性质与肥效。

（2）能准确地辨别各种常用肥料。

（3）能根据具体园林植物的需肥规律，制订合理的施肥方案。

（4）能采取适宜的施肥方式实施施肥。

技能一　识别肥料

【技能描述】

认识并能熟练辨别当地常用的肥料。

【技能情境】

（1）场地：肥料仓库、肥料市场。

（2）材料：各种有机肥、单质化肥、复合肥等。

识别肥料

【技能实施】

1. 准备常见的肥料

2. 已知肥料的外形观察

（1）有机肥观察。

1）形状：有机肥的形状有粉状的、柱状的，还有颗粒状的，里面不能夹杂有杂质，颗粒一般不圆滑、不规则（图4-3-1）。

2）溶解程度：如有机肥放于清水中，10min之内溶解变成糊状，说明是有机肥；若不溶解或溶解比较慢、杂质比较多则为质量不达标产品。

3）气味：仔细闻有机肥气味，是否有粪便味、淤泥味。优质的有机肥具有一种发酵后的微酸味，略带一点蛋白腐臭味；若有臭味等难闻的味道，说明存在腐熟不够或根本没有腐熟的问题，施用后可能导致烧苗或带来病菌，应谨慎选用。

（2）化肥观察。

1）形状：结晶类的常用化肥，有碳酸氢铵、尿素、硝酸铵、硫酸铵、硝酸钠、硝酸

图 4-3-1 有机肥外观

钾、硫酸钙、氯化钾、硫酸钾、钾镁肥、磷酸铵类肥料，为白色、淡黄色或其他颜色，呈颗粒状、针状或棱柱状结晶体，无粉末或少有粉末；有色粉末类的常用化肥，有石灰氮、过磷酸钙、沉淀过磷酸钙、钙镁磷肥、骨粉、钢渣磷肥、窑灰钾肥等（图 4-3-2）。

图 4-3-2 化学肥料外观

2）溶解程度：结晶类化肥均能溶解于水，有色粉末类化肥大多不溶解于水或少量溶解于水。

3）气味：某些化肥有特殊的气味。如石灰氮有电石气味，过磷酸钙有酸味，碳酸氢铵和磷酸氢二铵有强烈的氨臭。打开标本瓶或肥料包装袋，用手挥之闻其气味。

【技术提示】

（1）化肥辨别方法包括看、摸、烧、试、测，几种方法必要时需结合使用。

（2）在外形观察中，不能品尝。

（3）为防止硝态氮肥爆炸伤人的危险，供试化肥一次切勿超过 1g 左右。

【知识链接】

（一）常用肥料的分类

凡是施入土中或喷洒于植物地上部分（即根外追肥），能直接、间接供给植物养分，增加植物产量，改善产品品质或改良土壤性状，逐步提高土壤肥力的物质，都可叫作肥料。

1. 根据肥料特点分类

（1）有机肥料。有机肥料是指以有机质为主的肥料，为一种完全肥料，含有植物所需要的各种营养元素和丰富的有机质，常用的有人粪尿、厩肥、绿肥、土杂肥、枯枝落叶、饼肥等。有机肥要经过土壤微生物的逐渐分解才能被植物利用，又叫作迟效性肥料。有机肥料中含有大量的有机质，经微生物作用，形成腐殖质，能改良土壤结构，使其疏松绵软、透气良好，有助于提高土壤保水、保肥能力，有利于植物根系的生长发育。

（2）化学肥料。化学肥料又叫作无机肥料、矿质肥料，是用化学方法合成或者开采矿石经加工精制而成的肥料，通常简称化肥。其养分形态为无机盐或化合物。化学肥料大多属于速效性肥料，供肥快，能及时满足植物生长需要，化学肥料还有养分含量高、施用量少的优点。但化学肥料能供给植物矿质养分，一般无改土作用，养分种类也比较单一，肥效不能持久，而且容易挥发、流失或发生强烈的固定，降低肥料的利用率。所以，生产上一般以追肥形式使用，且不宜长期单一施用化肥，应该将化学肥料与有机肥料配合使用，否则，对植物、土壤都是不利的。

按其所含营养元素种类，可分为氮肥、磷肥、钾肥、镁肥、铁肥、微量元素肥料、复合肥料等。

1）氮肥。常见的肥料有尿素、硫酸铵和硝酸铵等，它们是供给速效氮的主要肥源。

2）磷肥。过磷酸钙及磷矿粉是磷的来源之，有助于花芽分化，能强化植物的根系，并能增加植物的抗寒性。它们的肥效较缓慢，一般作为基肥效果好。

3）钾肥。常用的钾肥有氯化钾和硫酸钾。钾是构成植物灰分的主要元素，可增强植物的抗逆性和抗病力。

4）复合肥。复合肥的种类较多，是指成分中含有氮、磷、钾3种元素或其中的2种元素的化学肥料。常见的有磷酸二氢钾、二铵等。市场上也有一些专用复合肥，如观叶植物专用肥、木本花卉专用肥、草本花卉专用肥、酸性土花卉专用肥、仙人掌类专用肥及盆景专用肥等。

5）微量元素肥料。微量元素在植物发育过程中需用量较少，一般情况下土壤中含有的微量元素足够植物的生长的需要，但有些植物在生长过程中因缺乏微量元素而表现失绿、斑点等现象。如缺铁表现为新叶叶肉失绿，缺硼表现为顶芽停止生长、植株矮化、叶形变小，缺锌表现小叶病等。

（3）微生物肥料。用对植物生长有益的土壤微生物制成的肥料叫作微生物肥料。微生物肥料是菌而不是肥，其本身并不含有植物需要的营养元素，而是通过所含的大量微生物的生命活动来改善植物土壤和基质的营养条件。微生物肥料分为细菌肥料和真菌肥料两类。细菌肥料由固氮菌、根瘤菌、磷化细菌和钾细菌等制成；真菌肥料由菌根菌等制成。

2. 根据施用时期和施用目的分类

根据施用时期和施用目的可分为基肥、种肥和追肥等。

（1）基肥。在播种或定植前，在圃地上或定植穴内把大量的肥料均匀撒施在田间或定植穴内，经翻耕掩埋在土内，比较长期供应养分的肥料。一般以有机肥料为主，如厩肥、绿肥、堆肥等。

（2）种肥。在播种或定植时施于种子附近或与种子混播的肥料。目的是供给幼苗生长所需的养分。在中国，种肥施用有多种方法：将肥料与植物种子拌和后播种，称拌种；植物种子用稀薄肥料溶液浸泡后播种，称浸种；植物移栽时将根在拌有泥浆的肥料中浸蘸，称蘸秧根；植物种子播种后用土粪、焦泥灰等覆盖于种子之上，称盖种肥。

（3）追肥。根据植物不同生长季节和生长速度的快慢，为满足花木生长发育需求而补充增施的肥料叫作追肥。一般以速效化肥为主，如硫铵、硝铵等。

3. 根据肥效的快慢分类

（1）速效肥料：分解快、被植物吸收快、见效也快的肥料，如硫酸铵、尿素等绝大多数化肥。

（2）缓效肥料：养分所呈的化合物或物理状态，能在一段时间内缓慢释放供植物持续吸收利用的肥料。如饼肥、鱼肥、人粪尿、棒肥等。

（3）迟效肥料：养分需经分解、转化才能被植物吸收利用的肥效慢的肥料，如堆肥、磷矿粉等。

（二）鉴别肥料的方法

肥料质量的鉴别方法可以概括为五个字，即看、摸、烧、试、测。这五个字的原理是根据各种化肥所特有的物理性状，如颜色、气味、结晶、溶解度、酸碱性等，来区别氮、磷、钾所属类别。若要判定主成分离子，必须借助于化学试剂，以检出 SO_4^{2-}、Cl^-、NO_3^-、CO_3^{2-}、Ca^{2+}、K^+、NH_4^+ 等。

（1）看：就是根据肥料的包装、结晶形状或颗粒成形、颜色、光泽等物理性状来比较判断；观察肥料包装标识是不是齐全。有机肥通常都采取 NY-525 的标准，氮、磷、钾三种元素的总养分含量不能少于5%，有机质不能少于45%，同时还应明确地标记有生产厂家、地址以及电话。

（2）摸：就是凭手感，摸肥料的吸湿性、光滑感、流动性及是否有杂质等。

（3）烧：通过灼烧反应，即将化肥在红热的炭火或铁板上灼烧，视其分解与否、分解快慢、烟气颜色、烟气气味以及一些特有症状，进一步判定肥料的熔融性、燃烧性。

（4）试：就是测试肥料的 pH 值、水中溶解度等。

（5）测：借助于化学试剂，根据国家标准测试肥料养分的准确含量，如 SO_4^{2-}、Cl^-、NO_3^-、CO_3^{2-} 等。

这五个字就是根据肥料的物理、化学性质进行判断，一定能把肥料性质搞清楚。但是在购买化肥时，最直观的方法是看肥料的包装。肥料产品的包装应有标签或说明书，而且应阐明下列内容：①肥料产品名称、通用名、生产厂名和厂址；②产品规格、等级、主要成分名称及其含量、净重量（或容重）和剂型；③肥料使用登记证号，生产许可证的标记、编号和批准日期；④产品标准的代号、编号和名称；⑤适用作物和区域，使用方法和注意事项；⑥生产日期、产品批号和有效期；⑦分装的肥料产品要注明分装单位的名称及其地址。包装袋内应有产品检验合格证明，该证明应该是有效的。

【学习评价】

采用多元化的评价体系，将学生专业知识、技能操作、技能成果和个人的职业素养有效地结合在一起考评（表4-3-1）。

表 4-3-1　学生考核评价表

考核项目		权重	考核要点	考核评价		
				自我	小组	教师/专家
知识		20%	熟知肥料种类，掌握辨别肥料的方法			
技能	操作过程	30%	通过肥料外形观察或者包装说明，准确识别各种肥料			
	技能成果	25%	能识别 10 种以上的肥料			
素质		25%	认真踏实，能吃苦耐劳；不旷课，不迟到早退；能与班级、小组同学很好配合；能提前预习和总结，能解决实际问题			

【练习设计】

一、填空题

1. 肥料根据其特点分为＿＿＿＿＿肥料、＿＿＿＿＿＿肥料和＿＿＿＿＿肥料。

2. 肥料按照施用时期和施用目的分为＿＿＿＿＿肥、＿＿＿＿＿＿肥和＿＿＿＿＿肥。

3. 有机肥料是指以＿＿＿＿＿＿为主的肥料，常用的有＿＿＿＿、＿＿＿＿、＿＿＿＿、＿＿＿＿、＿＿＿＿、＿＿＿＿、＿＿＿＿、＿＿＿＿等。

4. 化肥肥料大多属于＿＿＿＿＿，供肥快，能及时满足植物生长需要，其养分含量＿＿＿＿＿施用＿＿＿＿＿的特点。

二、判断正误（认为正确的请在括号内打"√"，错误的打"×"）

1. 草木灰属于有机肥料。　　　　　　　　　　　　　　　　　　　　（　　　）

2. 化肥除能供应植物生长所需养分外，还可改良土壤性状。　　　　　（　　　）

3. 有机肥养分含量全面，称为完全肥料，含有植物所需要的各种营养元素和丰富的有机质。　　　　　　　　　　　　　　　　　　　　　　　　　　　　　　（　　　）

4. 菌肥中含有植物所需的营养元素。　　　　　　　　　　　　　　　（　　　）

三、多项选择题

1. 下面属于有机肥的是（　　　）。

A. 绿肥　　　　　　B. 菌肥　　　　　　C. 鸡粪　　　　　　D. 厩肥

2. 化学肥料的特点（　　　）。

A. 肥效快　　　B. 养分含量高　　　C. 肥效持久　　　D. 养分种类较为单一

四、实训

调查周边园林绿化区域肥料使用的情况，包括种类与用量。

技能二　施　　肥

【技能描述】

能根据土壤状况，园林植物需肥规律，熟练绿地施肥的技术、方法；掌握园林绿地配方施肥的要领。

树体输液

【技能情境】

（1）场地：园林树木绿化带。

（2）材料与工具：尿素、过磷酸钙及氯化钾、铁锹、磅秤、铁锨、锄头、水桶等。

【技能实施】

（1）计算混合肥料中所需各种肥料的量，如配置 N∶P∶K 为 8∶10∶4 的混合肥料 1t。

1）根据元素比率计算所需肥料的比例。

例：需要尿素（含 N46%）$a$kg，过磷酸钙（含 P20%）$b$kg，氯化钾 $c$kg（含 K60%），则 $46\% a : 20\% b : 60\% c = 8 : 10 : 4$ 推算出 $a : b : c \approx 3.5 : 10 : 1.3$

2）计算混合肥料中 3 种肥料的百分比。

尿素所占比例为：$3.5 \div (3.5 + 10 + 1.3) \approx 23.6\%$

过磷酸钙所占比例为：$10 \div (3.5 + 10 + 1.3) \approx 67.6\%$

氯化钾所占比例为：$1.3 \div (3.5 + 10 + 1.3) \approx 8.8\%$

3）计算混合肥料中所需各种肥料的量。

计算所需氮肥的量：尿素 $a = 1000\text{kg} \times 23.6\% = 236\text{kg}$

计算所需磷肥的量：过磷酸钙 $b = 1000\text{kg} \times 67.6\% = 676\text{kg}$

计算所需钾肥的量：氯化钾 $c = 1000\text{kg} \times 8.8\% = 88\text{kg}$

（2）按照计算结果，分别称取肥料。

（3）混合均匀。

（4）在树木滴水线下挖出条状、环状或放射状沟，深 30~50cm，视树木的大小每棵树施入混合肥 1~3kg。

（5）浇水。

【技术提示】

（1）肥料混合时要均匀，避免局部个别种类的肥分过高。

（2）挖施肥沟时，勿伤直径 1cm 以上的根。小树挖环状沟，大树为避免伤根过多，可挖条状沟或放射状沟。

【知识链接】

（一）施肥目的

施肥是当土壤和栽培基质里的矿物元素不能满足园林植物生长发育所需时，给园林植物人为补充营养元素的管理方法。园林植物施肥的目的是调节土壤和栽培基质的矿物元素含量，改善土壤和栽培基质的综合性状，促进园林植物生长发育。施肥的主要目的有以下几个方面：

1. 增加土壤和栽培基质养分含量

无论施用有机肥料或无机肥料都能增加土壤养分。无机肥料大多易于溶解，施用后除部分被土壤吸收保蓄外，植物可以立即吸收。有机肥料中少量养分可供植物直接吸收利用，大部分有机质经微生物分解后才能被植物吸收利用。有些肥料（如石灰、石膏）除直接增加土壤养分外，还能通过调节土壤反应，提高土壤中有效养分的含量。

2. 改善土壤和栽培基质结构

施用有机肥料和含钙质多的肥料，除了能增加土壤养分外，还能促进土壤团粒结构的形成，改善黏土的坚实板结以及沙土的跑水漏肥等不良性状。

3. 改善土壤的水热状况

一般有机质都有吸水和保水的能力，特别像腐殖质这一类亲水胶体，保水能力更强。土壤中的腐殖质和黏土粒结合形成团粒，在团粒内部有许多毛管孔隙，也能保存很多的水分，被植物利用。由于腐殖质是棕黑色的物质，土壤中腐殖质含量多，土壤颜色较深，可增加吸收日光热能，有利于提高土温。加上腐殖质保水能力强，比热较大，导热性小，土壤温度变化慢，有利于植物生长。

4. 增加土壤生理活性物质

增施有机肥料能促进微生物的活动。由于微生物活动的结果，除了增加土壤中的矿物质营养和腐殖质以外，还能产生多种维生素、抗生素、生长素等，促进根系发育，刺激植物生长，增强抗病能力。

（二）施肥依据

1. 气候条件

影响施肥后植物吸收的主要气候因素是雨量和温度。雨量大、温度高时，肥料分解快；在雨量小、温度低时，若需要施用肥料就应用充分腐熟的肥料。但是雨量大时，肥分易淋失，施用时要分几次进行，如夏天高温多雨，蒸发量大，宜薄肥勤施。

2. 土壤条件

含腐殖质多的土壤，结构性良好，保肥和保水能力很强，肥效持久，土壤微生物活动也旺盛，因而植物长得好，所以提倡多施有机肥料，增加土壤中的有机质。土壤酸碱性对施肥有一定的影响，北方土壤呈微碱性，而多数观赏植物喜欢微酸性环境，因此宜施用生理酸性肥，如硫酸铵、过磷酸钙等。黏重土壤含水多，而通气不好，因此施用有机肥料时应浅施，以加速其分解；沙质土壤保肥能力较差，雨水多了肥分易流失，因此宜分多次施。

3. 植物生长特性

各种园林植物都有不同的生物学特性，对营养元素的需要也不相同。必须针对各种树木花卉吸收养分的特点来施肥。

不同种类的植物对于肥料种类的要求不同，如桂花、茶花等忌人粪尿；杜鹃花、米兰、茉莉、栀子花等忌碱性肥料；每年需重剪的花卉需要施较大量的磷、钾肥，以利于新枝条萌发；观叶类植物则因长叶的需要，往往要求氮肥多于磷、钾肥。对于观花类的植物特别是大花型的，在开花期必须根据生长发育情况施适量的完全肥料。

不同生长阶段的植物对养分的需要也各不相同，如在苗期，花草类氮的供应量应较多，以满足枝、叶、花迅速生长的需要；花芽分化孕蕾期，应增施磷、钾肥；坐果期，应适量控制施肥；后期增施磷肥，可促使花大、花多，提早开放。另外，在深秋、初冬施用磷、钾肥，可以促进木质化和增强植物的抗逆性和抗寒性。多施钾肥还可以提高植物的抗病能力，增加花的香味。

4. 结合栽培技术

各种园林植物因栽培方法不同，施肥也要相应配合。如月季花需要经常整枝，每次开花后要剪去枯萎的花枝，相应地要在整枝后及时追肥，以补充养分的损失，促进栽培植物的正常生长。

5. 灌溉条件

植物的根只能吸收已被水所溶解的肥料，为了使植物同时不断得到养料和水分，一般应施肥配合灌水，这样也会增加水的有效利用率。在灌水的时候，既不能太多，造成肥分流失；也不能太少，否则肥料作用难以发挥。如果土壤缺水，植物吸收养料就困难，所以在天气干旱或土壤缺水时要注意灌溉。

（三）常用施肥方法

1. 按照施肥的范围，分为全面施肥和局部施肥

（1）全面施肥。播种及苗木定植前，在土壤上普遍施肥。一般是结合翻耕，采用施基肥的方式，常用的有绿肥、厩肥、堆肥等。

（2）局部施肥。根据花卉树木的生长状况及其对养分的需求，为了节约用肥，充分发挥肥效，达到促进花卉树木生长发育的目的，只在局部土壤上或地块上施肥，称为局部施肥，常用的有化肥、有机肥等。

2. 按照操作方式及吸收器官，分为土壤施肥和根外追肥

（1）土壤施肥。将肥料施入土壤后通过根系的吸收功能进入植物体内。园林树木吸收根水平分布的密集范围约在树冠垂直投影轮廓（滴水线）附近。施肥的水平位置一般在树冠投影半径的1/3倍至滴水线附近；垂直深度在密集根层上40~60cm。同时应注意不要靠近树干基部；不要太浅，尤其避免简单的地面喷撒；不要太深，一般不要超过60cm。

1）沟施。在花木根部附近开沟，将肥料与适量土壤充分混匀后均匀地撒入沟内，覆土盖严，主要有条状沟、放射沟和环状沟。环状沟是沿树冠滴水线挖宽30~40cm、深达密集根层附近的沟，适合幼树；成年树可将树冠滴水线分成4~8等份，间隔开沟，避免伤根较多。条状沟比较适合行列式栽植的花木。放射沟是从离干基1/3树冠投影半径的地方开始至滴水线附近，等距离间隔挖4~8条宽30~65cm，深达根系密集层，内浅外深、内窄外宽的沟。具体的施肥方法如图4-3-3所示。

沟状施肥面积占根系水平分布范围的比例小，开沟会损伤植物根系，对草皮或地被植物造成局部破坏。

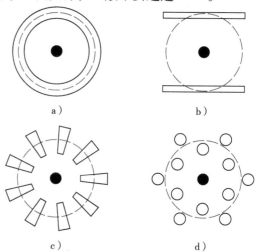

图4-3-3 常见施肥方法
a）环状沟 b）条状沟 c）放射沟 d）穴状

2）撒施。直接用机械或人工将肥料撒布在局部地表上的一种施肥方法。同时必须松土或浇水，使肥料进入土层。注意不要在树干30cm以内干基处施用化肥，否则会造成根茎和干基的损伤。

3）穴施。在花木根部附近挖穴，位置从离干基1/3树冠投影半径的地方开始至滴水线附近，挖若干个直径约为30cm左右、深达根系密集分布层的施肥穴，将肥料与适量土壤充分混匀后施入，施肥后覆土掩埋。穴施简单易行，但对草皮会造成局部破坏（图4-3-4）。

4）打孔施肥。从穴施衍变而来，适合大树或草坪上生长的树木。可使肥料遍布整个根系分布区，每隔60~80cm在施肥区打一个深30~60cm的孔，将额定施肥量均匀地施入各孔中，达孔深的2/3，然后用表土堵塞、踩紧。

5）微孔释放袋施肥。把一定量的水溶性肥料热封在带有针孔的双层聚乙烯塑料薄膜袋内，栽植树木时将袋放在吸收根群附近，当土壤中的水汽经微孔进入袋中，使肥料吸潮，以液体的形

图4-3-4　穴施

式从孔中溢出供根系吸收。这种方法释放速度慢，活性受季节变化的控制。已定植的树木，可将其埋在滴水线以内约25cm深的土层，埋一次可满足树木多年的营养需要。

6）其他施肥方法。将配好的肥料用黏合剂胶结成钉、棒或球形，制成营养钉、营养棒或营养球，然后将其打入或埋入植物吸收根附近，缓慢释放。这种方法对周围植被的破坏较少。

土壤施肥的时间一般选择晚秋或早春，不提倡夏季。次数取决于树木的种类、生长的反应和其他因素，一般树木生长正常，生活力强，可不施肥；否则每年或每2~4年施肥一次，直至恢复正常。

（2）根外追肥。也称地上器官施肥，是通过对树木叶片、枝条和树干等地上器官进行喷、涂或注射，使营养直接渗入树体的方法。

1）叶面施肥。也叫叶片喷肥，一般用于追肥，在花木生长季节，根据花木生长情况，将配好的营养液及时直接喷洒在植物体上的方法（图4-3-5）。

①影响叶片吸收营养液的因素。一是环境条件，湿度较高、光线较强和温度适宜（18~

图4-3-5　叶面喷肥

25℃）情况下叶片吸收得多，运输也快，因而白天的吸收量多于夜间。二是植物的生长状况，生长健壮的幼龄至壮龄树和幼龄叶片的吸收能力强，生长衰弱的老龄树和老龄叶片的吸收能力弱。三是与树种及叶片特性有关，树种不同吸收能力不同；迅速生长的幼叶单位面积吸收的营养液多于成熟叶；角质层的厚度、果胶质层的分布面积、表皮毛的多少或叶面的光滑程度都会影响叶片对营养液的吸收。四是与肥料的种类、性质有关，尿素中的N最易被

叶片吸收，Na 和 K 也容易被叶片吸收，其次为 P、Cl、S、Zn、Cu、Mg、Fe、Mo 等。

② 叶片吸收肥料的速度。叶面喷肥后，通过气孔和分散在角质层间的果胶质进入叶片，再输送到树木体内和各个器官。一般喷后 15min 到 2h 即可被叶片吸收。其吸收强度和速度与叶龄、肥料成分、溶液浓度等有关。叶片并不是吸收营养的唯一器官，树皮、叶、叶柄和花等也有一定的吸收能力。

③ 使用配方、浓度与数量。叶面喷施的全溶性高营养复合肥的使用浓度随树木和配方状况而变。单一化肥的喷施浓度为 0.3% ~ 0.5%（表 4-3-2），喷施量以营养液开始从叶片大量滴下为准，时间为上午 10 时以前或下午 4 时以后，以免溶液很快浓缩，影响施肥效果或造成药害。

表 4-3-2　常用化肥叶面喷施使用浓度

肥料名称	使用浓度（%）
尿素	0.3 ~ 0.5
过磷酸钙	1 ~ 3
硫酸钾或氯化钾	0.5 ~ 1
铁肥	0.2 ~ 0.5
锰肥	0.05 ~ 0.1
草木灰	3 ~ 10
硼肥	0.1 ~ 0.25

叶面喷施具有一些突出的优点，简单易行，用量小，发挥作用快，可及时满足树木的急需，并可以避免某些营养元素在土壤中的化学固定和生物固定，尤其在缺水季节或缺水地区以及不便施肥的地方，均可采用。但叶面施肥的肥效期短，效果有限，不可以完全代替土壤施肥。

2）枝干施肥。通过树木的枝或茎的韧皮部来吸收营养。

① 枝干涂抹：先将树木枝干刻伤，然后再刻伤处夹上浸有营养液的固体药棉。

② 树体注射：将专用或自制营养液通过注射针头直接注入树干，主要用于树木的特殊缺素或不容易进行土壤施肥的林荫道、人行道和根区有其他障碍的地方，大树移植以及衰老古树与珍稀树种的养护。注意在钻孔消毒、堵塞不严的情况下，容易引起心腐和蛀干害虫的侵入（图 4-3-6）。

图 4-3-6　树体注射

【学习评价】

采用多元化的评价体系，将学生专业知识、技能操作、技能成果和个人的职业素养有效地结合在一起考评（表 4-3-3）。

表 4-3-3　学生考核评价表

考核项目		权重	考核要点	考核评价		
				自我	小组	教师/专家
知识		20%	熟知施肥的依据和施肥的方法			
技能	操作过程	30%	能正确计算植物所需肥料量，施肥位置和深度准确			
	技能成果	25%	施肥后植物生长良好			
素质		25%	认真踏实，能吃苦耐劳；不旷课，不迟到早退；能与班级、小组同学很好配合；能提前预习和总结，能解决实际问题			

【练习设计】

一、填空题

1. 施肥时，要依据_____、_____、_____、_____和_____来确定。

2. 施肥的水平位置一般在树冠投影半径的_____至_____附近；垂直深度在密集根层上_____cm。

二、判断正误（认为正确的请在括号内打"√"，错误的打"×"）

1. 合理施肥应考虑气候条件，雨量大时，施肥时应一次性投入。（　　）

2. 黏重土壤含水多，而通气不好，因此施用有机肥时应浅施，以加速其分解。（　　）

3. 在苗期，花草类氮的供应量应较多，以满足枝、叶、花迅速生长的需要；花芽分化孕蕾期，应增施磷、钾肥；坐果期，应适量控制施肥。（　　）

三、多项选择题

1. 按照施肥的范围，施肥的方法可分为（　　）。

A. 全面施肥　　　B. 基肥　　　C. 局部施肥　　　D. 根外追肥

2. 常见的土壤施肥方法中对绿地破坏较少的方法有（　　）。

A. 沟施　　　B. 穴施　　　C. 撒施　　　D. 打孔施肥

3. 常见的根外追肥的方法有（　　）。

A. 叶面喷施　　　B. 枝干涂抹　　C. 树体注射　　　D. 打孔施肥

4. 通过给植物施肥，可以达到（　　）的目的。

A. 增加土壤和栽培基质养分含量

B. 改善土壤和栽培基质结构

C. 改善土壤的水热状况

D. 增加土壤生理活性物质

四、实训

选取周边园林绿化树木制订年施肥方案。

任务三总结

本任务主要介绍了园林植物施肥技术，包含肥料识别和施肥两项技能训练，主要内容包括：肥料种类与特点、鉴别肥料的方法、合理科学施肥的原则和方式方法。通过任务三的学习，学生可以全面系统地掌握园林植物施肥技术相关的知识和技能。

任务三　思政拓展

从1935年我国建立第一个小型氮肥厂开始，肥料的生产和发展及投入使用，为我国土地的增产、解决人们的温饱问题做出了巨大贡献。当前，因肥料使用不合理，对我国的土壤、农产品质量、水环境、大气环境等带来一系列不良影响。新时代对于肥料提出了更高的要求，2019年中央一号文件中提到要"深入推进粮食高产创建和绿色增产模式攻关"，为我们农业发展指明了方向，不能一味盲目追求高产，更要注重开发绿色高产高效模式创建，在高效使用肥料的同时，尽可能做到减量施肥，稳产增效，培肥土壤。随着科技人员不断的创新发展，目前出现了聚能网肥料、腐殖酸肥料、微生物肥料等新型肥料，这些肥料是绿色和科技的结合，能较有效地提高产量，还能保持健康持续状况。

任务四　园林植物整形修剪技术

【任务分析】

能进行园林植物整形修剪，包括：
（1）修剪工具的使用。
（2）整形修剪方法。
（3）造型修剪技术。

【任务目标】

（1）熟悉整形修剪工具，并能进行使用与维护。
（2）了解园林植物整形修剪的意义，理解园林植物整形修剪的作用、原则和方式。
（3）确定修剪时期，掌握园林中常见植物的整形修剪方法。
（4）学会整形修剪工具操作，能够独立完成一项修剪技能。
（5）培养学生吃苦耐劳的精神和自我创新能力。

技能一　修剪工具

【技能描述】

会使用和维护园林植物整形修剪的常用工具。

修剪工具

【技能情境】

（1）场地：实训室。

（2）材料：修枝剪、手锯、绿篱修剪机、手套等各种修剪器具。

【技能实施】

（1）分小组进行方案设计，每组 5~6 人。

（2）查找资料。

（3）方案实施。

1）查资料，学习识别各种修剪工具的名称及其使用方法。

2）分组讨论，相互探讨各种修剪工具的使用方法。

3）小组互评，小组相互评议每个同学对于修剪工具的使用情况。

【技术提示】

（1）识记各种修剪工具的名称。

（2）常用工具修枝剪的正确使用。

【知识链接】

园林植物的种类不同，修剪的冠形各异，需选用相应功能的修剪工具，并注意要学会对工具的正确保养。

一、常用修剪工具

1. 枝剪（图 4-4-1）

（1）修枝剪，主要用来修剪细小的枝条。剪刀要锋利，钢口软硬适中，软的不耐用，易卷刃；过硬易出缺口和断裂。剪簧也要软硬适中。

（2）电动修枝剪，目前市场上主要是以锂电池供电为主。在普通修枝剪的基础上增加电动装置，大大提高了工作效率，尤其是大枝修剪时剪口更平齐，可避免剪口撕裂而引起的树木腐烂病变的发生。

（3）高枝剪，用来剪截树冠高处小枝。剪刀安装在一根长杆的顶端，杆长 3~4m；剪刀把的小环上系上一根尼龙绳，拉动尼龙绳，就可把小枝剪下。

（4）大平剪，规格大小不一，一般是修剪绿篱整平时使用。

2. 锯类（图 4-4-2）

（1）手锯，锯断粗大枝干时用。手锯钢质软硬要适中，软了易弯曲，硬时容易掉齿，手锯的长度和锯片的宽度，根据需要选择。另外，还有一种折叠式手锯，用时打开，不用时合上，携带方便，适用于剪中粗枝条。

（2）刀锯，锯较粗的枝条时用。

（3）高枝油锯即高位树枝修枝锯，主要用来修剪一些比较高的枝丫。

（4）绿篱修剪机，主要是用来修剪绿篱植物，使用时要根据绿篱植物的种类来选择相应型号的绿篱修剪机。

图 4-4-1　常见枝剪工具

a）修枝剪　b）电动修枝剪　c）高枝剪　d）大平剪

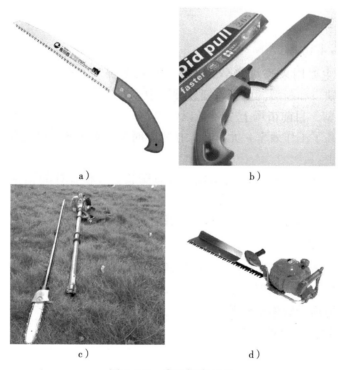

图 4-4-2　常见锯类工具

a）手锯　b）刀锯　c）高枝油锯　d）绿篱修剪机

（5）斧。包括小斧和板斧，主要是砍树枝或树木更新时砍树用。

（6）其他。平铲，去蘖、抹芽用；扶梯、升降车，修高大树时使用；长粗绳，吊树冠用；短细绳，吊细枝用；安全带、安全绳、安全帽、工作服、手套、胶鞋等，劳动保护用品。

二、工具的保养方法

1. 枝剪

为了剪时省力，便于操作，要经常磨剪刀，保持锋利。如果每天使用，最好在每天开始使用前或当天工作完毕后磨一次，只磨外面的斜面剪刃，不要磨剪托，否则会使剪刃不吻合，使用时容易缺口或夹枝，不便操作。新买的枝剪，一定要开刃，然后使用；开刃时要把刃面的弧度逐渐磨平。每次使用后，要把枝剪擦洗干净，用一块浸有少量油的布擦拭掉剪身上淤积的树脂杂物，然后涂上防锈油。杂物和树脂淤积在剪身上会严重影响工具的寿命。

2. 锯类

为了使用方便省力，锯的锯齿要经常保持锋利。开始使用前，要用扁锉将齿锉锋利，齿尖最好是锉成三角形，边缘光滑，锯口平整。锯齿不要太张开，否则锯起来虽然比较省力又快，但锯口粗糙，树木伤口也不易愈合。锯使用完毕保存时，也要涂油防锈。

3. 梯子及升降车

使用前应检查是否牢固，有无松动，使用后要妥善保存，防止受潮和雨淋，以免腐烂或生锈。

【学习评价】

采用多元化的评价体系，将学生专业知识、技能操作、技能成果和个人的职业素养有效地结合在一起考评（表4-4-1）。

表4-4-1　学生考核评价表

考核项目		权重	考核要点	考核评价		
				自我	小组	教师/专家
知识		20%	能够识别园林常用各种修剪、锯类工具，并能够正确熟练使用			
技能	操作过程	30%	工具使用操作规范、方法正确、满足植物生长要求			
	技能成果	25%	通过学习和认知，掌握各种修剪、锯类工具的使用方法和操作技能，能够熟练地应用到各种植物的修剪中			
素质		25%	能够遵守纪律，学习认真，能吃苦耐劳；不旷课，不迟到早退；能与同学很好配合；能提前预习和总结，能解决实际问题			

【练习设计】

简答题

1. 常用修剪工具有哪些？
2. 常用修剪工具的保养方法？

技能二 整形修剪基本方法

【技能描述】

掌握不同时期内整形修剪的基本方法。

【技能情境】

整形修剪
基本方法

（1）场地：实习实训基地。
（2）工具：修枝剪、绿篱机、手锯、扶梯、手套、清扫工具等。
（3）材料：各种需修剪的植物。

【技能实施】

（1）分小组进行方案设计，每组 5~6 人。
（2）查找资料，制订修剪方案；准备工具、材料。
（3）方案实施。
1）选择：在不同的时期，选择相应的修剪方法对不同的植物进行修剪。
2）实施步骤：
① 确定植物：选定需修剪的植物。
② 确定修剪方法：对要修剪的植物选择合理的修剪方法，如短截、疏除、抹芽和除蘖等。
③ 开始修剪：针对不同的修剪方法采用不同的修剪要领。
3）清理现场：修剪后的枝条、枝叶要及时清理。

【技术提示】

（1）选择合适的修剪方法。
（2）掌握不同的修剪要领。
（3）修剪时注意剪口及剪口芽的位置。

【知识链接】

在园林绿化过程中，对任何园林植物都应根据其生长特性及其功能要求，修剪成一定的形状，使之与周围的环境相协调，更好地发挥绿化效果。因此整形修剪是园林植物栽培中重要养护管理措施之一，它是调节树体结构、促进生长平衡、消除树体隐患、恢复树木生机的重要手段。

一、整形修剪概述

修剪是指对植株的某些器官，如芽、干、枝、叶、花、果、根等进行短截、疏除或其他处理的具体操作。整形是指为提高园林植物观赏价值，按其习性或人为意愿而修整成各种优美的形状与树姿。修剪是手段，整形是目的。在土、肥、水管理的基础上进行科学的修剪和整形，是提高园林绿化水平的一项重要技术环节。

1. 整形修剪目的与作用

（1）整形修剪目的。创造最佳环境美化效果；调整个体与整体的关系；调节个体各部分的均衡关系；调节地上与地下的关系；调节营养器官与生殖器官的关系；调节树势、促进老树复壮更新。

（2）整形修剪的作用。整形修剪对植物生长发育具有双重作用，即局部促进、整体抑制作用；整形修剪对开花结果有影响，合理的修剪，能调节营养生长与生殖生长的平衡关系；整形修剪对树体内营养物质含量有影响，短截后的枝条及其抽生的新梢，含氮量和含水量增加，碳水化合物含量相对减少；修剪后，树体内的激素分布、活性也有所改变。

2. 整形修剪目的原则

（1）根据园林植物在园林绿化中的用途。不同的绿化目的各有其特殊的整形要求。如槐树，作行道树栽植一般修剪成杯状形，做庭荫树用则采用自然式整形。桧柏，作孤植树配置应尽量保持自然树冠，做绿篱树栽植则一般行强度修剪、规则式整形。榆叶梅，栽植在草坪上宜采用丛状扁球形，配置在路边则采用有主干圆头形。

（2）遵循植物的生长发育习性。园林树种不同，其分枝方式、干性、层性、顶端优势、萌芽力、发枝力等生长习性也有很大差异。修剪时必须尊重和顺应生长发育习性。

1）分枝特性。对于主轴分枝的树种，修剪时要注意控制侧枝、剪除竞争枝、促进主枝的发育，如钻天杨、毛白杨、银杏等树冠呈尖塔形或圆锥形的乔木，顶端生长势强，具有明显的主干，适合采用保留中央主干的整形方式；而具有合轴分枝的树种，易形成几个势力相当的侧枝，呈现多叉树干，如为培养主干可采用摘除其他侧枝的顶芽来削弱其顶端优势，或将顶枝短截剪口留壮芽，同时疏去剪口下3~4个侧枝促其加速生长；具有假二叉分枝（二歧分枝）的树种，由于树干顶梢在生长后期不能形成顶芽，下面的对生侧芽优势均衡影响主干的形成，可采用剥除其中一个芽的方法来培养主干；对于具有多歧分枝的树种，则可采用抹芽法或用短截主枝方法重新培养中心主枝。

修剪中应充分了解各类分枝的特性，注意各类枝之间的平衡。如强主枝具有较多的新梢，叶面积大具较强的合成有机养分的能力，进而促使其生长更加粗壮；反之，弱主枝则因新梢少、营养条件差而生长愈渐衰弱。欲借修剪来平衡各枝间的生长势，应掌握"强主枝强剪、弱主枝弱剪"的原则。

侧枝是构成树冠、形成叶幕、开花结实的基础，其生长过强或过弱均不易形成花芽，应分别掌握修剪的强度。如对强侧枝弱剪，目的是促使侧芽萌发、增加分枝、缓和生长势、促进花芽的形成，而花果的生长发育又进一步抑制侧枝的生长；对弱侧枝强剪，可使养分高度集中，并借顶端优势的刺激而抽生强壮的枝条，获得促进侧枝生长的效果。

2）萌芽与发枝力。整形修剪的强度与频度，不仅与树木栽培的目的有关，更是取决于植物萌芽与发枝力的强弱。如悬铃木、大叶黄杨、女贞等有很强的萌芽发枝能力，可多次修剪；而梧桐、桂花、玉兰等萌芽发枝力较弱的树种，则应少修剪或只做轻度修剪。

3）花芽的着生部位、花芽性质和开花习性。不同树种的花芽着生部位有差异，有的着生于枝条的中下部，有的着生于枝梢顶部；花芽性质，有的是纯花芽，有的为混合芽；开花习性，有的是先花后叶，有的是先叶后花。所有这些性状特点，在花、果木的整形修剪时，都需要给予充分的考虑。

4）树龄及生长发育时期。幼树修剪，为了尽快形成良好的树体结构，应对各级骨干枝的延长枝进行重短截，促进营养生长；为提早开花，对于骨干枝以外的其他枝条应以轻短截为主，促进花芽分化。成年期树木正处于成熟生长阶段，整形修剪的目的在于调节生长与开花结果的矛盾，保持健壮完美的树形；衰老期树木其生长势衰弱，树冠处于向心生长更新阶段，修剪主要以重短截为主，以激发更新复壮活力，恢复生长势，但修剪强度应控制得当，此期，对萌蘖枝、徒长枝的合理有效利用，具重要意义。

（3）依据植物栽植地点的环境条件　植物在生长过程中总是不断地协调自身各部分的生长平衡，以适应外部生态环境的变化。如孤植树光照条件良好，因而树冠丰满，冠高比大；密林中的树木主要从上方接受光照，因侧旁遮阴而发生自然整枝，树冠狭窄，冠高比小。因此需针对植物栽植地点具体的环境特点，采取相应的修剪措施。

二、整形修剪的时期

对于园林植物的整形修剪工作，随时都可以进行，如抹芽、摘心、除蘖、剪枝等。但有些植物，如一些树木因伤流等原因，要求整形修剪在伤流最少的时期内进行，因此绝大多数植物是以冬季和夏季为最好，即植物休眠期修剪和生长期修剪。

1. 休眠期修剪

休眠期内植物（树木）生长停滞，植物体内养料大部分回归根部，修剪后营养损失最少，且修剪的伤口不宜被细菌感染腐烂，对植物生长影响较小。因此植物中大部分的树木修剪工作在此时间内进行。冬季修剪的具体时间应根据当地的寒冷程度和最低气温来决定，有早晚之分。冬季修剪对树冠构成、枝梢生长、花果枝的形成等有重要作用，一般采用截、疏、放等修剪方法。

（1）冬季严寒的北方地区的修剪时期。由于修剪后伤口易受冻害，因此早春修剪为宜，但不应过晚。早春修剪应在树木根系旺盛活动之前、营养物质尚未由根部向上输送时进行，可减少养分的损失，对花芽、叶芽的萌发影响不大。

（2）有伤流现象植物的修剪时期。这些种类的植物在萌发后有伤流发生，如核桃、槭树等应在春季伤流期前修剪。伤流使植物体内养分与水分流失过多，造成植物生长势衰弱，甚至枝条枯死。伤流一般随地温、根压变化，温度低，流量就较少。一般可在果实采收后、叶片黄之前进行为宜，此时修剪既无伤流又对混合芽的分化有促进作用，展叶后不宜进行。为了栽植和更新复壮的需要，常在栽植时或早春进行修剪。

2. 生长期修剪

常绿植物没有明显的休眠期，同时冬季低温，伤口不易愈合，易受冻害，所以一般在夏季修剪。

（1）一年内多次抽梢开花的树木。花后及时修去花梗，抽出新枝，可使开花不断，延长观赏期，如紫薇、月季等观花植物。

（2）嫁接树木。用抹芽、除蘗达到促发侧枝、抑强扶弱的目的，均在生长期内进行。

三、修剪方法

修剪的基本方法有截、疏、伤、变、放、抹芽和除蘗等几种，也可以根据修剪的目的灵活采用。

1. 截

截，是将植物的一年生或多年生枝条的一部分剪去，以刺激剪口下的侧芽萌发，抽发新梢，增加枝条数量，多发叶多开花。

（1）根据截取枝条的不同可分为短截和回缩。

1）短截：截取一年生枝条一部分。

2）回缩：截取多年生枝条一部分。

（2）根据短截的程度，可分为轻短截、中短截、重短截和极重短截。

1）轻短截：剪去一年生枝条的 1/5 ~ 1/4。刺激单枝生长量小，萌发的侧枝长势较弱，能缓和树势，利于花芽的形成。

2）中短截：剪去一年生枝条长度的 1/3 ~ 1/2。侧芽萌发多，成枝力高，生长势强，枝条加粗生长快，一般用于延长枝和骨干枝。

3）重短截：剪去一年生枝条长度的 3/4 ~ 2/3。剪后发侧枝少，但枝条生长势旺，不易形成花芽，但过重修剪会削弱整个树木的生长势。

4）极重短截：枝剪留 1 ~ 2 个芽。在春梢基部留 1 ~ 2 个瘪芽，其余剪去，以后萌 1 ~ 2 个弱枝可降低枝位，多用于竞争枝的处理。

（3）短截的应用情况。

1）规则式或特定形式整形修剪的植物，因枝条不断生长，常会干扰或损害现有的图案或几何形体，需经常短剪长枝，保持造型的完美。

2）为使观花与观果植物多形成枝条，使树冠丰富，增加开花数量或结果量，用短剪改变枝条的生长势，抑强扶弱或转弱为强，以达到调节营养生长与生殖生长关系的目的。

3）当树冠内枝条分布和结构不理想，为了改变枝条的方向与夹角，应进行短剪。

4）片林中为培养挺直和粗壮的树干，对易枯梢和主干弯曲的树木进行短剪或回缩，使萌发通直高大的树干。

5）由于枝条衰老、长势弱、病虫害或机械损伤等原因，树冠枯顶或生长不均衡，为使树冠重新萌发成丰满均衡形式，对上述枝条进行短剪，留强芽抽壮枝。

6）树木或多年生枝条衰老，需进行更新复壮时，进行回缩修剪或齐地面截去，用徒长的根蘗枝代替原有树木或枝条。

（4）摘心和剪梢（短截的一种方式）的应用情况。

1）在新梢抽出后，为了限制新梢继续生长，将生长点摘去或将新梢的一段剪去，解除新梢顶端优势，促使抽生侧枝扩大树冠，易于开花。例如绿篱植物通过剪梢，可使绿篱带枝条密生，枝叶鲜嫩，观赏效果与防护功能增加；露地草花摘心是培养饱满株形、增加分枝数量、多开花和延长花期的主要措施之一。

2）摘心与剪梢的时期不同，产生的影响也不同。具体进行的时间依树种、目的要求而异。为了多发侧枝，扩大树冠，宜在新梢旺长时摘心；为促进观花树木多形成花芽开花，宜在新梢生长缓慢时进行；观叶植物随时都可进行。

2. 疏

疏，又称疏剪或疏删，即把枝条从分枝点基部全部剪去。

疏剪的对象主要是病虫枝、伤残枝、干枯枝、内膛过密枝、衰老下垂枝、重叠枝、并生枝、交叉枝及干扰树形的竞争枝、徒长枝、根蘗枝等。疏剪对全树的总生长量有削弱的作用，对局部的促进作用不如短剪，但影响的范围比短剪大；对全树生长的削弱程度与疏剪程度和疏去枝条的强弱有关；疏去强枝留下弱枝或疏剪枝条过多，会对树木的生长产生较大的削弱作用；疏弱枝、留强枝则可集中树体内营养，使枝条长势加强。

疏剪强度可分为轻疏（疏枝量占全树枝条的10%或以下）、中疏（疏枝量占全树的10%~20%）、重疏（疏枝量占全树的20%以上）。疏剪强度依树种、长势、年龄而定：萌芽力强成枝力弱的或萌芽力成枝力都弱的树种，少疏枝，如油松、雪松等枝条轮生，每年发枝数有限，尽量不疏枝；萌芽力成枝力都强的树种，可多疏，如悬铃木；幼树宜轻疏，以促进树冠迅速扩大，对于花灌木类则可提早形成花芽开花；成年树生长与开花进入盛期，枝条多，为调节营养生长与生殖生长关系，促进年年有花或结果，宜适当中疏；衰老期树木，发枝力弱，为保持有足够的枝条组成树冠，疏剪时要小心，只能疏去必须要疏除的枝条。

3. 伤

伤，是指用各种方法损伤枝条，以缓和树势、削弱受伤枝条的生长势为目的。

（1）环状剥皮：在发育盛期对不大开花结果的枝条，进行环状剥皮，有利于环状剥皮上方枝条营养物质积累和花芽的形成。宽度以一月内剥皮伤口能愈合为限，一般为枝粗的1/10左右。

（2）目伤（刻伤）。在芽或枝的上方或下方进行刻伤，伤口形状似眼睛所以称为目伤。伤的深度达木质部。在春季树木发芽前，在芽的上方刻伤，如果在生长盛期则在芽的下方刻伤。可用于雪松偏冠及观花、观果树的光腿现象。

（3）扭梢与折梢。在生长季内，将生长过旺的枝条，特别是着生在枝背上的旺枝，在中上部将其扭曲下垂称为扭梢；或只将其折伤但不折断（只折断木质部）称为折梢。扭梢与折梢是伤骨不伤皮，其阻止了水分、养分向生长点输送，削弱枝条生长势，有利于短花枝的形成。

4. 变

改变枝条生长方向，控制枝条生长势的方法称为变。如用曲枝、拉枝、抬枝等方法，将直立或空间位置不理想的枝条，引向水平或其他方向，可以加大枝条开张角度，使顶端优势转位、加强或削弱。

5. 放

放，又称缓放、甩放或长放，即对一年生枝条不作任何短截，任其自然生长。利用单枝生长势逐年减弱的特点，对部分长势中等的枝条长放不剪，下部易发生中、短枝，停止生长早，同化面积大，光合产物多，有利于花芽形成。

6. 抹芽和除蘗

对于嫁接的植株需及时除去砧木上的枝或芽，这对接穗部分的生长尤为重要。根蘗性强的品种，应及时剪去强壮的根蘖，促使长枝，保证养料集中供给正常枝条的生长。及时抹芽除蘖可减少冬季修剪的工作量，避免伤口过多，对树木生长有利。

7. 其他方法

摘蕾、摘果也是一项修剪内容。蕾或果过多，影响开花质量和坐果率；月季，牡丹等花蕾多，为促使花朵硕大，常需及时摘除过多的花蕾；易落花的花灌木，一株上不宜保持较多的花朵，应及时疏花。

四、修剪程序及需注意的问题

1. 修剪程序

概括地说就是"一知、二看、三剪、四检查、五处理"。

（1）"一知"。修剪人员必须掌握操作规程、技术及其他特别要求。要了解操作要求，才可以避免错误。

（2）"二看"。修剪前应对植物进行仔细观察，因树制宜，合理修剪。要了解植物的生长习性、枝芽的发育特点、植株的生长情况、冠形特点及周围环境与园林功能，结合实际进行修剪。

（3）"三剪"。对植物按要求或规定进行修剪。修剪时最忌无次序，修剪观赏花木时，首先要观察分析树势是否平衡，如果不平衡，分析造成的原因。在疏枝前先要决定选留的大枝数及其在骨干枝上的位置，先剪掉大枝，再修剪小枝，宜从各主枝或各侧枝的上部起，向下依次进行。对于普通的一棵树来说，则应先剪下部，后剪上部；先剪内膛枝，后剪外围枝。

（4）"四检查"。检查修剪是否合理，有无漏剪与错剪，以便修正或重剪。

（5）"五处理"。包括对剪口的处理和对剪下的枝叶、花果进行集中处理等。

2. 修剪需注意的问题

（1）剪口与剪口芽。剪口的方向、剪口芽质量影响到被修剪枝条抽生新梢的生长与长势。剪口芽是靠近剪口旁的芽。

1）剪口。剪口要求的形状可以是平剪口或斜切口，一般采用斜切口。剪口距芽的距离以 0.5～1cm 之间为宜，过长芽易发生弧形生长现象，而且芽上方过长的枝段，由于水分、养料不易流入，常干枯或腐烂；过短，修剪时易损伤芽，同时剪口蒸发使剪口芽失水过多，芽易干枯死亡。

2）剪口芽的选择。选择剪口芽应慎重考虑树冠内枝条分布状况和期望新枝长势的强弱。需向外扩张树冠时，剪口芽应留在枝条外侧；如欲填补内膛空虚，剪口芽方向应朝内；对生长过旺的枝条，为抑制其生长，以弱芽当剪口芽，扶弱枝时选留饱满的壮芽。

（2）大枝的剪除。将枯枝或无用的老枝、病虫枝等全部剪除时，为了尽量缩小伤口，应自分枝点的上部斜向下部剪下，伤口不大，很易愈合；回缩多年生大枝时，往往会萌生徒长枝，为了防止徒长枝大量抽生，可先行疏枝和重短截；如果多年生枝较粗，必须用锯锯除，可先从下方浅锯伤，再从上方锯下。

（3）剪口的保护。对于剪口比较大的宜在剪口涂抹保护剂，常见的保护剂有保护蜡和豆油铜素剂，保护蜡是用松香、黄蜡、动物油按 5:3:1 比例熬制而成；豆油铜素剂用豆油、硫酸铜、熟石灰按 1:1:1 比例制成。

（4）注意安全。上树修剪时，所有用具、机械必须灵活、牢固，防止发生事故。

（5）职业道德。修剪工具应锋利，修剪时不能造成树皮撕裂、折枝断枝。修剪病枝的工具，要用硫酸铜消毒后再修剪其他枝条，以防交叉感染。

【学习评价】

采用多元化的评价体系，将学生专业知识、技能操作、技能成果和个人的职业素养有效地结合在一起考评（表4-4-2）。

表4-4-2　学生考核评价表

考核项目		权重	考核要点	考核评价		
				自我	小组	教师/专家
知识		20%	能够熟知修剪时期、修剪方法、修剪原则，针对不同的植物种类掌握不同的修剪方法			
技能	操作过程	30%	操作程序规范，修剪技术运用正确，能够合理地修剪不同类型植物			
	技能成果	25%	通过学习和认知，掌握剪口状态处理技术、修剪留芽正确、大剪口涂保护剂等技能			
素质		25%	能够遵守纪律，学习认真，能吃苦耐劳；不旷课，不迟到早退；能与同学很好配合；能提前预习和总结，能解决实际问题			

【练习设计】

一、名词解释

修剪　截　疏　休眠期修剪　生长期修剪

二、单项选择题

1. 一般树木适合施基肥、移植、整形修剪时期是（　　　）。

A. 生长盛期　　　　B. 休眠期　　　　C. 生长初期　　　　D. 生长末期

2. 轻疏，疏枝量占全树的（　　　）以下。

A. 10%以下　　　　B. 10%～20%　　　C. 20%以上　　　　D. 50%

3. 中疏，疏枝量占全树的（　　　）。

A. 10%以下　　　　B. 10%～20%　　　C. 20%以上　　　　D. 50%

4. 重疏，疏枝量占全树的（　　　）。

A. 10%以下　　　　B. 10%～20%　　　C. 20%以上　　　　D. 50%

5. 改变枝条生长方向，缓和枝条生长势的方法，称为（　　　）。

A. 变　　　　　　　B. 伤　　　　　　　C. 疏　　　　　　　D. 剪

6. 对于疏枝量占全树枝条的10%以下属于（　　　）。

A. 轻短截　　　　　B. 轻疏　　　　　　C. 中疏　　　　　　D. 回缩

7. 对于1年生枝条短截1/3～1/2部分称为（　　　）。

A. 轻短截　　　　　　B. 中疏　　　　　　C. 中短截　　　　　　D. 重短截

8. 对于多年生枝条短截一部分称为（　　　）。

A. 轻短截　　　　　　B. 轻疏　　　　　　C. 剪梢　　　　　　D. 回缩

9. 对于 1 年生枝条短截 1/5 ~ 1/4 部分称为（　　　）。

A. 轻短截　　　　　　B. 轻疏　　　　　　C. 中疏　　　　　　D. 中短截

10. 对于 1 年生枝条短截 2/3 ~ 3/4 部分称为（　　　）。

A. 轻短截　　　　　　B. 重短截　　　　　　C. 极重短截　　　　　　D. 重疏

三、简答题

1. 如何根据树木的年龄进行整形修剪？
2. 论述树木不同时期的修剪措施？
3. 修剪的程序及安全措施是什么？

技能三　常见园林植物整形修剪技术

常见园林植物
整形修剪技术

【技能描述】

掌握不同植物整形修剪的方法和技术。

【技能情境】

（1）场地：实习实训基地。

（2）工具：修枝剪、绿篱机、手锯、扶梯、手套、清扫工具等。

（3）材料：各种需修剪的植物。

【技能实施】

（1）分小组进行方案设计，每组 5 ~ 6 人。

（2）查找资料，制订修剪方案；准备工具、材料。

（3）方案实施。

1）选择：对于不同种类的植物，选择相应的修剪方法进行修剪。

2）实施步骤：

① 确定植物：选定需修剪的植物。

② 确定修剪方法：对要修剪的植物选择合理的修剪方法和技术。

③ 开始修剪：针对不同的修剪方法采用不同的修剪要领。

3）清理现场：修剪后的枝条、枝叶要及时清理。

【技术提示】

（1）针对不同植物选择适合的修剪方法与技术。

（2）掌握常见植物的修剪方法。

（3）修剪时注意不同植物的修剪要求。

【知识链接】

一、行道树的整形修剪

1. 行道树的基本概况

行道树要求枝条伸展、树冠开阔、枝叶浓密。行道树的冠形依栽植地点的架空线路及交通状况而定。在架空线路多的主干道上及一般干道上，一般采用规则形树冠，整形修剪成杯状形、开心形、圆柱形、球形等立体几何形状；在无机动车辆通过的或狭窄巷道内，可采用自然式树冠。

行道树一般使用树体高大的乔木树种，主干高要求在2.5～6m之间，行道树上方有架空线路通过的干道，其主干的分枝点应在架空线路的下方，而为了车辆行人的交通方便，分枝点不得低于2～2.5m。城郊公路及街道、巷道的行道树，主干高可达4～6m或更高。定植后的行道树要每年修剪扩大树冠，调整枝条的伸出方向，增加遮阴保湿效果，同时也应考虑建筑物、架空线路与采光等影响。

2. 行道树的修剪季节

落叶行道树修剪一般在冬季落叶后或春季发芽前进行，一般在12月中、下旬至翌年3月份。因为冬季树木休眠时修剪可重新调整枝条的组合，使树体内的储藏养料在第二年春季发芽后能得到合理的分配，并使新发的枝条有适当的空间取得阳光进行光合作用，促使树木的生长，从而实现行道树的庇荫降温等功能，并使行道树有统一整齐的树形，达到整齐美观的作用。

行道树除冬剪外，每年还要在5～6月间进行2～3次的剥芽。除此之外，对一些病虫枝、干扰架空线路等的枝条还必须随时修剪，对冬剪切口上萌发的一些新枝如密生一簇者，也要适当进行疏剪。

常绿行道树一般在春季第一次生长高峰之前及秋季最后一次生长高峰之后进行修剪为最好。一般为早春3～4月及秋季10～11月。

3. 行道树主要整形修剪技术

（1）杯状形修剪。杯状形修剪多用于架空线路下，主干高2.5～4m，具有典型的"三股六杈十二枝"的冠形结构。即定干后，选留3个方向合适（相邻主枝间角度呈120°，与主干约呈45°）的主枝，再在各主枝的两侧各选留2个近于同一平面的斜生枝，然后同样再在各二级枝上选留2个枝，这个过程要分数年完成，才可形成杯状形树冠。行道树采用杯状形整枝，可视情况，根据树种而有变化。

骨架构成后，树冠很快扩大，疏去密生枝、直立枝，促发侧生枝，内膛枝可适当保留，增加遮阴效果。上方有架空线路的，切勿使枝与线路触及，一定要保持安全距离。行道树的枝条与架空线路间的安全距离（含水平间距和垂直间距），视线路类别而异。一般情况下，1kV以下的电力线路安全间距为1m，1～20kV线路下为3m，30～110kV高压线路下为4m，150～220kV超高压线路下要求达5m。枝条与通信明线间的安全距离为2m，与通讯电缆的安全距离为0.5m。近建筑物一侧的行道树，为防止枝条扫瓦、堵门、堵窗，影响室内采光和安全，应随时对过长枝条进行短截修剪。

生长期内要经常进行抹芽，抹芽时不要扯伤树皮，不留残枝。冬季修剪时把交叉枝、并生枝、下垂枝、枯枝、伤残枝及背上直立枝等截除。

（2）开心形修剪。开心形修剪是杯状形的改进形式，不同处仅是分枝点相对杯状形低、内膛不空、三大主枝的分布有一定间隔，多用于无中央主轴或顶芽能自剪的树种，树冠自然开展。如合欢，定植时，将主干留 2~2.5m，最高不超过 3m 截干，靠近快车道一侧的分枝点可稍高一些。春季发芽后，留 3~5 个位于不同方向、分布均匀的侧枝进行修剪，促使枝条生长成主枝，其余全部抹去。同一条路或相邻一段路上的行道树，主枝顶部要找平，如果确定距地面几米处剪齐，则分枝高的主枝多剪一些，而分枝低的主枝少剪一些。生长季只在主枝上保留 3~5 个方向合适的侧芽，来年萌发后选留 6~10 个侧枝，进行短截，促发次级侧枝，使冠形丰满、匀称。

（3）自然式修剪。在不影响交通和其他公共设施的情况下，行道树可以采用自然式冠形，如塔形、卵圆形等。

1）有中央主枝的行道树。凡主轴明显的树种，分枝点的高度按树种特性及树木规格而定，栽培和修剪时应注意保护其顶芽向上直立生长。主干顶端如受损伤，应选择一个直立向上生长的枝条或在壮芽处短剪，并把其下部的侧芽抹去，抽出直立枝条代替，避免形成多头现象，如雪松、杨树等。

针叶树应剪除基部垂地枝条，随树木生长可根据需要逐步提高分枝点，并保护主尖直立向上生长。

阔叶类树种如毛白杨，不耐重抹头或重截，应以冬季疏剪为主。修剪时应保持树冠与树干的适当比例，一般树冠高占 3/5，树干（分枝点以下）高占 2/5，在快车道旁的分枝点高至少应在 2.8m 以上。注意最下层的三大主枝上下位置要错开，方向匀称，角度适宜。要及时剪掉三大主枝上最基部贴近树干的侧枝，并选留好三大主枝以上枝条，使其呈螺旋形向上排列，萌生后形成圆锥状树冠。

银杏每年枝条短截，下层枝应比上层枝留得长，萌生后形成圆锥形树冠。形成后仅对枯病枝、过密枝为主进行疏剪，一般修剪量不大。

2）无中央主枝的行道树。选用主干性不强的树种，如旱柳、榆树、栾树、国槐等，分枝点高度一般为 2~3m，于分枝点附近留 5~6 个主枝，各层主枝间距短，使其自然长成卵圆形或扁圆形的树冠。每年修剪的主要对象是密生枝、枯死枝、病虫枝和伤残枝等。

4. 几种常见行道树修剪

（1）悬铃木。悬铃木是具有顶芽的主轴式生长的树种，修剪方法有合轴主干形修剪与杯状形修剪两种，以杯状形修剪较多。杯状形修剪时需要在一定的高度以上截头定干，这样，会促使剪口下的芽萌动抽枝，此时可采用分期剥芽疏枝的方法，选留 3~5 个壮芽或主枝，生长期可不断摘心，促壮其上侧枝（芽），待冬季停止生长后，在每个主枝中选择 2 个侧枝短截，这样就初步形成了"三股六杈十二枝"的杯状形，再疏除原有的直立枝、交叉枝，以后每年冬季剪去主枝的 1/3，适当保留弱小枝为辅养枝，减去过密的侧枝，使其交互着生侧枝，但长度不应超过主枝。对强枝要及时回缩修剪，以防树冠过大，叶幕层过稀，同时还要及时剪除病虫枝、交叉枝、重叠枝、直立枝。成型后的大树，可 2 年修剪一次，这样可以防止果毛污染。

合轴主干形修剪悬铃木需要保健壮的顶芽、直立芽,养成健壮的各级分枝,使树冠不断扩大即可。近年来,提倡悬铃木自然式修剪。自然式修剪的悬铃木即培养一、二级骨架,扩大树荫后,任其上部自然生长,日常修剪侧重于抹芽和修剪病虫枝、徒长枝、烂头等,尽量多保留健康枝条,增加绿量。

(2)合欢。合欢主要以自然开心形修剪为主,在主干高达 2~2.5m 及以上时即可进行定干修剪,选上下错落的侧枝作为主枝,切勿选择同基点处的侧生分枝作为主枝,以免树干一处所承受的力量过大。冬季对三个主枝进行短截,在各个主枝上再培养几个侧枝,互相错落分布,占有一定的空间。如果树冠扩展过远,要及时回缩修剪换头,选下部几处健壮的芽逐步取而代之,待翌春萌发时,可形成新的主干。如此循环往复,可形成自然开心形树冠,犹如一把大遮阳伞,充分展示了行道树所特有的功能。平时注意剪除枯死枝、病虫枝、过密枝、交叉枝等。

(3)栾树。栾树定干后,于当年冬季或翌春选留 3~5 个生长健壮、分布均匀的主枝,短截留 40cm 左右,剪除其余分枝。为了集中养分促侧枝生长,夏季及时剥去主枝上萌出的新芽。第一次剥芽,每个主枝选留 3~5 个芽,第二次留 2~3 个,留芽方向要合理,分布要均匀。

冬季进行疏枝短截,使每个主枝上的侧枝分布均匀,方向合理。短截 2~3 个侧枝,其余全部剪掉,短截长度 60cm 左右。这样短截 3 年,树冠扩大,树干也粗壮,形成球形树冠。

每年冬季,剪除干枯枝、病虫枝、交叉枝、细弱枝、密生枝。如果主枝的延长枝过长应及时回缩修剪,继续当主枝的延长头。对于主枝背上的直立徒长枝要从基部剪掉,保留主枝两侧一些小侧枝,这样既有空间,又不扰乱树形,也不影响主枝生长。

二、庭荫树的整形修剪

1. 庭荫树的基本概况

庭荫树一般以自然树形为宜,于休眠期间将过密、伤残、枯死、病虫及扰乱树形的枝条疏除,也可根据配植需要进行特殊的造型和修剪。树干 1~1.5m 以下的枝条全部剪除,作为遮阳树,树干的高度相应要高些(1.8~2m),首先是培养一段高矮适中、挺拔粗壮的树干。

2. 修剪季节

庭荫树修剪一般在冬季落叶后或春季发芽前进行。一般在 12 月中、下旬至翌年 3 月份,因为冬季树木休眠时修剪可重新调整枝条的组合,使树体内的储藏养料在第二年春季发芽后能得到合理的分配,并使新发的枝条有适当的空间取得阳光进行光合作用,促使树木的生长,从而实现庭荫树的庇荫降温等功能。

3. 庭荫树整形修剪的原则

没有人车通过、道路管线的限制,庭荫树多采用自然式整形修剪,其生长能充分发挥其景观效果。庭荫树的树冠应尽可能大些,以最大可能发挥其遮阳作用。一般认为,以遮阳为主要目的的庭荫树,其树冠占树高的比例以 2/3 以上为佳。

4. 庭荫树主要整形修剪技术

(1)自然式修剪。在树木的自然树形的基础上,稍加修整。只修剪破坏树形和有损树体健康与行人安全的过密枝、徒长枝、内膛枝、交叉枝、重叠枝及病虫枯死枝等。

1）无中央主枝的庭荫树。选用主干性不强的树种，如旱柳、榆树、栾树、国槐等，分枝点高度一般2～3m，于分枝点附近留5～6个主枝，各层主枝间距短，使其自然长成卵圆形或扁圆形的树冠。每年修剪的主要对象是密生枝、枯死枝、病虫枝和伤残枝等。

2）多主干形的庭荫树。2～4个主干，分层排列侧生的主枝。适用于生长较旺盛的树种，尤其是观花乔木、庭荫树的整形。

（2）混合式整形修剪。以树木原有的自然形态为基础，略加人工改造的整形方式。

5. 几种常见庭荫树修剪

（1）旱柳。旱柳作为庭荫树主要以自然式修剪为主，修剪时一般分枝点高度定于2～3m，于分枝点附近留5～6个主枝，各层主枝间距短，使其自然长成卵圆形或扁圆形的树冠。每年冬季修剪的主要对象是密生枝、枯死枝、病虫枝和伤残枝等。

（2）悬铃木。悬铃木作为庭荫树主要以自然式修剪为主，自然式修剪的悬铃木即培养一、二级骨架，扩大树荫后，任其上部自然生长，日常修剪侧重于修剪病虫枝、徒长枝、枯死枝等，尽量多保留健康枝条，增加绿量。

（3）国槐。国槐修剪可采用高干自然开心形和主干疏层形。自然开心形在主干上着生3～5个主枝，每个主枝上着生2～3个侧枝；主干疏层形全树有主枝5～7个，分2～3层着生在中心干上。冬季修剪选择3～5个生长健壮、方向合适、角度适宜、位置理想的枝条作主枝，所留主枝留60～80cm短截，剪口留外向芽，以便扩大树冠；对其余枝条进行合理疏枝，疏除轮生枝、丛生枝、细弱枝、病虫枝、过密枝、干枯枝等。

三、灌木、小乔的整形修剪

1. 观花、观果树木的整形修剪

（1）春季开花的落叶树木。花后立即修剪，疏除过多、过密枝，老枝，萌蘖条和徒长枝等，太长或破坏树形的枝条应该短截，疏开中心，以利通风透光。对具拱形枝种类，如连翘、迎春等，老枝应该重剪，以利抽生健壮的新枝，充分发挥其树姿的特点。

（2）夏秋开花的落叶树木。新梢开花。除应在休眠期修剪外，其方法与春季开花者相同。落叶小乔木或灌木，喜光耐旱耐水，萌芽力成枝力强，芽的潜伏力强，耐修剪。多采用自然开心形、疏散分层形或多干丛生形，如紫薇等。

（3）一年多次开花的灌木。在休眠期剪除老枝，在花后短截新梢，如月季、珍珠梅等。

（4）常绿阔叶灌木。一般生长慢、枝叶匀称而紧密，可少修剪。摘心或剪梢，疏除弱枝、病枝、枯枝和交叉枝。速生的可重剪。轻修剪可在早春生长之前进行，较重修剪应推迟至开花之后。

观形类灌木，如小叶黄杨、千头柏、海桐等，以短截为主，适当疏剪，可在每次抽梢之后轻剪一次，以利于树形的迅速形成。

（5）观果类花灌木。金银木、枸杞、火棘等是一类既可观花又可观果的花灌木。它们的修剪时期和方法与早春开花的种类大体相同，但需特别注意及时疏除过密枝，确保通风透光，减少病虫害，促进果实着色，提高观赏效果。

2. 修剪方法

（1）自然开心形整形。一年生苗冬季短截，疏二次枝。翌春留剪口下30cm整形带内的芽，其余抹去。新梢长 20～30cm 时选主干延长枝，其余剪去 1/2。第二年冬，在 1.5m 处短截主干延长枝，疏剪口下二次枝和辅养枝。翌春剪口下留 3～4 个芽任其生长，其他短截。第三年冬，短截三主枝延长枝，留外芽。适当疏剪或短截剪口附近的二次枝。每主枝在离主干 50cm 处留第一侧枝，适当短截。主枝上的其他枝疏密截稀，留 2～3 个芽作开花母枝。第四年冬，各主枝继续延迟，并留第二侧枝，短截第一侧枝及所有花枝。

（2）疏散分层形。一年生苗短截，翌春发 3～4 个新枝，剪口第一枝作主枝延长枝，其他 2～3 个枝不断摘心，作第一层主枝。第二年冬，主干延长枝短截 1/3，第一层主枝轻短截。翌年夏选留第二层主枝 2 个，其他未入选的摘心。第三年冬，按上法短截主干延长枝，留一枝作第三层主枝，其余的短截。以后主干不再增高。每年在主枝上选留各级侧枝和安排开花基枝。开花基枝留 2～3 个芽短截，翌年剪去前两枝，第三枝留 2～3 个芽短截。如此每年反复。

（3）放任灌木的修剪与灌木更新。

1）放任灌木修剪。多干丛生，参差不齐，内膛空虚，容易光腿，树形杂乱无章。修剪总的要求是去老干促新干。

① 丛生的和萌蘖性强的灌木：如小檗、太平花、珍珠梅、八仙花，秋季或早春将老干全部切去，让其从地面重新萌生，经过一定时期，又可形成优良的树形。

② 乔木型或亚乔木型灌木：如金缕梅、木槿、紫薇、杜鹃、碧桃等只能剪除内向枝、病虫枝、徒长枝及受损枝，其他部分不需要进行重剪，更不能从地面剪除。

2）灌木更新。

更新前的特点：年龄老化，主枝光腿，弱干自疏，树形杂乱。

更新方法：更新修剪多在休眠期进行，但以早春开始生长前几周进行最好。

① 逐年疏干。

原则：去劣留优，去密留稀，去老留幼。

疏干顺序：先粗后细，从上抽出。

② 平茬：从基部剪去所有主枝，萌发后再选留 3～5 个主干。

③ 台刈：在一定高度剪除所有枝条。

3. 常见观花树木的修剪

（1）紫荆的整形修剪。

1）紫荆单干式（小乔木形）整形。

第一年：保留中央一个粗壮的枝，其余丛生枝剪去。

第二年：剪除该枝下部的新生分枝及新生根蘖条，保留该枝上部的 3～5 个枝条；中央枝作为中干，其余作为主枝。

第三年：剪除主枝以下的新生枝及根蘖条。保留主枝和主枝以上中心干的新生枝。

2）紫荆丛状整形。通过平茬或留 3～5 个芽重短截，促进多萌条。然后，选留 3～5 个枝条作为主枝，留 3～5 个芽短截，促其多分枝，其余剪除。留下基部几个芽短截。剪去树冠内过密的枝及细枝。

（2）碧桃、榆叶梅等有主干的落叶灌木（或小乔木）。修剪时保留一定的主干 20～30cm，留 3～5 个主枝，侧枝剪去一半，保留 2～3 个壮芽；翌年再短截新梢长度的 1/3，疏除过密枝。

（3）玫瑰、连翘等无主干或丛生的灌木。修剪时选留 3～5 个细粗均匀的主枝，其余疏掉；选留的主枝一般进行中短截。

四、藤本树木的整形修剪

1. 藤本植物基本概况

藤本植物，植物体细长，不能直立，只能依附别的植物或支持物，缠绕或攀缘向上生长的植物。

藤本植物一直是造园中常用的植物材料，如今可用于园林绿化的面积越来越小，充分利用攀缘植物进行垂直绿化是拓展绿化空间、增加城市绿量、提高整体绿化水平、改善生态环境的重要途径。

2. 藤本类的整形方式

（1）棚架式。棚架式多用于卷须类及缠绕类藤本植物，常在近地面处重剪，使其发生数条强壮主蔓，垂直牵引主蔓至棚架顶部，使侧蔓均匀分布架上，很快成为阴棚。主要是隔数年将病、老枝或过密枝疏剪，不必每年修整。

（2）凉廊式。常用于卷须类及缠绕类植物，也偶尔用吸附类植物。因凉廊有侧方格架，所以主蔓勿过早牵引至廊顶，否则容易形成侧面空虚。

（3）篱垣式。篱垣式多用于卷须类及缠绕类藤本植物，主要是将侧蔓进行水平牵引，每年对侧枝施行短剪，形成整齐的篱垣形式。对长而较矮的篱垣常称为"水平篱垣式"，又依水平分段层次可分为二段式、三段式等，又称为"垂直篱垣式"，适于形成距离短而较高的篱垣。

（4）附壁式。附壁式多用于吸附类藤本植物，只需将藤蔓引于墙面即可自行靠吸盘或吸附根而逐渐布满墙面。注意使壁面基部全部覆盖，各蔓枝在壁面上分布均匀，勿使互相重叠交错，防止基部空虚。可采用轻、重剪及曲枝牵引等方法，并加强栽培管理，以维持基部及整体枝条长期茂密。

（5）直立式。对于一些茎蔓粗壮的种类，如紫藤等，可以修剪整形成直立灌木式。此式如用于公园道路旁或草坪上，可以收到良好的效果。

3. 藤本类植物修剪方法

（1）吸附类藤本植物，如常春藤、扶芳藤、爬山虎、凌霄、络石等植物应在生长季剪去未能吸附墙体而下垂的枝条；对于未完全覆盖的墙面，应短截空隙周围的植物枝条，以便发生副梢，填补空缺。

（2）钩刺类藤本植物，如藤本月季可按灌木修剪方法疏枝，当植物生长到一定程度，树势衰弱时，应进行回缩修剪，强壮树势。

（3）生长于棚架的藤本植物，如卷须类植物葡萄、山葡萄等和缠绕型植物如三叶木通、五叶木通等落叶后应疏剪过密枝条，清除枯死枝，使枝条均匀分布架面。

（4）成年和老年藤本植物应常疏枝，并适当进行回缩修剪。

4. 常见藤本类植物修剪

（1）紫藤。栽植时应视需要进行修剪，用于棚架和长廊绿化时，应将其主枝均匀分布绑缚架上，使其沿架攀缘，迅速扩展。休眠期的修剪主要是调整枝条分布，过密枝、细弱枝应从茎部剪除，使树体主蔓、侧蔓结构匀称清晰，通风透光（图 4-4-3）。

图 4-4-3 紫藤修剪前后

（2）凌霄。定植后修剪时，首先选一个健壮枝条做主蔓培养，剪去先端未死老化的部分，剪口下的侧枝疏剪掉一部分，以减少竞争，保证主蔓优势，然后牵引使其附着在支柱上。主干上生出的主枝只留 2~3 个作辅养枝，其余的全部疏剪掉。

【学习评价】

采用多元化的评价体系，将学生专业知识、技能操作、技能成果和个人的职业素养有效地结合在一起考评（表 4-4-3）。

表 4-4-3 学生考核评价表

考核项目		权重	考 核 要 点	考核评价		
				自我	小组	教师/专家
知识		20%	能够熟知修剪方法、修剪技术，根据不同的植物种类掌握不同的修剪方法			
技能	操作过程	30%	操作程序规范，修剪技术运用正确，能够合理地修剪不同类型的植物			
	技能成果	25%	通过学习和认知，掌握常见园林植物的修剪技能；能独立完成修剪，程序规范，方法正确；能完成花灌木、小乔木、藤本植物的修剪			
素质		25%	能够遵守纪律，学习认真，能吃苦耐劳；不旷课，不迟到早退；能与同学很好配合；能提前预习和总结，能解决实际问题			

【练习设计】

一、名词解释

行道树　整形　自然式修剪　自然与人工混合式整形　藤本植物

二、单项选择题

1. 有一定的高度，无中央主干，主干上部分生 3~4 个主枝，均匀向四周排列，各主枝再分生 2 个枝即传统的"三叉六股十二枝"树形，此种整形方式是（　　）。

　　A. 杯状形　　　　B. 开心形　　　　C. 中央主干形　　　　D. 疏散分层形

2. 中央主干低矮，分枝较低，干上有 3~4 主枝，其夹角 90°~120°，分别向外延伸，使中心开展，每主枝上配 2~3 骨干枝，骨干枝上配三级枝组的整形方式是（　　）。

　　A. 杯状形　　　　B. 开心形　　　　C. 中央主干形　　　　D. 疏散分层形

3. 留一强大的中央主干，在其上配列疏散的主枝。适用单轴分枝、轴性强的树种，能形成高大的树冠，宜作庭荫树、孤植树及松、柏类乔木的整形。此种整形方式为（　　）。

　　A. 杯状形　　　　B. 开心形　　　　C. 中央主干形　　　　D. 疏散分层形

4. 留 2~4 个中央主干，在其上配列侧生的主枝，形成均整匀称的树冠，本形适用于生长较旺的树种，可形成优美的树冠，宜作观花乔木、庭荫树的整形，此种整形方式为（　　）。

　　A. 杯状形　　　　B. 开心形　　　　C. 中央主干形　　　　D. 多主干形

5. 主干不明显，每丛自基部留 10 余个主枝，其中保留 1~3 年生主枝 3~4 个，每年剪去 3~4 个老主枝，更新复壮，此种整形方式为（　　）。

　　A. 灌丛形　　　　B. 自然开心形　　　C. 多主干形　　　　D. 疏散分层形

三、简答题

1. 论述夏季银杏树整形修剪方法。

2. 论述园林树木自然与人工混合式整形。

3. 论述自然式冠形行道树的修剪整形。

4. 论述杯状形行道树的修剪与整形。

四、实训

藤本植物（紫藤）整形修剪。

技能四　常见园林植物造型修剪技术

【技能描述】

掌握不同植物造型修剪的方法和技术。

【技能情境】

（1）场地：实习实训基地。

（2）工具：修枝剪、绿篱机、手锯、扶梯、手套、清扫工具等。

常见园林植物
造型修剪技术

（3）材料：各种需修剪的植物。

【技能实施】

（1）分小组进行方案设计，每组5～6人。

（2）查找资料，制订修剪方案；准备工具、材料。

（3）方案实施：

1）选择：对于不同种类的植物，选择相应的修剪方法进行修剪。

2）实施步骤：

① 确定植物：选定需修剪的植物。

② 确定修剪方法：对要修剪的植物选择适合的造型修剪方法和技术。

③ 开始修剪：针对不同的修剪方法采用不用的修剪要领。

3）清理现场：修剪后的枝条、枝叶要及时清理。

【技术提示】

（1）针对不同植物选择适合的造型修剪方法与技术。

（2）掌握常见造型植物的修剪方法。

【知识链接】

植物造型修剪也是植物整形修剪的一种形式，常见的形式有动物形状和其他物体形状两大类。适于进行特殊造型的植物，必须枝叶茂盛，叶片细小，萌芽力和成枝力强，自然整枝能力差，枝干易弯曲造型，如罗汉松、圆柏、黄杨、金雀花、水蜡树、紫杉、女贞等。

对植物特殊的造型修剪，首先，要具有一定的雕塑基本知识，能对造型对象各部分的结构、比例有较好的掌握；其次，应从基部做起，循序渐进，切忌急于求成，有些大的整形还要在内膛架设钢铁骨架，以增强枝干的支撑力；最后，灵活并恰当运用多种修剪方法。常用的修剪方法是截、放、变三种形式。

一、图案式绿篱的整形修剪

组字或图案式绿篱，采用矩形的整形方式，要求篱体边缘棱角分明，界限清楚，篱带宽窄一致，每年修剪的次数比一般镶边、防护的绿篱要多，枝条的替换、更新时间应短，不能出现空秃，以始终保持文字和图案的清晰可辨。用于组字或图案的植物，应较矮小、萌枝力强、极耐修剪，目前常用的是瓜子黄杨和雀舌黄杨。可依字图的大小，采用单行、双行或多行式定植。

二、绿篱拱门制作与修剪

绿篱拱门设置在用绿篱围成的闭锁空间处，为了便于游人入内，常在绿篱的适当位置断开绿篱，制作一个绿色的拱门，与绿篱连为一体，游人可自由出入，又具有极强的观赏、装饰效果。制作的方法是：在断开的绿篱两侧各种1株枝条柔软的小乔木，两树之间保持较小间距，然后将树梢向内弯曲并绑扎在一起。枝条柔软，造型自然，并能把整个骨架遮挡起来。绿色拱门必须经常修剪，防止新梢横生下垂，影响游人通行；并通过反复修剪，始终保持较窄的厚度，使拱门内膛通风采光好，不易产生光秃。

三、造型树木的整形修剪

用各种侧枝茂盛、枝条柔软、叶片细小且极耐修剪的树木，通过扭曲、盘扎、修剪等手段，将树木整成亭台、牌楼、鸟兽等各种主体造型，以点缀和丰富园景（图 4-4-4）。造型要讲究艺术构图的基本原则，运用美学原理，使用正确的比例和尺度，发挥丰富的联想和比拟等。同时做到各种造型与周围环境及建筑充分协调，创造出一种如画的图卷、无声的音乐、人间的仙境的意境。

造型树木的整形修剪，首先应培养主枝和大侧枝构成骨架，然后将细小的侧枝进行牵引和绑扎，使它们紧密抱合生长，按照模仿的物体形状进行细致的修剪，直至形成各种绿色雕塑的雏形。在以后的培育过程中不能让枝条随意生长而扰乱造型，每年都要进行多次修剪，对"物体"表面进行反复短截，以促发大量的密集侧枝，最终使得各种造型丰满逼真、栩栩如生。造型培育中，决不允许发生缺棵和空秃现象，一旦空秃难以挽救。

鸟兽造型　　　　几何造型

图 4-4-4　造型树木修剪

【学习评价】

采用多元化的评价体系，将学生专业知识、技能操作、技能成果和个人的职业素养有效地结合在一起考评（表 4-4-4）。

表 4-4-4　学生考核评价表

考核项目		权重	考核要点	考核评价		
				自我	小组	教师/专家
知识		20%	能够熟知常见造型植物的修剪方法、修剪技术。对植物特殊的造型修剪，要具有一定的雕塑基本知识			
技能	操作过程	30%	熟练掌握常见园林植物的造型修剪，能独立完成修剪，程序规范，方法正确			
	技能成果	25%	植物修剪后剪口状态要正确，留芽位置正确，大剪口要注意涂保护剂等			
素质		25%	能够遵守纪律，学习认真，能吃苦耐劳；不旷课，不迟到早退；能与同学很好配合；能提前预习和总结，能解决实际问题			

【练习设计】

简答题

1. 造型修剪对植物有哪些要求？

2. 如何做好造型修剪以及造型修剪的主要修剪方法有哪些？

任务四总结

本任务主要介绍了园林植物整形修剪内容，主要包括以下四个方面的内容：修剪工具、整形修剪基本方法、常见园林植物的整形修剪以及常见园林植物造型修剪。通过任务四的学习，学生可以全面系统地掌握园林植物整形修剪的知识与技能。

任务四　思政拓展

在自然界中同种植物在群体郁闭或水肥供应不足、营养不良等条件下通过叶片衰老与脱落，甚至部分植株死亡而产生的自然稀疏现象称为自疏现象，是植物的一种自我调节方式。园林植物整形修剪是通过人为调节而产生这种现象，让植物生长更为健康。在我们的成长过程中，要像植物一样定期的思考和反省，净化心灵，像一棵树，只有在其成长的过程中不断修剪，才能使其健康茁壮成长。

片林中为培养挺直和粗壮的树干，对易枯梢和主干弯曲的树木进行短剪或回缩，使其萌发通直高大的树干。在同学们的学习和生活中，我们也同样需要预防和改正不良习惯，不忘初心，树立正确的世界观、人生观、价值观，牢牢把爱国主义植根心中，培育和践行社会主义核心价值观，完善人格，锤炼品德，成为新一代"四有"青年。

修剪整形对植物生长发育有双重作用，即局部促进、整体抑制作用；修剪整形对开花结果也会产生影响，合理的修剪整形，能调节营养生长与生殖生长的平衡关系；修剪整形对树体内营养物质含量也会产生影响，短截后的枝条及其抽生的新梢，含氮量和含水量增加，碳水化合物含量相对减少；修剪后，树体内的激素分布、活性也会有所改变。我们在生活中也是一样，断舍离后你会发现你的决断力和选择力不断提升，同时也可以甩开惰性，刺激思维的新陈代谢。

任务五　园林植物自然灾害防治技术

【任务分析】

园林植物各种自然灾害的主要防治措施。

【任务目标】

（1）了解园林植物自然灾害包括的内容。

（2）熟知园林植物自然灾害防治的方法。

（3）掌握园林植物自然灾害防治操作技能。

（4）能够熟练应对各种园林植物突发自然灾害状况。

（5）培养处理各种植物自然灾害的管理能力和各种灾害应对操作能力等。

技能一　低温防治

【技能描述】

掌握植物低温伤害类型及防治措施。

低温防治

【技能情境】

（1）场地：校内实习基地。
（2）工具：竹片、钢丝、钳子、木棍、防寒布、铁锹等。
（3）材料：绿篱。

【技能实施】

（1）分小组进行方案设计，每组7~8人。
（2）查找资料，制订防寒方案；准备工具。
（3）实施步骤：
1）砸立杆。
2）绑扎横杆。
3）拐角的处理。
4）绷布。

【技术提示】

（1）低温伤害要针对不同植物采取相应的防寒措施。
（2）做防寒措施前部分植物要浇一次封冻水，来年春天及时浇解冻水。

【知识链接】

一、低温危害

冬害：植物在冬季休眠中所受到的低温伤害。

春（秋）害：植物在生长初（末）期因寒潮突然入侵和夜间地面辐射冷却所引起的低温伤害。

二、低温伤害的基本类型

根据低温对植物伤害的机理，主要分为冻害、冻旱（干化）和寒害（冷害）。

1. 冻害

冻害是植物在0℃以下，因组织内部结冰所引起的伤害。形成原因：温度降低，冰晶不断扩大，细胞失水，细胞液浓缩，原生质脱水，蛋白质沉淀；压力的增加，促使细胞膜变性和细胞壁破裂，植物组织损伤，导致树木明显受害。

（1）溃疡。低温下树皮组织的局部坏死。一般只局限于树干、枝条或分叉某一特定的较小范围。树干上普遍局限于树干的南向和西南向。

症状：树皮变色下陷，其后逐渐干枯死亡，皮部裂开和脱落。多为积雪冻害或一般冻害（图4-5-1a）。

根颈：进入休眠最晚，易遭冻害，受冻后对树体影响最大。

成熟枝条：形成层最抗寒，皮层次之，而木质部、髓部最不抗寒。枝条受冻常与冻旱、抽条同时发生，冻伤主要表现为组织变色，冻旱、抽条主要表现为枝条干缩。

根：粗根比细根耐寒；表层根系易受冻害；疏松的土壤比板结土壤中受冻厉害；干燥土壤比潮湿土壤严重；新栽树木或幼树的根系易受冻害。

防治办法：适当深栽，地面覆盖，选择抗寒砧木，伤后修剪等。

（2）冻裂。冬季气温低且变化剧烈，易发生冻裂。多发生在树干的西南向。落叶树冻裂比常绿树严重。

轮裂：又称杯状环裂。在低温以后，树干外部组织在太阳照射下突然加热升温，使这些组织的膨胀比内部组织快，导致木质部沿某一年轮开裂。

径裂：沿直径的方向，特别是髓射线的方向，常发生在降温时（图4-5-1b）。

冻裂的树木，按要求对裂缝消毒和涂漆，在裂缝闭合时，每隔30cm弦向安装螺纹杆或螺栓固定，以防再次张开。

a）　　　　　　　　　　　b）

图4-5-1　树木常见冻害的类型

a）溃疡　b）冻裂

（3）冬日晒伤。冬季和早春，向南一面，温差可达28～30℃，结冻和解冻交互发生易引起冬日晒伤，多发生在寒冷地区的树木主干和大枝上。树干遮阴或涂白可减少伤害。

（4）冻拔。又称冻举，是温度降至0℃以下，土壤冻结并与根系联为一体后，由于水结冰体积膨胀，使根系与土壤同时抬高。解冻时，土壤与根系分离，在重力作用下，土壤下沉，苗木根系外露，似被拔出，倒伏死亡。多发生于含水量过高、质地黏重的土壤及根系浅的树木（如幼苗和新栽幼树）。

（5）霜害。温度急剧下降至0℃以下，空气中的饱和水汽与树体表面接触，凝结成冰晶（霜），使幼嫩组织或器官产生伤害的现象。

早霜（秋霜）：凉爽夏季伴随温暖的秋天，使得生长季推迟，木质化程度低而遭初秋霜冻的危害。另一原因是秋季的异常寒流。

晚霜（春霜）：树木萌动后，气温突然下降至0℃或更低，导致阔叶树的嫩枝、叶片萎蔫、变黑和死亡；针叶变红和脱落。

霜穴（袋）：低洼地或山谷，南种北引易遭早霜；北种南引易遭晚霜。幼苗和树木的幼嫩部分容易遭受霜冻。

抗寒性强弱：休眠期 > 营养生长阶段 > 生殖阶段；茎 > 叶 > 花；实生起源 > 营养繁殖起源。

2. 冻旱（干化）

冻旱是因土壤冻结而发生的生理干旱。在冬季或春季晴朗时，常有短期明显回暖天气，树木地上部分蒸腾加速，但土壤仍然冻结，根系吸收的水分不能弥补丧失的水分而遭受冻旱危害。常绿树遭受冻旱的可能性更大。

症状：发生早期，常绿阔叶树的叶尖和叶缘焦枯、叶片颜色趋于褐色而不是黄色。在常绿针叶树上，针叶完全变成褐色或者从尖端向下逐渐变成褐色，顶芽易碎，小枝易折。

3. 寒害（冷害）

寒害是 0℃ 以上的低温对植物所造成的伤害，多发生于热带或亚热带树种。喜温树种北移时，寒害是一个重要障碍，同时也是其生长发育的限制因子。症状有叶黄、脱落。寒害引起树木死亡的原因主要是细胞内核酸和蛋白质代谢受到干扰。

4. 抽条（灼条或梢条）

抽条是指树木越冬以后，枝条脱水、皱缩、干枯的现象。实际上是低温危害的综合征。原因包括冻伤、冻旱、霜害、寒害及冬日晒伤。

大量失水抽条不是在严寒的 1 月份，而是发生在气温回升、干燥多风、地温低的 2 月中下旬至 3 月中下旬，轻者可恢复生长，但会推迟发芽；重者可导致整个枝条干枯。

三、低温伤害的防治

1. 主要预防措施

（1）适地适树。选择抗寒的树种或品种。以乡土树种为主，合理选用引种树种。在一般情况下，对低温敏感的树种，应栽植在通气、排水性能良好的土壤上，以促进根系生长，提高耐低温的能力。

（2）加强抗寒栽培，提高树木抗性。春季加强肥水供应；夏季适期摘心，促进枝条成熟；后期控水，及时排涝，不施或少施氮肥，适量施用磷、钾肥，勤锄深耕；冬季修剪，减少蒸腾面积以及人工落叶等，加强病虫害的防治。

（3）改善小气候，增加温度与湿度的稳定性。

1）林带防护法：主要适用于专类园的保护。

2）喷水法：在将发生霜冻的黎明，向树冠喷水，能起到减缓降温、防止霜冻的效果。

3）熏烟法：形成烟幕，减少土壤辐射散热；同时烟粒吸附湿气，使水汽凝结成液体放出热量，提高温度，保护树木。但在多风或温度降至 -3℃ 以下时，效果不明显。

（4）加强树体保护，减少低温伤害（图 4-5-2）。冻前灌水；全株培土，根颈培土（30cm），束冠；用 7% ~10% 石灰乳涂白，配方为水 10 份，生石灰 3 份，石硫合剂原液 0.5 份，食盐 0.5 份，动植物油少许；主干包草 1.3 ~1.5m 高；搭风障；用腐叶土、泥炭藓或锯末等保温材料覆盖根区或树盘；喷洒蜡制剂或液态塑料。在树木已经萌动、开始伸枝展叶或开花时，根外追施磷酸二氢钾。

a）   b）

图 4-5-2 树木防低温伤害措施
a）风障 b）涂抹石硫合剂

（5）推迟萌动期，防晚霜危害。利用生长调节剂；早春多次灌返浆水；树干刷白或树冠喷白（7% ~10% 石灰乳）。

2. 受害植株的养护

合理修剪：将受害器官剪至健康部分，最好萌芽后进行。

合理施肥：7月前后适当施用化肥；越冬后对受害植株适当多施化肥。

伤口修整、消毒与涂抹，桥接修补或靠接换根。

四、常见植物防寒措施

1. 绿篱防寒

（1）砸立杆：每延米1根（每根立杆基本在路缘石缝处），立杆要求高出绿篱8 ~ 10cm，为保证立杆顶平侧直，工作时必须挂线找直、找上平；为保证立杆的稳定性，立杆入土地至少15cm，离路缘石内侧的距离控制在2 ~ 3cm，必须保持一致。

（2）绑扎横杆：横杆上下两道，上道横杆稍低于立杆0.5cm左右，下道横杆高出路缘石4 ~ 5cm，使用钢丝绑扎在立杆外侧（扎口留在里侧），两根横杆搭接20 ~ 30cm，大头与小头搭接，两道杆都要求平直，严禁出现起伏现象。

（3）拐角的处理：拐角处必须加一个斜撑固定，外再绑扎一根立杆保证绷布后布不会被横杆捅破。

（4）绷布：此项工作是防寒中的关键一步，首先要选好防寒布的高度，压塑料膜的一侧朝向绿篱外侧，如果是上口敞开式，防寒布上沿高于横杆1.5cm找齐，横杆是竹片的高于竹片上沿1cm，整体要求平整不起皱。上口敞开式，绷布中缝针是一个关键，要求立杆上中下各缝一针，两立杆之间的横杆中间上下各缝一针（"十"字必须留在布外面）。缠绕式绷布，即布的上沿缠在横杆上，两针间的距离控制在10cm，每2m必须打一个死结，防止一处断头造成整体脱落；穿针必须从里往外，从横杆的下方穿针，否则易出现松动；其他要求同敞开式。

2. 常绿植物防寒

针对常绿植物防寒风障，要求应搭设在迎风一侧和与其相邻的两侧的迎风面方向，大小适合，高度超出植株高度0.5 ~1m，与植株水平距离保持0.5m的距离。风障抗风能力要求达到八级以上，两根竖杆间距要求1 ~ 1.2m，横杆间距不大于0.5m，且要平直，风障主框架必须有斜撑加固。防寒立杆不能超出防寒布，并要求防寒布用尼龙绳进行绑扎，间距不大于10cm。要求风障稳固，形状规整，高度一致、美观。

3. 落叶树木防寒

对需要进行防寒的乔木、灌木不管新老均在树干上先缠绕双层无纺布，然后在无纺布外侧紧密地缠绕一层地膜，无纺布和地膜的缠绕高度从根茎部位到树分枝点；或缠绕一层草绳，外边缠绕一层地膜，高度从根茎部位到树分枝。

【学习评价】

采用多元化的评价体系，将学生专业知识、技能操作、技能成果和个人的职业素养有效地结合在一起考评（表4-5-1）。

表4-5-1　学生考核评价表

考核项目		权重	考 核 要 点	考核评价		
				自我	小组	教师/专家
知识		20%	能够熟练掌握园林各种低温灾害类型、预防措施及防寒知识			
技能	操作过程	30%	熟练掌握常见园林植物的防寒措施及其应对操作技能			
	技能成果	25%	能够根据具体植物的灾害程度，正确制订方案，保证植物正常越冬			
素质		25%	能够遵守纪律，学习认真，能吃苦耐劳；不旷课，不迟到早退；能与同学很好配合；能提前预习和总结，能解决实际问题			

【练习设计】

一、名词解释

冻害　冻旱（干化）　　抽条

二、简答题

1. 低温伤害的类型有哪些？
2. 如何对园林植物的低温伤害进行防治？

三、实训

校园绿化植物防寒处理。

技能二　高温防治

【技能描述】

掌握植物高温伤害因素及防治措施。

高温防治

【技能情境】

（1）场地：新栽植幼树实训基地。

（2）工具：竹竿、木棍、钢丝、钳子、遮阳网、铁锹等。

（3）材料：新栽植幼树。

【技能实施】

（1）分小组进行方案设计，每组7~8人。

（2）查找资料，制订遮阳方案；准备工具。

（3）实施步骤：

1）砸立杆。

2）绑扎横杆。

3）固定遮阳网。

4）洒水降温。

【技术提示】

（1）当年新栽植幼树要做好遮阳防日灼工作。

（2）及时对植株喷水降温。

（3）秋季树干涂白也可以防日灼。

【知识链接】

（一）高温危害

以仲夏和初秋最为常见，对树体表现出直接和间接伤害。

1. 高温的直接伤害——日灼病

在强烈的阳光直接照射下，由于高温、水分不足、蒸腾作用减弱，致使树体温度难以调节，造成枝干的皮层或其他器官表面的局部温度过高，伤害细胞生物膜，使蛋白质失活或变性，导致皮层组织或器官溃伤、干枯死亡。

根颈伤害：又称灼环、颈烧、干切。土表温度为40℃时就开始受害。幼苗易受害，且多发生于茎的南向，表现为茎的溃伤或芽的死亡。

形成层伤害：皮烧或皮焦，引起形成层和树皮组织的局部死亡。多发生在树皮光滑的成年树上，树皮呈斑块状死亡或片状脱落。

叶片伤害：叶焦，嫩叶、嫩梢焦枯变成褐色。

2. 高温的间接伤害——饥饿和失水干化

消耗多、积累少：临界高温后，光合作用开始迅速降低，呼吸作用继续增加；超过光饱和点，光合速率显著降低；蒸腾速率升高。

（二）影响高温伤害的因素

1. 树种、年龄、器官和组织状况

英桐、樱花、檫木、泡桐及樟树的主干易遭皮灼；红枫、银槭、山茶的叶片易得叶焦病。幼树皮薄、组织幼嫩易遭高温的伤害；新梢易遭高温的危害。

2. 环境条件和栽培措施

气候干燥、土壤水分不足会加剧叶子的灼伤；硬质铺装最易引起皮焦和日灼；遭蚜虫和其他刺吸式昆虫严重侵害时，常使叶焦加重；树木缺钾可加速叶片失水而易遭日灼。

生长环境突然变化，或根系受损等都易发生日灼。如新栽幼树，北树南移；去冠栽植，主干及大枝突然失去庇荫保护；习惯于密集丛生、侧方遮阴的树木，移植到空旷地，或强度间伐突然暴露于强烈阳光下时。

（三）高温危害的防治

（1）适地适树：选择耐高温抗性强的树种或品种。

（2）栽植前抗性锻炼，并注意方向：如逐步疏开树冠和庇荫树，以便适应新的环境。

（3）移栽时尽量保留比较完整的根系，以利吸水。

（4）树干涂白：可反射阳光，缓和树皮温度的剧变，对减轻日灼和冻害均有明显的作用。涂白多在秋末冬初进行，有的地区也在夏季末进行。此外，树干缚草、涂泥及培土等也可防止日灼。

（5）加强树冠管理：易日灼的可适当降低主干高度，多留辅养枝，避免枝、干的光秃和裸露。

（6）去头栽植或重剪应慎重：应分2~3年进行，避免一次透光太多；需要提高主干高度时，应有计划地保留一些弱小枝条自我遮阴，以后再分批修除。

（7）必要时可给树冠喷水或抗蒸腾剂。

（8）加强综合管理：生长季防干旱，防各种原因造成叶片损伤，防病虫害，合理施用化肥。

（9）加强受害树木的管理：伤口修整、消毒、涂抹，必要时还应进行桥接或靠接修补。

【学习评价】

采用多元化的评价体系，将学生专业知识、技能操作、技能成果和个人的职业素养有效地结合在一起考评（表4-5-2）。

表4-5-2　学生考核评价表

考核项目		权重	考核要点	考核评价		
				自我	小组	教师/专家
知识		20%	能够熟练掌握园林各种高温伤害类型和影响因素			
技能	操作过程	30%	熟练掌握常见园林植物的高温防治技术及其应对操作技能			
	技能成果	25%	能够根据具体植物高温灾害程度，正确制订方案，保证植物正常生长			
素质		25%	能够遵守纪律，学习认真，能吃苦耐劳；不旷课，不迟到早退；能与同学很好配合；能提前预习和总结，能解决实际问题			

【练习设计】

一、名词解释

日灼　根颈伤害　形成层伤害　叶片伤害

二、简答题

1. 影响高温伤害的因素是什么？
2. 如何防治高温危害？

技能三　风害防治

【技能描述】

掌握植物风害类型及预防措施。

风害防治

【技能情境】

（1）场地：实习实训基地。

（2）工具：竹片、钢丝、钳子、木棍、防风布、铁锹等。

（3）材料：绿篱。

【技能实施】

（1）分小组进行方案设计，每组 7~8 人。

（2）查找资料，制订防风方案；准备工具。

（3）实施步骤：

1）砸立杆、做支撑。

2）绑扎横杆。

3）绷布。

【技术提示】

（1）做好新栽植树木的防风措施，做支撑等。

（2）大树移栽时，树根盘不宜过小，做到比例适中。

【知识链接】

（一）风害的影响因素

在多风地区，树木会出现偏冠和偏心现象。偏冠会给树木整形修剪带来困难，偏心的树木易遭受冻害和日灼，影响树木功能作用的发挥。

1. 树种的生物学特性与风害的关系

（1）树种特性。浅根、高干、冠大、叶密的树种，如刺槐、加杨等抗风力弱；相反，根深、矮干、枝叶稀疏坚韧的树种，如垂柳、乌桕等则抗风性较强。

（2）树枝结构。一般髓心大、机械组织不发达、生长迅速而又枝叶茂密的树种，受风害较重。一些易受虫害的树种主干最易风折，健康的树木一般不易遭受风折。

2. 环境条件与风害的关系

（1）行道树。如果风向与街道平行，风力汇集成为风口，风压增加，风害会随之加大。

（2）局部绿地。因地势低凹，排水不畅，雨后绿地积水，造成雨后土壤松软，风害会显著增加。

（3）风害也受绿地土壤质地的影响。如绿地偏沙质或为煤渣土、石砾土等，因结构差、土层薄抗风性差，如为壤土或偏黏土等则抗风性强。

3. 人为经营措施与风害的关系

（1）苗木质量。苗木移栽时，特别是移栽大树，如果根盘起得小，则因树身大，易遭风害。所以大树移栽时一定要立支柱，在风大地区，栽大苗也应立支柱，以免树身被吹歪。移栽时一定要按规定起苗，起的根盘不可小于规定尺寸。

（2）栽植方式。凡是栽植株行距适度，根系能自由扩展的树木抗风强；如树木株行距过密，根系发育不好，再加上护理跟不上，则风害显著增加。

（3）栽植技术。在多风地区栽植坑应适当加大，如果小坑栽植，树会因根系不舒展，发育不好，重心不稳，易受风害。

（二）预防和减轻风害有以下几种措施

（1）在风口、风道、易遭风害地区选择深根性、耐水湿、抗风力强的树种，如枫杨、无患子、柳树等。

（2）株行距要适度，采用低干、矮冠整形。

（3）改良栽植地（土质偏沙）土壤质地，大穴换土，适当深栽。

（4）培育壮根良苗，大树移栽时，根盘不能起挖过小，栽后立即立支柱。

（5）合理疏枝，控制树形，可减少阻风力，减轻风折、风倒。

（6）对幼树、名贵树种可设置风障。

（三）风后的养护

对于遭受大风危害的树木，应根据受害情况及时做下列维护：

（1）对被风刮倒的树木及时顺势扶正。

（2）对折断的根加以修剪，填土压实，培土为馒头形。

（3）修剪去部分或大部分枝条，并立支柱。

（4）对于裂枝要吊枝或顶枝，捆紧基部受伤面，涂药膏促使其愈合，并加强肥水管理，促进树势的恢复。

【学习评价】

采用多元化的评价体系，将学生专业知识、技能操作、技能成果和个人的职业素养有效地结合在一起考评（表4-5-3）。

表 4-5-3　学生考核评价表

考核项目		权重	考核要点	考核评价		
				自我	小组	教师/专家
知识		20%	能够熟练掌握风害影响因素和防治措施			
技能	操作过程	30%	根据不同植物受风害类型制订正确的防风方案			
	技能成果	25%	能够根据具体植物风害程度，正确制订方案，比如做支撑等措施保证植物正常生长			
素质		25%	能够遵守纪律，学习认真，能吃苦耐劳；不旷课，不迟到早退；能与同学很好配合；能提前预习和总结，能解决实际问题			

【练习设计】

简答题

1. 风害的预防措施有哪些？
2. 风后应如何养护？

技能四　雪害防治

【技能描述】

掌握植物遭受雪害的不同受灾情形及灾后的处理方法。

雪害防治

【技能情境】

（1）场地：实习实训基地。

（2）工具：木棍、钢丝、钳子、电锯、枝剪、铁锹等。

（3）材料：受雪灾的树木。

【技能实施】

（1）分小组进行方案设计，每组 7~8 人。

（2）查找资料，制订防雪灾方案；准备工具。

（3）实施步骤：

1）设支撑。

2）固定树木。

3）修剪枝叶，减少雪折。

【技术提示】

（1）做好雪灾前的预防工作。

（2）及时清除枯死植株。

（3）做好灾后病虫害的防治工作。

【知识链接】

（一）树木几种不同受灾情形

连续低温、降雪造成树木受到冻害，主要有以下四种：

1. 雪折

因树冠和枝叶在较长的时间内承受超负荷的积雪重量，导致主干、大枝被压断或大枝劈裂的现象。主要发生在雪松、广玉兰、竹类等。

2. 倒伏

主要发生在刚栽植不久、茎干较细或浅根性的树种，如雪松、广玉兰、紫竹、侧柏、罗汉松等。

3. 全株冻死

主要发生在一些从南方引进的观赏树木上，由于未经历过严寒的适应性锻炼，在长时间持续低温的作用下，导致全株被冻死。

4. 叶片严重受冻

主要是受长时间持续低温的破坏，导致植株叶片组织坏死，全树冠一片枯黄或呈深褐色。

（二）雪灾后的处理方法

1. 锯截断梢

对一些主梢被折断的观赏树木，如对广玉兰、罗汉松等，可从主梢折断处下方5cm处截断，截面处理干净后，根据树种的珍贵程度，选择涂抹伤口愈合剂或石硫合剂。待其截口下萌发新的枝梢时，选留粗壮的一枝作为"接班"主梢，妥善加以保护。对从主干基部折断的树木，且有较强的萌发性，如含笑类、罗汉松、竹柏、桂花等，可从地面截去，待其萌发新条再择优选留一个萌条代替主干。

2. 锯截断枝

对大枝被雪压断的观赏树木，根据不同萌芽习性采取相应的技术措施。比如对萌芽力强的桂花、广玉兰、罗汉松、香樟等，可在折断部位下5~8cm处锯断，锯截口要求光滑、整齐。锯截口上涂抹伤口愈合剂或石硫合剂；对萌芽力不强的树木种类，如雪松、五针松、黑松等，可从断枝的基部与主干分叉处截去，锯截口涂抹伤口愈合剂或石硫合剂。注意对锯截去大侧枝的树木，要根据树冠受损情况，酌情对外凸的枝条作适度缩剪，使树冠保持匀称。

3. 扶持压倒木

对新栽不久或浅根性的桂花、雪松、广玉兰、龙柏、蜀桧、山茶等花木，在土壤比较湿润时，及时将其扶直，注意在其主干倾斜的一侧多培一些土，并将培土踩实，有必要时还应打桩支撑，也可进行一些必要的修剪。扶直后，及时用清水冲洗干净枝叶。

4. 剪除枯死枝叶

对一些小枝及大量叶片被冻枯死的观赏树木，枯死的枝叶应尽快剪去，在春季发芽抽梢展叶之前，喷洒2~3次波尔多液，可防止次生病害的发生。

5. 检查西北向树木主干的树皮

对一些不太耐寒、树皮较薄、树皮含水量较高的观赏树木，如广玉兰、深山含笑、乐昌含笑、杜英、香樟等，应仔细检查树木主干西北向一侧的树皮，要及时刮去已坏死的树皮，至新鲜的韧皮部为止，同时涂抹伤口愈合剂。

6. 清除枯死株

对已经被完全冻死的树木，应及早将其清除。对没有萌芽能力、又被从主干中下部折断的五针松、黑松、湿地松、火炬松等，应及早连同根部一并清除。

7. 清沟滤水

对发生比较严重冻害的树木，要注意清沟滤水，强化其根系的吸收功能。

8. 及早培土

在完成清沟滤水、不破坏土壤结构的同时，要及时给予树蔸培土，特别是倾斜的树木尤为重要。

9. 清理枯枝落叶

对受冻树木的枯枝落叶，要及时将其清扫集中，用于填埋或烧毁，以免引发意外的病虫害（如根颈腐烂）。

10. 更换污染土

对主干道两侧因使用工业用盐作化雪剂造成盐害的情况，可考虑更换根系外围稍低洼处的土壤，同时铲去大树下一层表土。

（三）后续复壮管理措施

1. 施肥复壮

当气温上升到15℃以上时，可考虑适量埋施速效肥，如每株大树埋施0.2～0.5kg的尿素；当其树势恢复旺盛生长后，可考虑埋施复合肥或经过充分腐熟的有机肥，用以促进受冻树木的正常生长和尽快复壮。对于干径较粗的一些观赏竹雪折后，在从地面截干的同时，应及时给予竹腔施肥，即先用钢钎打通竹节，施入尿素、碳酸氢铵等速效肥，可促进当年春天竹笋、竹鞭的正常生长。

2. 修剪去萌

锯截后大部分种类都会出现较多的萌条，应及早选留粗壮结实、形状较好的萌条，使养分集中供应。

3. 病虫防治

树木的折断、韧皮部冻伤、根系工业用盐的影响、树叶和嫩枝的局部被冻坏，都有可能引发次生的病害，如褐斑病、叶枯病、茎腐病、根腐病等；一些主干性害虫，在树势生长不旺时也有可能乘虚而入，发生天牛等虫害的大面积侵入危害。

【学习评价】

采用多元化的评价体系，将学生专业知识、技能操作、技能成果和个人的职业素养有效地结合在一起考评（表4-5-4）。

表4-5-4　学生考核评价表

考核项目		权重	考核要点	考核评价		
				自我	小组	教师/专家
知识		20%	能够熟练掌握雪灾类型和雪灾后的处理方法			
技能	操作过程	30%	能够根据不同植物受雪灾类型制订正确的防雪灾方案			
	技能成果	25%	能够根据具体植物受雪灾程度，正确制订方案，比如扶持树枝等措施保证植物正常生长，使植物受雪灾后恢复良好			
素质		25%	能够遵守纪律，学习认真，能吃苦耐劳；不旷课，不迟到早退；能与同学很好配合；能提前预习和总结，能解决实际问题			

【练习设计】

一、名词解释

雪折　倒伏　修剪去萌

二、简答题

树木遭受雪灾的情形主要有哪些？

任务五总结

任务五主要介绍了园林植物自然灾害的防治工作主要有以下四个方面的内容：低温防治、高温防治、风害防治、雪害防治。通过任务五的学习，学生可以全面系统地掌握园林植物自然灾害的防治工作的相关知识与技能。

任务五　思政拓展

自然灾害是历朝历代均存在的问题，它涉及国家的兴盛存亡、社会安定与民生安危。殷墟甲骨文记载了目前所知的、我国最早的灾荒文字资料，后来的《竹书纪年》和《春秋》中有比较规范的灾荒记录，而自《汉书·五行志》出现以后的正史资料中有关灾害的资料也层出不穷。古人勇于面对自然灾害，并积极抗争，不断总结，积累了丰富的经验。由于全球工业化的快速发展，使植物的生态环境遭到破坏，导致自然灾害频发，我们要从自身做起保护环境。

任务六　古树名木养护管理技术

【任务分析】

（1）古树名木养护管理措施。
（2）古树名木的复壮技术。

【任务目标】

（1）了解古树衰老的原因，对古树名木衰老进行分析。
（2）能根据古树衰老的原因，及时采取措施，对古树名木进行正确的维护。
（3）掌握不同种类树木更新复壮技能。
（4）会对不同类型古树名木采取不同的养护措施，能够使树木实现更新复壮。
（5）培养保护古树名木的意识和修复更新复壮等技术能力。

技能一　古树名木日常养护管理

【技能描述】

掌握古树名木日常养护管理措施。

【技能情境】

古树名木日常
养护管理

（1）材料：木馏油、3%的硫酸铜溶液、油漆、沥青、肥料、通气材料、生根素、植物生长调节剂、油灰等。
（2）用具：电工刀、裁纸刀、小刮刀、铁凿、一字螺钉旋具、锤子、刷子、木条、钢丝网、立柱或棚架、绳索等。

【技能实施】

1. 古树名木衰老分析

进行现场观测，主要对古树生长状况及生存环境进行观测，并分析引起该古树衰老的主要原因，主要包含以下三种：

（1）病虫危害，树势衰弱，造成树洞。
（2）土壤密实度过高，导致土壤板结，土壤团粒结构遭到破坏，致使树木根系生长受阻，树势日渐衰弱。
（3）土壤理化性质恶化，树木营养失调。

2. 根据调查分析，制订古树养护实施方案

3. 根据古树养护实施方案进行古树养护

古树养护是保障古树名木生长发育所采取的保养、维护措施，具体如下：

（1）立标牌。标明树种、树龄、等级、编号，明确负责单位，设立宣传牌（图4-6-1），既需要就地介绍古树名木的重大意义与现状，又需要集中宣传教育，发动群众保护古树名木。

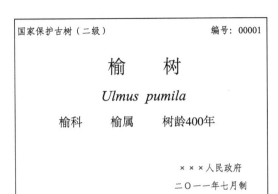

国家保护古树（二级）	编号：00001

榆 树

Ulmus pumila

榆科　　榆属　　树龄400年

×××人民政府

二〇一一年七月制

要求：

1. 标牌为铝金属材料。

2. 标牌规格为：200mm × 150mm。

3. 红底白色，凹凸字体，四角穿洞。

图4-6-1　古树名木标牌样式

（2）设围栏、堆土、筑台。对于处于广场、公园等游人容易接近的地方的古树，要设围栏对古树进行保护。围栏一般要距树干3～4m，或在树冠的投影范围之外。在人流密度大、树木根系延伸较长处，围栏外的地面要作透气铺装处理。在古树干基堆土或筑台可起保护作用，也有防涝效果，砌台比堆土收效更佳，应在台边留孔排水，切忌围栏造成根部积水。

（3）设避雷针。对于易遭受雷击的古树名木应安装上避雷装置，如生长在空旷地的高大古树、周围无建筑物遮挡的古树，能避免雷电瞬间放电产生的危害。

（4）灌水与排水、松土、施肥。春夏灌水防旱，秋冬浇水防冻，灌水后松土保墒。施肥时在树冠投影部分开深0.3m、宽0.7m、长2m的沟，沟内施腐殖土加稀粪等，增加土壤的肥力。但施用肥料时必须谨慎，绝不能造成古树生长过旺，特别是原来树势衰弱的树木，如果在短时间内生长过盛会加重根系的负担，树冠与树干及根系的平衡失调，结果适得其反。

（5）整形修剪。以少整枝、少短截，轻剪、疏剪为主，基本保持原有树形为原则。必要时也要适当修剪，以利通风透光，减少病虫害，促进更新、复壮。

图4-6-2　古树名木周边围护

（6）树体喷水。喷水清洗浮尘，增强光合作用。

（7）防治病虫害。古树衰老，容易招虫致病，加速死亡。名木古树病虫害防治应遵循"预防为主、综合防治"的方针，平时要追踪检查，做到"早发现，早预防，早治疗"。

【技术提示】

（1）古树衰老的原因复杂，在调查中要查明不同古树引起衰弱的主导因子，因地制宜地制订出合理的养护措施。

（2）对特别珍贵的古树还要设立警示碑，明文禁止在树冠垂直投影外沿3m范围内动土和铺不透气的地面砖；禁止在根系分布范围内设置临时厕所和排放污水的渗沟；不准在树下堆放能污染古树根系土壤的物品，如撒过盐的雪水、垃圾、废料和倒污水；不允许在树体上钉钉子、绕钢丝、挂杂物或作为施工的支撑点；不能刻划树皮和攀枝折条，使古树切实能被很好地保护起来。

（3）对于生长衰弱、濒危和存在安全隐患的古树名木应进行复壮，复壮可采用土壤改良、树体损伤处理、树洞修补和树体加固等技术。

【知识链接】

（一）古树名木的定义及分级

所谓古树是指树龄在100年以上的树木，名木是指国内外稀有的、具有历史价值和纪念意义以及重要科研价值的树木。古树名木是自然与人类历史文化的宝贵遗产，是中华民族悠久历史和灿烂文化的见证，它们历经沧桑，展现着古朴典雅的身姿，具有很高的观赏和研究价值。随着人类文明的不断发展，古树名木也越来越受到社会各界的关注和重视。我国幅员辽阔、地理地形复杂、气候条件多样、历史悠久，古树名木的资源极其丰富，如闻名中外的黄山"迎客松"、泰山"卧龙松"、北京市中山公园的"槐柏合抱"等，都是国宝级的文物。

古树分为国家一、二、三级，国家一级古树树龄500年以上，国家二级古树树龄300～499年，国家三级古树树龄100～299年。国家级名木不受年龄限制，不分级。

（二）古树名木衰老的原因

任何树木都要经历生长、发育、衰老、死亡的过程，这是自然界的客观规律，不可抗拒，但是通过探讨古树衰老原因，可以采取适当的措施来延缓衰老阶段的到来，延长树木的生命，甚至促使其更新复壮恢复生机。

1. 自然灾害

（1）大风。7级以上的大风，主要是台风、龙卷风和另外一些短时风暴，可吹折枝干或撕裂大枝，严重者可将树干拦腰折断，常常是危及古树的主要因素；而那些因蛀干害虫的危害导致枝干中空、腐朽或有树洞的古树，更易受到风折的危害。枝干的损害直接造成叶面积减少，枝断者还易引发病虫害，使本来生长势弱的树木更加衰弱，严重时会导致古树死亡。

（2）雷电。古树高耸突兀且带电荷量大，遇暴雨天气易遭雷电袭击，导致树头枯焦、大枝劈断或干皮开裂，树体生长明显受损，树势明显衰弱。故给古树设置避雷针，是古树名木养护管理的重要措施。

（3）雨凇、冰雹。雨凇（冰挂）、冰雹是空气中的水蒸气遇冷凝结成冰的自然现象，一般发生在4～7月份，这种灾害虽然发生的概率较低，但灾害发生时大量的冰凌、冰雹压断或砸断小枝、大枝，对树体会造成不同程度的破坏，进而影响树势。

（4）干旱。持久的干旱，使得古树发芽迟，枝叶生长量小，枝的节间变短，叶子因失水而发生卷曲，严重者可使古树落叶，小枝枯死，易遭病虫侵袭，从而导致古树的衰老。

（5）地震。地震这种自然灾害，虽然不是经常发生，但是一旦发生5级以上的强烈地震，对于多朽木、空洞、干皮开裂、树势倾斜的古树来说，往往会造成树木倾倒或干皮进一步开裂。

2. 病虫危害

古树由于年代久远，在其漫长的生长过程中，难免会遭受一些人为和自然的破坏造成各种伤残。例如主干中空、破皮、树洞、主枝死亡等现象，导致树冠失衡，树体倾斜，树势衰弱而诱发病虫害。但从对众多现存古树生长现状的调查情况来看，古树的病虫害与一般树木相比发生的概率要小得多，而且致命的病虫害更少。不过，高龄的古树已经过了其生长发育的旺盛时期，开始或者已经步入了衰老至死亡的生命阶段，如果日常养护管理不善，人为和自然因素对古树造成损伤时有发生，古树树势衰弱已属必然，为病虫害的侵入提供了条件。对已遭到病虫危害的古树，如得不到及时和有效的防治，其树势衰弱的速度将会进一步加快，衰弱的程度也会因此而进一步增强。

3. 人为活动的影响

大多数古树生长在人为活动所及的地域，由于人类的经济活动改变了其原生的生长环境，促使古树加速衰老过程的进程。一般人为活动的影响表现在以下几个方面：

（1）生长条件。

1）土壤条件对古树名木生长的影响。土壤是古树名木生存生长的重要基础之一。由于人为活动造成土壤条件的恶劣，主要在于致使土壤密实度过高、土壤理化性质恶化，这往往是造成古树名木树势衰弱的直接原因之一。

土壤密实度过高。古树名木大多生长在城市公园、宫、苑、寺庙、宅院内或农田旁，一般地质土壤深厚、土质疏松、排水良好、小气候适宜，比较适宜古树名木的生长。但是由于人类活动的延伸，这些地方已不像早时一般不会受到过多的干扰。特别是随着经济的发展，人民生活水平的提高，旅游已经成为人们生活中不可缺少的一部分，节假日中人们涌向城市公园、名胜古迹、旅游胜地、古建筑群等地，一些古树名木周围的地面受到大量频繁的践踏，使得本来就缺乏耕作条件的土壤，密实度日趋增高，导致土壤板结，土壤团粒结构遭到破坏，通透气性能及自然含水量降低，树木根系呼吸困难，须根减少且无法伸展；水分遇板结土壤层渗透能力降低，大部分随地表流失；树木得不到充足的水分、养分与良好的通气条件，致使树木根系生长受阻，树势日渐衰弱。

土壤理化性质恶化，树木营养失调。不少公园在追求商业利益的驱使下，在古树附近开各式各样的展销会、演出会或是开辟场地供周围居民（游客）进行活动，随意排放人为活动的废弃物、污水，造成土壤的理化性质发生改变。一般情况下土壤的含盐量增加，土壤pH值增高的直接后果是致使树木缺少微量元素，营养生理平衡失调。

树木通过根系从土壤中吸收的无机养分（或叶面追肥），是其进行正常生长发育所需营养的主要来源。但是古树名木在其生长发育过程中，一方面由于部分古树受到不良外界环境条件（如病虫害、干旱、地震、雷击、光照不足、人为破坏等）的影响，使其生理代谢功能减退，影响其有机养分的合成；另一方面，由于土壤的密实与土壤理化性质恶化等原因，使得根系从土壤中吸收必需养分的能力减弱；再有古树长期固定生长在某一地点，持续不断地吸收消耗土壤中的各种必需的营养元素，在得不到营养的自然补偿以及定期的人工施肥补偿时，常常造成土壤中某些营养元素的贫缺，致使古树长期处于缺素条件下生长，促使其生理生化的改变和失调，而加速了古树的衰老。

2）水分条件对古树名木生长的影响。古树名木大多生长在殿堂、寺庙或地势高燥之处，几乎处于一种自生、自长、自灭的环境中，很少进行人为的施肥与灌水，其生长所需水分，更多的是依赖于自然降水。然而在公园、名胜古迹点，由于游人众多，为了方便观赏，在树干周围用水泥砖或其他硬质材料进行大面积铺装，仅留下较小的树池。铺装地面平整、夯实，加大了地面抗压强度，既造成了土壤通气性能的下降，也形成了大量的地面径流，使根系无法从土壤中吸收到足够的水分，致使古树根系经常处于透气、营养与水分极差的环境中。

3）生长空间对古树名木生长的影响。有些古树名木生长在建筑物的周围，古树与建筑物相邻一侧，由于建筑物墙体的阻挡而使枝干生长发生改向，向外侧和上方发展。随着树木枝干的不断生长，久而久之就会造成大树的偏冠，树龄越大，偏冠现象就越发严重。这种树体的畸形生长，不仅影响了树体的美观，更为严重的是造成树体重心发生偏移，枝条分布不均衡，如遇冰雹、雨淞、大风等异常天气，在自然灾害的外力作用下，常使枝叶折损，大枝折断，尤以阵发性大风，对高大树木破坏性更大。

（2）环境污染。人为活动造成的环境污染，直接和间接地影响了植物的生长，古树由于其高龄而更容易受到污染环境的伤害，加速了其衰老的进程。

1）大气污染对古树名木的影响和危害。当大气中的烟尘、二氧化硫、氮氧化物、氟化物、氯化物、一氧化碳、二氧化碳以及喷洒农药和汽车排放的尾气等有毒气体通过叶片进入树木体内后，在树木体内累积，使生物膜的结构、功能以及酶的活性等受到破坏，进而影响其生理代谢功能，尤其是影响光合作用和呼吸作用的正常进行，从而使树木的生长发育受到抑制。其主要症状为：叶片卷曲、变小、出现病斑，春季发叶迟，秋季落叶早，节间变短，开花、结果少等。

2）污染物对古树根系的直接伤害。有毒气体、工业及居民生活污水的大量排放，使一些病原菌及 Pb、Hg、Cd、Cr、As、Cu 等重金属离子，氟离子、酸、碱、盐类物质进入土壤，污染土壤，对树木造成直接或间接的伤害。这些有毒物质对树木的伤害，一方面表现为对根系的直接伤害，如根系发黑、畸形生长，侧根萎缩、细短而稀疏，根尖坏死等；另一方面，表现为对根系的间接伤害，如抑制光合作用和蒸腾作用的正常进行，使树木生长量减少，物候期异常，生长势衰弱，易遭受病虫危害等，促使或加速其衰老。

3）直接损害。古树名木在其生长发育过程中，除受到自然灾害、病虫害、环境污染等方面的影响和危害外，还常遭到人为的直接损害，主要有：在树下摆摊设点；在树干周围乱堆东西（如建筑材料：水泥、沙子、石灰等），特别是石灰，遇水产生高温常致树干灼伤，严重者可致其死亡；在有些名胜古迹或旅游点的古树名木，树干遭到个别游客的乱刻乱画，或在树干上乱钉钉子；在农村，古树成为拴牲畜的桩，树皮遭受啃食的现象时有发生；更为甚者，对妨碍其建筑或车辆通行等原因的古树名木，不惜砍枝伤根，致其死亡。由于高龄古树的生长势减弱，伤口的愈合十分缓慢，因此这些人为的直接伤害，是对古树生命造成威胁的主要因素，而这类影响有时不是一朝一夕就能被发现的，但一旦出现生长受阻的情况，再要恢复就困难了。

（三）古树名木的养护管理技术措施

古树名木养护管理技术措施除包括【技能实施】中介绍的立标牌、设避雷针等常规的养护管理之外，对于其树干不稳定、有树洞等情况还应采取以下养护管理措施：

1. 支撑、加固

古树由于年代久远，主干或有中空，主枝常有死亡，造成树冠失去均衡，树体容易倾斜；又因树体衰老，枝条容易下垂，因而树干需用他物支撑。古树名木的树体常见的支撑方式有：硬支撑、软支撑和活体支撑。

（1）硬支撑。用硬质材料对不稳固树体采取的支撑措施，一般在主干或主枝倾斜度大，有发生倒伏的倾向时，或者有些孤立的大树，无法或不好采用软支撑的情况下，应采取硬支撑。硬支撑材料包括镀锌钢管、钢板、胶垫等，硬支撑是对树木量身定做钢架（图4-6-3），钢架支撑点在树体或主枝平衡点以上适宜位置，支柱与被支撑主干、主枝夹角不宜小于30°，支撑点做成能紧包树体的铁箍，再垫一层厚的橡胶，以保护树体不受摩擦伤害。钢架基部宜埋土深80～100cm，用水泥浇筑，以确保稳固安全。每年应定期检查支撑设施，当树木生长造成托板挤压树皮时应适当调节托板。

图4-6-3 树干硬支撑

（2）软支撑。用弹性材料对不稳固树体采取的牵引措施。当主干或主枝倾斜度小、附近有附着物的情况应采用软支撑。软支撑材料包括钢丝绳、铝合金板、胶垫等，软支撑的牵引点应选在被支撑树平衡点以上部位，而另一牵引点可设在本树或邻树以及其他物体上，两点牵引线与牵引物夹角应接近90°。在被拉树体牵引点处应用铝合金板制成内加橡胶垫的托袋，系上钢丝绳固定，并应安装紧线器与另一端附着体套上。

树体支撑采用软支撑时，树冠上几乎看不到缆绳，树冠保持具有韧性的安全结构，不会像铁箍那样挤压和损坏树皮而形成树瘤，既加固了树体，又不破坏景观。软支撑可以与硬支撑结合起来进行加固支撑，一种方法是支撑点处套上灵活的铁环（铁环大小可调整），钢缆系在铁环上，将有断裂风险的古树与硬性支撑物连为一体；另一种方法是用钻或钻孔机在树干上打孔，将环形螺纹杆置入预先打好的洞内，一端外用垫片或螺母固定，另一端用垫片或环形螺母，嵌环穿过环形螺母的眼拉住缆绳，与其他硬性支撑物连为一体。

（3）活体支撑。栽植同种青壮龄树木对不稳固树体采取的支撑措施。活体支撑应提前培养分叉部位与被支撑点的高度平齐的青壮年树作为活体支柱，实施步骤为：先把两树接触部位的皮层剥开，两树接触部位的形成层应及时进行靠接，在靠接处用塑料薄膜包扎绑缚，待形成层完全愈合后应去除包扎。

2. 修补树洞

大树，尤其是古树名木，因各种原因造成的伤口长久不愈合，长期外露的木质部受雨水浸渍，逐渐腐烂，形成树洞，严重时树干内部中空，树皮破裂，一般称为"破肚子"，如不及时处理，树洞会越变越大，导致名木古树倾倒、死亡。树洞处理的方法包括：

（1）清理树洞。用铁刷、铲刀、刮刀、凿子等刮除洞内朽木，要求尽可能地将树洞内的所有腐烂物和已变色的木质部全部清除，至硬木即可，注意不要伤及健康的木质部。

（2）洞壁防腐消毒。选用国内木材防腐效果最佳的防腐剂季氨铜（ACQ）药剂。将药剂用刷子或喷枪涂在洞壁上。

（3）填充补洞。树洞填充的关键是填充材料的选择。所选的填充材料除了绿色环保外，还必须具备以下三点：一是 pH 值最好为中性，二是材料的收缩性与木材的大致相同，三是与木质部的亲和力要强。因此，填充材料要用木炭或同类树种的木屑，玻璃纤维、聚氨酯发泡剂或脲醛树脂发泡剂以及钢丝网和无纺布，封口材料为玻璃钢（玻璃纤维和酚醛树脂），仿真材料为地板黄、色料（图4-6-4）。

（4）刮削洞口树皮。待树洞填完后，用刮刀将树洞周围一圈的老皮和腐烂的皮刮掉，至显出新生组织为止，然后将愈伤涂膜剂直接涂抹于伤口，促进新皮的产生。

图 4-6-4　树洞修补

（5）树洞外表修饰及仿真处理。为提高古树的观赏价值，按照随坡就势、因树木做形的原则，可采用粘树皮或局部造型等方法，对修补完的树洞进行修饰处理，恢复原有风貌。在修饰外表时要根据不同树洞的形状，注意防止洞口边缘积水和有利于新生皮的包裹。然而，在具体处理不同形状的树洞时还得按照各自特点，做针对性的处理方案。

1）朝天洞的修补面必须低于周边树皮，中间略高，注意修补面不能积水。

2）通干洞一般只做防腐处理，尽可能做得彻底，树洞内有不定根时，应切实保护好不定根，并及时设置排水管。

3）侧洞一般只做防腐处理，对有腐烂的侧洞要清腐处理。

4）夹缝洞通常会出现引流不畅，必须得修补。

5）落地洞的修补要根据实际情况，落地洞分为对穿与非对穿两种形式，通常非对穿形式的落地洞要补，对穿的一般不修补，只做防腐处理；对于落地洞的修补以不伤根系为原则。

总之，在对树洞处理前，要分析树洞产生的原因，是病虫害危害造成的，还是外力碰伤所致，及时处理。

3. 树干伤口的治疗

由于古树已到生长衰退阶段，对发生的各种伤害恢复能力减弱，更应注意及时处理。对于枝干上因病、虫、冻、日灼或修剪等造成的伤口，首先应当用锋利的刀刮净削平四周，使皮层边缘呈弧形，然后用药剂（2%～5%硫酸铜溶液、0.1%的升汞溶液、石硫合剂原液等）消毒。修剪造成的伤口，应将伤口削平然后涂保护剂，选用的保护剂要求容易涂抹，黏着性好，受热不融化，不透雨水，不腐蚀树体组织，同时又有防腐消毒的作用，如铅油、接蜡等均可。大量应用时也可用黏土加少量石硫合剂的混合物作为涂抹剂。如用激素涂剂对伤口的愈合更有利，用含有 0.01% ~ 0.1% 的 α-萘乙酸膏涂在伤口表面，可促进伤口愈合。由于雷击使枝干受伤的树木，应将烧伤部位锯除并涂保护剂处理，以防扩大危害，导致树势衰弱。

4. 防治病虫害

防治古树名木病虫害应采用专门的喷药器械和药剂。由于古树一般比较高大，树体比较庞大，对危害枝叶的害虫、蛀干害虫，在喷药防治时受到器械的限制，很难喷到，防虫困难。同时，在用药时，还得充分考虑对环保和生态的影响，创新使用方法，减少对环境的污染和对鸟类、昆虫和地下水的影响，尽量使用无、低毒农药，禁止使用剧毒和高毒农药。因此，古树名木病虫害防治除了采用先进的高空喷药器械外，还得使用专门针对古树病虫害防治的新材料、新技术、新方法。

（1）浇灌法。利用内吸剂通过根系吸收、经过输导组织至全树而达到杀虫、杀螨等作用的原理，解决古树病虫害防治经常遇到的因树冠分散、树体高大、立地条件复杂等情况而造成的喷药难等问题。

具体方法是，在树冠垂直投影边缘的根系分布区内挖 3 ~ 5 个深 20cm、长 60cm、宽50cm 的弧形沟，然后将药剂浇入沟内，待药液渗完后封土。

（2）埋施法。利用固体的内吸杀虫、杀螨剂埋施根部的方法，以达到杀虫、杀螨和长时间保持药效的目的。方法与上述相同，将固体颗粒均匀撒在沟内，然后覆土浇足水。

（3）注射法。对于周围环境复杂、障碍物较多、吸收根区很难寻找、利用其他方法很难解决防治问题的古树可以通过此法解决。此方法是通过向树体内注射内吸杀虫、杀螨药剂，经过树木的输导组织至树木全身达到较长时间的杀虫、杀螨目的。

【学习评价】

采用多元化的评价体系，将学生专业知识、技能操作、技能成果和个人的职业素养有效地结合在一起考评（表4-6-1）。

表4-6-1　学生考核评价表

考核项目		权重	考核要点	考核评价		
				自我	小组	教师/专家
知识		20%	能够对古树名木进行分级，掌握树木衰老的原因			
技能	操作过程	30%	能够掌握常见古树名木养护管理措施			
	技能成果	25%	能够根据古树名木具体衰老原因，采取正确合理的方法措施，使树木恢复树势，健康生长			
素质		25%	能够遵守纪律，学习认真，能吃苦耐劳；不旷课，不迟到早退；能与同学很好配合；能提前预习和总结，能解决实际问题			

【练习设计】

简答题

1. 自然灾害对古树的影响主要包括哪些？
2. 古树名木衰老的原因有哪些？

技能二　古树名木复壮技术

【技能描述】

掌握古树名木复壮技术措施。

【技能情境】

（1）材料：粗砂和陶粒、硫酸亚铁（$FeSO_4$）、通气材料、生根素、植物生长调节剂等。

（2）用具：电工刀、裁纸刀、小刮刀、铁凿、一字螺钉旋具、锤子、刷子、木条、钢丝网、立柱或棚架、绳索等。

古树名木
复壮技术

【技能实施】

1. 挖复壮沟

在古树树冠投影外侧，从地表往下纵向分层。表层为10cm的素土；第二层为20cm的复壮基质；第三层为10cm的树木枝条；第四层又是20cm的复壮基质；第五层是10cm的树条；第六层为20cm的粗砂和陶粒。复壮基质采用松、栎的自然落叶，取60%腐熟加40%半腐熟的落叶混合，再加少量N、P、Fe、Mn等元素配制而成。采用紫穗槐、苹果、杨树等的枝条，截成长40cm的枝段埋入沟内，树条与土壤形成大空隙。

2. 增施肥料、改善营养

以Fe元素为主，施入少量N、P元素。硫酸亚铁（$FeSO_4$）使用剂量按长1m、宽0.8m复壮沟，施入0.1~0.2kg为宜。为了提高肥效一般掺施少量的麻酱渣或马蹄掌而形成全肥，以更好地满足古树的需要，也可施入一定浓度的生长调节剂。

【技术提示】

（1）挖复壮沟时，注意深度和宽度的掌握。

（2）复壮基质配比要合理。

【知识链接】古树的复壮措施

（一）埋条法

分放射沟埋条和长沟埋条。该方法主要是在古树根系范围，填埋适量的树枝、熟土等有机材料来改善土壤的通气性以及肥力条件，具体做法是：在树冠投影外侧挖放射状沟4~12条，每条沟长120cm左右，宽40~70cm，深80cm。沟内先垫放10cm厚的松土，再把剪好的苹果、海棠、紫穗槐等树枝缚成捆，平铺一层，每捆直径20cm左右，上撒少量松土，同时施入粉碎的麻酱渣和尿素，每沟施麻酱渣 1kg、尿素 50g，为了补充磷肥可放少量动物骨头和贝壳等物，覆土 10cm 后放第二层树枝捆，最后覆土踏平。如果株行距大，也可以采用长沟埋条，沟长 200cm 左右，宽 70~80cm，深 80cm，然后分层埋树条，施肥，覆盖，踏平。

（二）地面铺梯形砖或带孔的石板、地被植物

地面铺梯形砖或带孔的石板、地被植物的目的是改变土壤表面受人为践踏的情况，使土壤保持与外界进行正常的水气交换。在铺梯形砖和地被植物之前对其下层土壤做与上述埋条法相同的处理，随后在表面上铺置上大下小的特制梯形砖，砖与砖之间不勾缝，留有通气通，下面用石灰沙浆衬砌，同时还可以在埋树条的上面铺设草坪或地被植物（如白三叶），并围栏杆禁止游人践踏。石灰沙浆用石灰、沙子、锯末配制，比例为 1:1:0.5，在其他地方要注意土壤 pH 值的变化，尽量不用石灰为好。许多风景区采用带孔的或有空花条纹的水泥砖或铺铁筛盖。

（三）挖复壮沟

挖复壮沟的作用与埋条法基本相同，复壮沟深 80~100cm，宽 80~100cm，长度和形状因随地形而定，采用直沟、半圆形沟或"U"字形沟均可。沟内可填充复壮基质、各种树条以增补营养元素。

（四）换土

古树几百年甚至上千年生长在一个地方，土壤肥分有限，常呈现缺肥症状，如果采用上述办法仍无法满足古树的需要，或者由于生长位置受到地形、生长空间等立地条件的限制，而无法实施上述的复壮措施，可考虑更新土壤的办法。以北京市故宫为例，从 1962 年起开始用换土的方法抢救古树，使老树复壮，如皇极门内宁寿门外的一株古松，当时幼芽萎缩，叶子枯黄，好似被火烧焦一般，园林工作者在树冠投影范围内，对大的主根部分进行换土，挖土深 0.5m（随时将暴露出来的根用浸湿的草袋子盖上），以原来的旧土与沙土、腐叶土、大粪、锯末、少量化肥混合均匀之后填埋其上。换土半年之后，这株古松重新长出新梢，地下部分长出 2~3cm 的须根，终于死而复生。

（五）化学药剂疏花疏果

当植物在缺乏营养或生长衰退时出现多花多果的情况，这是植物生长过程中的自我调节现象，但结果却是造成植物营养的进一步失调，古树发生这种现象时后果更为严重。这时如采用疏花疏果则可以降低古树的生殖生长，扩大营养生长，恢复树势而达到复壮的目的。疏花疏果关键是疏花，可采用喷洒喷施化学药剂来达到目的，一般喷洒的时间以秋末、冬季或早春为好。如国槐在开花期喷施 50mg/L 萘乙酸加 3000mg/L 的西维因或 200mg/L 赤霉素效果均较好。

（六）桥接

对树势衰弱的古树名木，可采用"桥接"法使之恢复生机。具体做法：在需桥接的古树周围均匀种植 2~3 株同种幼树，利用幼树的生长吸取土壤水肥，幼树生长旺盛后，将幼树枝条桥接在古树树干上，此法也可用于古树伤口愈合。如若创伤较深，那么在用钢筋水泥封后，再在其旁种植小树靠接。对一些特别珍贵并且生长衰退的古树名木都可采用桥接的方式复壮树体，这对恢复古树的长势有较好的效果。

（七）整形修剪

适当整剪，以利通风透光，减少病虫害，促进更新、复壮。

【学习评价】

采用多元化的评价体系，将学生专业知识、技能操作、技能成果和个人的职业素养有效地结合在一起考评（表4-6-2）。

表4-6-2　学生考核评价表

考核项目		权重	考核要点	考核评价		
				自我	小组	教师/专家
知识		20%	掌握古树名木更新复壮措施			
技能	操作过程	30%	能够掌握常见古树名木更新复壮措施			
	技能成果	25%	能够根据树木具体衰老原因，全面分析原因并采取合理的方法，使树木恢复树势，健康生长			
素质		25%	能够遵守纪律，学习认真，能吃苦耐劳；不旷课，不迟到早退；能与同学很好配合；能提前预习和总结，能解决实际问题			

【练习设计】

简答题

古树复壮的措施有哪些？

任务六总结

本任务主要介绍了两个方面的内容：古树名木的日常养护管理与古树名木的复壮技术。通过任务六的学习，学生可以获得进行古树名木日常养护与复壮技能。

任务六　思政拓展

欲问古树年几何，树阅行人已百年。古树名木是植物资源中的瑰宝，是自然界的璀璨明珠，是不可再生的自然遗产。从历史文化角度看，古树名木被称为"活文物""活化石"；从经济角度看，古树名木是我国森林和旅游的重要资源；从植物生态角度看，古树名木在维护生物多样性、生态平衡和环境保护中有着不可替代的作用。

古树名木是绿水青山的重要组成部分，蕴藏着丰富的历史、人文资源，是一座城市、一个地方的标志。与传统建筑一样，透过古树名木，我们可以找到更多走进悠久历史的入口，如武汉黄鹤楼的紫薇伴随着长江水涨水落而绽开，首义广场的紫薇见证了首义起义、新中国成立到现在的时代变迁。讲好古树名木故事，是乡村振兴背景下的重要课题之一，你能讲讲身边古树名木的故事吗？

任务七 其他日常养护管理技术

【任务分析】

（1）园林植物其他危害的主要防治措施。

（2）园林绿地的智能化养护管理。

【任务目标】

（1）了解园林植物容易受到的其他危害的种类，熟悉其他危害对园林植物造成的伤害，掌握主要的防治措施。

（2）了解园林绿地智能化养护管理的意义，掌握各种新技术的应用以及设计的路径。

（3）培养吃苦耐劳、团结协作等职业素养和精益求精的工匠精神。

技能一 其他危害的防治

【技能描述】

能对园林植物其他危害作出判断，提出切实可行的防治措施。

地面铺装危害
的防治

【技能情境】

（1）场地：带有大面积铺装的园林绿地。

（2）工具：调查记录纸、记录笔等。

【技能实施】地面铺装危害的防治

1. 绿地铺装材料的调查

公园中采用的铺装类型及材料见表 4-7-1。

表 4-7-1 公园铺装类型及材料

铺装类型	常见铺装材料
整体铺装路面	现浇混凝土 彩色混凝土 沥青 三合土
块状路面	天然块石 陶瓷砖 预制水泥混凝土块料 透水砖

（续）

铺装类型	常见铺装材料
碎料路面	石片 砖瓦片 卵石
简易路面	煤渣路面 沙石 土
步石	天然石块 预制混凝土板 木料
嵌草路面	石板 混凝土板块料

2. 存在危害性的铺装方式的调查

对园林植物存在危害性的铺装方式有树干周围的地面整体浇筑水泥、沥青，铺装不透水的砖石，不给树木留树池或所留树池很小等。

3. 观察不合理铺装对园林植物生长发育的影响

主要观察植物的生长势、株高、叶片发黄萎蔫状态、枝条状态。

4. 防治措施制订

根据植物生长情况判断铺装对植物的影响程度，提出合理化的建议。

【技术提示】

（1）铺装产生的危害比较缓慢，需要仔细观察植物的生长动态。

（2）要分析出铺装材料对土壤气体、水分交换的影响。

【知识链接】

其他危害主要是指某些市政工程、建筑、人为践踏和车辆碾压等对园林植物造成的伤害，主要表现为土壤的填挖、地下管线的架设与维护、土壤紧实度的改变、地面铺装以及化雪盐的使用等。园林植物中树木容易受到这些危害，因为树木长期生长在一定的立地条件下，已经适应了所处的生态环境，特别是根系与土壤已经形成稳定而协调的关系，根系的分布也相对集中在一定深度的土层内，从中获得氧气、水分和营养，并能得到微生物活动的有利帮助，使树木能正常地生长和发育。一旦其生长的环境突然改变甚至变恶劣，就会给树木造成伤害，甚至引起树木的死亡。

（一）填方

由于市政工程的需要，在园林树木的生长地回填土壤，使土层加厚。填方后会对原来生长此处的园林树木造成危害。

1. 填方的判断

树干地面处的直径明显大于离地 30cm 左右处的直径，树干竖向轮廓线呈弧状进入地下，说明没有经过填方；若干基不扩张，树干以垂直线进入地下，说明根区进行过填方。

2. 填方对树木的危害

填方过深，树木表现为树势衰弱、生长量减少、叶小发黄、沿主干和主枝发出许多萌条，外围的许多小枝逐渐死亡、树冠变稀。

3. 引起填方危害的原因

填充物阻滞了空气与土壤中气体交换及水的正常运动，根系与根际微生物的功能因窒息而受到干扰；无氧环境下，厌氧细菌的活动频繁，厌氧细菌的繁衍产生的有毒物质可能比缺氧窒息所造成的危害更大；同时由于填方，根系与土壤基本物质的平衡受到明显的干扰，造成根系死亡，地上部分症状也变得明显。这些症状在填方后不会立即出现，可能在一个月内才逐渐出现，也可能几年后还不明显。

4. 影响填方危害程度的因素

填方的危害程度与树种、年龄、生长状况、填土质地、填方深度等因素有关。从树种来看，槭、栎、松、鹅掌楸、云杉受害较重，填 10cm 厚的土层，生长量就会降低，并且永远不能恢复，而榆树、柳树、二球悬铃木和刺槐能发出不定根，受填方影响较小；从树龄来看，幼树适应能力强，比老树受害轻；从树势来看，生长旺盛健壮的树木适应能力强，比弱树受害轻；从填方类型来看，疏松多孔的土壤危害轻，通气透水性差的黏性土危害大，填充土中混有石砾伤害能减轻；从填方深度的来看，填得越深越紧，对根的干扰越明显，危害越大；此外，在树木周围长时间堆放大量的建筑用沙或土对树木也有不利影响。

5. 填方危害的防治

（1）首先考虑防治的必要性。从树龄来看，幼树换掉的成本比预防的低，老树除非具有人文、历史或独特的艺术价值，否则也不值得；从树木的生活力来看，树木生活力差的寿命也不长，没有必要进行防治；从树种来看，短寿树种或不珍贵的长寿树种也不值得；从邻近树木的数量来看，景观单元中只有 1~2 株的关键大树应设法保留；从树木对某些毁灭性病虫害的敏感性看，已感染毁灭性病虫害的树木要淘汰，如天牛、腐烂病等。

（2）预防填方危害的方法。重点树木可采用安装地下水平管道系统、绕树干建立松散连接的石头或砖井、安装垂直管道或铺填的方式来预防或减轻填方对树木造成的危害。但成本高，如果排水问题不严重，可用卵石代替所有管道。树群配置下可将所有管道连为一体。对于形成不定根能力强的树种，可在计划填方表面下 30cm 处进行环剥、环割或刻伤，诱发不定根。

（3）对填方树木的救助。填方填土较薄时，可在铺填之前，在不伤根或少伤根的情况下疏松土壤，施肥浇水，使用沙砾、沙或沙壤土进行填充。浅填方时，可定期翻耕或用空气压缩机每隔 1~1.5m 将空气压入原地表以下，并加入肥料和水；中填方时，挖干井与安装钟形瓦管相结合；深填方时安装地下通气排水系统。填方很厚时，只有将树移走，若填方地栽植的是珍贵的、有研究价值或观赏价值极高的古树或大树时，绝不能进行移栽也不能填方时，只有更改设计方案。

（二）挖方

1. 挖方的判断

经过挖方后，树木根颈基本或完全露出地面，最上层的少量根系也会露出地面（图4-7-1）。

2. 挖方对树木的危害

挖方时去掉了含有大量营养物质和微生物的表土层，使大量吸收根群裸露和干枯，表层根系也易受夏季高温和冬季低温伤害。根系的切伤与折断以及地下水位的降低等都会破坏根系与土壤之间的平衡，降低树木的稳定性。其中浅根性树木受害相对严重，甚至造成树木死亡。如果挖掉的土层薄，如几厘米或十几厘米，大多数

图 4-7-1　挖方后的树木

树木会适应新条件的变化而受害不明显；如果挖掉的土层较厚，就必须采取相应的措施，最大限度地降低挖方对树木根系的伤害。

3. 挖方的挽救措施

挖方比较浅的地方，树木的根系露出不多，对裸露的根系进行适当修剪，消毒涂漆，然后用泥炭藓或其他湿润材料覆盖，进行根系保鲜。挖方后要促进根系的生长，可对土壤进行施肥，主要用腐叶土、泥炭藓和农家肥混合后施入，改善土壤结构，提高保水能力。同时对树木地上部分进行合理修剪，保持根系吸收与枝叶蒸腾的水分平衡。挖方比较深的地方，树体小，条件又许可时考虑将树移植，一些古树或较珍贵树种在挖方时应在其周围留一定范围，

图 4-7-2　受土台保护的古树

在树木周围做土台、土墩或土坎（图4-7-2），内高外低，还可以修成台阶式结构，防止根系裸露。挖方太深时应对树木进行移植。

（三）根区开挖

在根区埋设管道、电缆和开挖下水道等都会对树木造成巨大的危害，损伤大量根系，减少树木的有效营养范围，削弱树木的生活力，造成大骨干根腐朽。最好避开树冠投影线施工，或凿隧道铺设管线。开挖过程中要尽量缩短施工时间。

（四）土壤紧实度改变

1. 土壤变紧实的原因

园林绿地中的土壤变得紧实，主要是人为的践踏、车辆的碾压以及市政工程和建筑施工

时地基的夯实等原因造成。市政施工中常将心土翻到上面，心土通常孔隙度很低，微生物的活动很差或根本没有。在这样的土壤中树木生长不良或不能生长。加之施工中用压路机不断压实土壤，会使土壤更紧实，孔隙度更低。夯实路段栽树时，只将种植穴内的土壤刨松，种植穴外人为活动的踩踏会使土壤紧实度增加。由于种植穴内外紧实度明显不同，树木生长中根系只能在种植穴内生长，无法扩展到种植穴外。

2. 土壤紧实的危害

土壤紧实后，通气孔隙度减小，容重增加，当土壤容重达到 $1.5 \sim 1.8 \mathrm{g/cm^3}$ 时，土壤紧实板结，树木的根系常畸形生长，并因得不到足够的氧气而根系霉烂，树势衰弱，以致死亡。根系生长的土壤容重低于 $1.5 \mathrm{g/cm^3}$ 时，才能正常生长。

3. 防治措施

首先做好场地规划，合理开辟道路，很好地组织人流的疏散，使行人不乱穿行，以免踩踏绿地；其次做好维护工作，在行人易穿行路段，引导行人走向，或用栅栏、围栏或绿篱将绿地保护起来；已经变紧实的土壤要耕翻扩穴，使土壤疏松，并适当加入有机肥，可增加土壤松软度，还能为土壤微生物提供食物链，提高土壤肥力。

（五）地面铺装对树木的危害

用水泥、沥青和砖石等材料铺装地面在市政工程中很常见，但有的铺装并不恰当，如在树干周围的地面浇筑水泥、沥青和铺装砖石，不给树木留树池或所留树池很小等。不正确的地面铺装不仅会给树木生长发育造成严重的影响，还会造成铺砌物的破坏，增加养护和维修的费用。

1. 铺装对树木危害的症状与机理

地面铺装对树木危害的主要表现不是突然死亡，而是在数年间树木的生长势缓慢，最后死亡（图4-7-3）。

（1）铺装有碍水、气交换。地面铺装可阻碍土壤与空气中的水、气交换，并使雨水流失，减少了对根系的水分、养分供应，不但使根系代谢失常，功能减弱，而且还会改变土壤微生物系统，影响土壤微生物的活动，破坏了树木地上与地下的代谢平衡，降低了树木的生长势，严重时根系会因缺氧窒息而死亡。

（2）地面铺装改变了下垫面的性质。铺装显著加大了地表及近地层的温度变幅。在夏季，铺装地面的温度相当高，有时可达 $50 \sim 60 \mathrm{℃}$。树木的表层根系，特别是根颈附近的形成层更易遭受极端高温与低温的伤害。根据调查，在空旷铺装地段栽植的去头树木，主干西面和南面的日灼现象明显高于一般未铺装的裸露地面。铺装材料越密实、比热越小、颜色越浅、导热率越高，危害越严重，甚至导致树木死亡。

（3）干基损伤。如果铺装材料有一定的透气和透水性，在铺装时没有留出树

图 4-7-3　地面铺装对树木的危害

池，其结果是随着树木的长大，根颈的增粗，干基越来越接近铺装面。如果铺装材料薄而脆弱，则随着干基与浅层骨干根的加粗而导致铺装圈的破碎、错位或隆起；如果铺装材料厚而结实，随着树木的长大，干基或根颈的韧皮部和形成层受到铺装物的挤压或环割，造成生长势下降，最后因韧皮部输导组织及形成层的彻底破坏而死亡。

2. 铺装危害的防治

（1）对园林绿地进行合理的规划设计，不该铺装的地面绝不铺装，可以用架空的木栈道替代需要铺装的小路，草地上为便于游人游赏，可设计为汀步。

（2）如果铺装，一定给树木留下一定大小的树池（图 4-7-4），如果树池位置影响到游人行走或活动时，可采用铺设树箅子的方式（图 4-7-5）。

图 4-7-4　预留树池实例

图 4-7-5　树箅子架空式透气铺装

（3）改进铺装技术。

1）选择对土壤水气通透性不太敏感、抗性强的树种。

2）选用各种透气性能好的优质铺装材料，并改进铺装技术。

① 尽可能避免整体水泥浇筑，如果需要整体铺装路面，可采用彩色透水混凝土路面。彩色透水混凝土具有透气、透水和重量轻的优点，具有保护自然、维护生态平衡、缓解城市热岛效应的功能。其施工简单、快速、效率高，可降低造价，节省投入，加上可塑性强、色彩丰富、可针对不同环境和特性要求的装饰风格进行铺设施工，目前越来越广泛地应用到公园绿地的整体铺装中。

② 不行车的路段，可采用混合石料或块料做组合式透气铺装，空隙之间用粗砾石填充；或者采用透水材料进行铺装，如透水砖具有良好的透水、透气性能，可使雨水迅速渗入地下，雨后不积水，雪后不打滑，方便市民出行，色彩丰富，自然朴实；还可用铸铁、塑胶、水泥预制隔栅或树箅子进行架空式透气铺装；一些游步道或小路可采用碎料路面、嵌草路面或步石进行铺装（图 4-7-6 ~ 图 4-7-8）。

图 4-7-6　树盘透气铺装

图 4-7-7　路面透气铺装

图 4-7-8　游步道透气铺装

③ 一些大树或古树，根系生长范围大，铺装前留出直径为 15～20cm 的通气孔洞，周围可用带孔的石板进行铺装，扩大透水、透气的范围。

注意事项：铺装前在不伤根的情况下疏松根区表层土壤并施入有机肥；组合式铺装最好采用扇形材料，进行同心圆式铺装；任何空隙不要用水泥或沥青等不透水的材料填充。

（六）化雪盐对树木的危害

冬季降雪后为了交通安全常在道路上撒化雪盐，促进冰雪融化，预防交通事故发生。

1. 化雪盐种类及特点

目前市场上的化雪盐有两种类型：一种是以醋酸钾为主要成分，效果好，腐蚀损害小但价格高，一般用于机场等重要场所的融雪除冰；另外一种是以"氯盐"为主要成分，如 NaCl、$CaCl_2$、$MgCl_2$、KCl 等，价格便宜，对公共设施（路面、桥梁）、车辆、树木等的腐蚀危害严重，用于普通道路的融雪除冰。氯盐溶于水（雪）后，冰点下降，都在 0℃ 以下，如 NaCl 溶于水后冰点在 -10℃，$CaCl_2$ 在 -20℃，醋酸盐类可达 -30℃。盐的溶解使含盐雪水的凝固点降低，很难再形成冰块。

目前市政及路政上应用的化雪盐主要为 NaCl（约占 95%）和 $CaCl_2$（约占 5%），冰雪融化后的盐水无论溅到树木茎、叶还是侵入根区土壤，对树木都会造成伤害。

2. 危害症状

化雪盐会造成树木春天萌动晚，发芽迟，叶片变小，叶缘和叶片有枯斑，呈棕色甚至叶片脱落；夏季可发几次新梢，一年开花两次以上，导致芽的干枯；早秋变色落叶、枯梢甚至整枝、整株死亡。

3. 化雪盐危害的机理

盐渗入土壤，造成土壤溶液浓度升高，根系从土壤溶液中吸收的水分就会减少。0.5% NaCl 溶液对水的牵引力为 4.2Pa，1% 的浓度就可达 20Pa，树木从这样的溶液中吸收水分就必须有更高的渗透压，否则会发生反渗透，使树木失水、萎蔫甚至死亡。NaCl 中的氯离子和钠离子对树木的生长均有不良影响。

4. 防治化雪盐对树木危害的方法

（1）最大限度减少使用，以人工铲雪和机械铲雪为主，化雪盐为辅。

（2）必须使用时严格控制盐的喷撒量，不要超过 $40g/m^2$，控制在 $15～25g/m^2$，也不能超越行车道的范围使用。

（3）带有化雪盐的冰雪尽量不要堆积到绿地中。有条件的地方，将带盐的冰雪运走，远离树木，使树木免受其害。

（4）冬季降雪频繁、降雪量大的地方，需要经常撒化雪盐，园林绿化中可将道路周围的绿地砌高边，以免化雪盐溶液流入。

（5）开发廉价、无害、高效、环保的替代物。

（6）选择耐盐树种或培育耐盐植株。耐盐碱植物根据对过量盐分的适应特点，可分为三类：第一类为聚盐植物，渗透压一般在 40 个大气压以上，能在盐分高的土壤中繁茂生长；第二类为泌盐植物，可通过茎、叶表面的分泌腺，把盐分排出体外，从而提高从盐水里吸收水分的能力；第三类为不透盐性植物，只生长在盐渍化程度较轻的土壤上，根细胞对盐类的透过性非常小，几乎不吸收。

不同树种对盐的敏感程度也不一样，椴树属和七叶树属的树种对盐害非常敏感，苹果、杏、桃、李、柠檬、桑树对盐最敏感，常绿针叶树比落叶树敏感，浅根性树种比深根性树种敏感。比较耐盐的树种有刺槐（耐盐度 0.3%～0.4%）、合欢（耐盐度 0.2%～0.3%）、苦楝（耐盐度 0.3%～0.4%）、臭椿（耐盐度 0.3%～0.6%）、旱柳（耐盐度 0.2%～0.3%）、香椿（耐盐度 0.3%～0.6%）、白蜡（耐盐度 0.2%～0.5%）、紫穗槐（耐盐度 0.4%）、杜梨（耐盐度 0.3%～0.4%）等。

【学习评价】

采用多元化的评价体系，将学生专业知识、技能操作、技能成果和个人的职业素养有效地结合在一起考评（表 4-7-2）。

表 4-7-2　学生考核评价表

考核项目		权重	考核要点	考核评价		
				自我	小组	教师/专家
知识		20%	熟知铺装的各种危害及表现			
技能	操作过程	30%	能准确判断铺装的材料及对园林植物的危害性，提出的技术措施可行			
	技能成果	25%	实施后植物生长良好			
素质		25%	认真踏实，能吃苦耐劳；不旷课，不迟到早退；能与班级、小组同学很好配合；能提前预习和总结，能解决实际问题			

【练习设计】

一、填空题

1. 经过挖方后，树木的_____基本或完全露出地面，最上层的少量_____也会露出地面。

2. 受到化雪盐危害的植物，第二年春天萌动_____、发芽_____、叶片变_____、叶缘和叶片会出现_____。

3. 要预防土壤变紧实，首先做好_____，合理开辟道路；其次做好_____工作，引导行人走向，或用栅栏、围栏或绿篱将绿地保护起来；已经变紧实的土壤要_____，使土壤疏松。

二、判断正误（认为正确的请在括号内打"√"，错误的打"×"）

1. 树干地面处的直径明显大于离地 30cm 左右处的直径，树干竖向轮廓线呈弧状进入地下，说明没有经过填方。若干基不扩张，树干以垂直线进入地下，说明根区进行过填方。
（　　）

2. 在根区埋设管道、电缆和开挖下水道等都对树木没有危害。　　　　　　（　　）

三、单项选择题

1. 化雪盐中（　　）的融雪效果好，腐蚀损害小。
A. NaCl
B. $CaCl_2$
C. $MgCl_2$
D. KCl

2. 下列（　　）措施，不能防治铺装的危害。
A. 对园林绿地进行合理的规划设计，不该铺装的地面绝不铺装
B. 尽可能采用整体铺装
C. 留出一定大小的树池位置
D. 改进铺装技术

四、多项选择题

1. 园林绿地中的土壤变得紧实，主要原因有（　　　　）。
A. 人为的践踏
B. 车辆的碾压
C. 市政工程和建筑施工时地基的夯实
D. 种植草坪

2. 地面铺装对树木的危害有（　　　　）。
A. 铺装有碍水气交换
B. 减少树木的有效营养范围
C. 地面铺装改变了下垫面的性质
D. 干基损伤

五、实训

选择当地需要铺装的绿地，制订出铺装方案。

技能二　智能化养护管理

【技能描述】

了解当地园林绿地智能化养护管理的现状，参与其中的一些巡查及管理工作。

智能化
养护管理

【技能情境】

（1）场地：当地智能化管理控制中心、园林绿地。

（2）工具：调查记录纸、记录笔等。

【技能实施】

（1）走访当地智能化管理控制中心，由工作人员介绍管理平台的构成及运行。

（2）绘制出当地智能化管理控制中心的顶层设计图。

（3）参与巡查及管理工作，如病虫害的种类及数量统计、土壤温湿度统计分析等。

（4）根据统计结果制订出病虫害防治的综合措施。

【技术提示】

（1）设计图要求层次分明、线路清晰。

（2）病虫害的防治措施切实可行。

【知识链接】

（一）智能化养护管理的意义

随着我国城镇化进程的加速和城市建设水平及管理水平的提升，园林绿地的数量和面积在不断增多，在改善城市生态系统、美化城市自然环境、提高居民生活舒适度等方面发挥着积极作用。但要使园林绿地达到良好的景观效果和生态效益，必须通过科学合理的养护管理，让园林植物达到最佳生长状态与观赏效果，因而对当前园林绿化的养护管理水平相应也提出了更高的要求。新型技术的兴起为园林管理的智能化带来可行性，从人工智能到5G技术的应用，从互联网化到万物互联的转变，园林管理已经不再拘泥于人工对园林的管理以及维护，园林管理正逐步成为一个自动化、智能化的平台，推进着园林绿化的精细化管理水平。

通过"物联网+"模式，与"GIS"数据库建立，实现网络化管理、互动式信息采集、物联化事件处理的实操模式，融合多种新兴技术，基于自然与生态平衡规律，秉承可持续性的设计手法，以人为本，重构人、物、园林关系，构建智能化管理系统，从而达到园林养护的多方位协同管理，建立起决策服务一体化的智能管理体系，可以解决当前园林绿化养护管理中存在的以下问题：

1. 养护费用不足

园林绿化项目实施过程中重视设计和施工，轻视后期养护管理的问题普遍存在。目前国内园林绿地养护的成本约为工程总成本的四分之一左右，养护所占资金投入远远少于施工、设计，导致的后果就是项目完工后，短期内植物生长尚可，时间一长死亡及生长不良的情况比较突出。

2. 养护管理一刀切

在城市中，一个完整的园林绿地景观带是由乔木、灌木、藤本、地被等多重植物组成的立体化种植结构，不同的植物在养护过程中对水、肥、药的需求不同，管理方式也不尽相同。目前我国大部分城市的园林养护工作受到人力、物力、财力的限制，在灌溉等养护中无法做到分组管理，只能统一对待。

3. 依赖人工操作，养护人员短缺明显

目前在园林绿地养护工作中，绝大部分的工作仍然是由人工来进行操作，如除草、修剪。劳动力短缺现象也比较明显，园林养护务工人员中老龄化现象越来越严重，一线的养护人员大多都是临时招聘的务工人员，上岗之前进行相关的专业培训较少，掌握知识有限，导致从业人员的专业素养不高，只能完成基本养护工作，无法及时发现养护中存在的问题，尤其在病虫害防治方面，不能采取准确的养护管理方法。

4. 养护信息不完整，园林养护有盲点

随着城市中绿化面积日益增加，绿化密度也不断增大，养护管理的复杂性也越来越高，绿地基础信息的重要性日益凸显。在传统的管理方式下，很多信息多数以纸介质的形式保存，普遍存在着情况不清、资料不全、精度不准的问题，采用人工管理方式，也存在管理手段落后、工作效率低下、信息化利用程度低的问题。按照传统方式养护，监测手段和采集信息种类少，准确性、实时性和完整性差，缺乏大数据分析、专家指挥和模型支持，园林养护的科学性、精准性和适应性差，粗放式园林养护的时效性差、浪费大、效益低，例如缺乏精确的灌溉定额和植物需水量数据。目前在我国，作为精确灌溉基础数据之一的植物灌溉定额和需水量数据只有少数几个大城市在做研究应用，精确的灌溉定额和植物需水量数据十分缺乏。多数情况下，园林植物灌溉时凭个人经验和感觉决定灌溉决策。

5. 提供公众延伸深度服务和互动体验差

公众对环境要求越来越高，对科技感、舒适度要求更加强烈，需要一个有科技感、让用户可以沉浸式体验享受生活的园林环境。目前多数绿地用户互动体验项目少，对大自然及设施的科普缺乏，服务问题反馈不及时，公园内安全隐患较多。通过智能化管理平台，可以实现为游客提供科普知识，扫码识别植物、动物等；应用大数据分析引导公众的观赏；快速采集新媒体舆情信息，分析市民需求，及时发现管理中的薄弱环节，提升园林绿化公共服务效率；增加科技、互动设备，增强游客体验度，如通过智能语音对话系统与游客畅聊天气、景色、植物种类等话题，体验交流的乐趣等。

（二）智能化园林管理平台的设计思路

以5G技术为连接纽带，充分利用地理信息云平台技术（GIS）、遥感技术（RS）、全球定位技术（GPS）、测绘技术、计算机技术、数据库技术、网络技术、机器人技术、无人机技术等现代信息与科学技术，将园林绿地各项指标汇总到智能管理平台，实现城市园林绿地规划设计、建设施工、管理养护、社会化服务等全过程的数字化、网络化、可视化、智能化和自动化。

目前我国各地应用的智能化园林管理平台主要包含以下系统：

1. 工作管理系统

工作管理系统包括园林基本数据统计、日常管理、工作分工、巡查工作、卫生清理、设施台账、行政审批等政务。通过园林监控范围以及动态记录仪，在园林日常养护、卫生清理以及设施维护中达到实时动态监测、实时动态反馈的目的。通过台账数据、苗木采购数据、人员薪资数据等数据的下发、监控、分析，避免内部管理混乱现象的发生，确保园林管理正常运营。

2. 病虫害监控预警系统

病虫害监控预警系统包括病虫害监控、分析预警、应急预案、专业知识库、案例分析、爆发地图等。根据病虫害发生、发展的特点，制订有针对性、可操作性的监测方法及手段，收集、整理监测数据，并对数据进行建模分析，对病虫害发生、发展进行有效、科学的预测报警，为管理单位提高防治效率，减低防治费用（图4-7-9）。

图 4-7-9　虫情测报灯

3. 植物养护管理工作系统

植物养护管理工作系统包括病虫害防治、修剪等。植物是园林绿化工程的重要构成，其养护和管理同样也是园林工程技术中的重点项目，不仅会对最终的设计效果产生影响，还是园林绿化工程能够可持续发展的保障。智能化管理平台在病虫害防治、药剂管理中，能实现严格控制，并可以定时委派无人机实现定点定量的除虫消杀；还可以结合机器人进行全自动化修剪，员工只需要做好观测和监测即可（图4-7-10）。通过智能化养护管理，可做到巡查、监测、处置零间隙处理。巡查员或监测员通过实时反馈系统将发生问题回传；处置员可根据回传数据，规划工作目标以及管理方案；员工可通过电子台账系统及回传数据了解工作完成情况。

图 4-7-10　常用观测和监测仪器

4. 智能灌溉调度系统

智能灌溉调度系统包括绿地管理、灌溉区域管理、气象分析、灌溉计划管理、调度管理等。针对地球缺水的现状，将先进灌溉技术引入城市园林管理中，根据不同管理对象，设计由点到面的灌溉图纸，在监测数据的基础上，进行有针对性的节水灌溉，做到不浪费一滴水，不少浇一株植物。

5. 古树名木管理系统

古树名木管理系统包括古树台账、分布区域、养护管理、巡查管理、复壮管理、认养管理等。建立全面的古树管理档案，通过技术手段全面还原古树全貌；记录古树生长曲线；监督正常的养护、修剪、复壮工作；利用科技数据建模，对古树生长进行监测及预报等。园林养护管理中，尤其是古树养护管理当中往往缺乏专业性、长期性的养护管理方案。通过建立台账以及其他数据的收集管理，可解决此类问题，可对古树养护进行长期的监督，并对养护效果进行精细化规划管理。

6. 抢险救灾管理系统

抢险救灾管理系统包括抢险工作管理、救灾物资管理、补植管理、应急预案管理等。在面对极端气候等突发性情况时，抢险工作、补植记录、抢险热区和应急物资等方面智能化设备将提供最快最有效的解决方案，减少经济损失，避免人员伤亡。

7. 绿地公园管理系统

绿地公园管理系统包括绿地公园基本信息、设施管理、巡查管理、流量监控、活动管理等。利用现代化管理技术对公园管理水平进行评估，针对管理薄弱环节，提出有效的整改措施，加强公园管理系统化联系，将管理数据有效整合，为公园管理提供科学决策。绿地公园管理当中往往存在两大类问题，一种为精细化规划栽植出现的单一品种树种养护管理问题，另一种为生态化管理导致的重点虫害（如蛀干害虫）防治问题。通过对园区养护水平的评估，对管理中的薄弱环节进行加强管理。从而可将园区养护水平进行综合提升。

8. 园林管网管理系统

园林中的灌溉条件必不可少，园林管网也将成为园林重点维护的对象，但是园林管网出现故障后的人工逐步排查耗时耗力，通过遍布管网系统的传感器和监测报警器，一旦出现故障，能够达到精准的第一时间排查，及时止损。

（三）智能化园林管理平台的应用优势及前景

智能化园林管理平台依托大数据技术在市政园林、地产园林、生态修复等方面起到改变产业格局的作用。智能化园林管理平台在园林建设伊始提供多套园林风格建设方案、绿植搭配方案等多种园林建设集成解决方案，在植物养护、人工监察、定时修剪灌溉、人性化服务等多方面都可以提供卓越的三维展示，能够更加直观地展现城市绿化和景观特点。将大数据和互联网等信息技术应用在园林管理中，构建城市园林信息管理平台，能够有效地提高园林管理效率，提升城市园林整体形象。通过应用最新一代人工智能技术，实现园林养护过程中的动态监测，建立园林大数据，针对管理区域内所有资产、设施、河道、苗木、管网、车辆、人员等进行统一展现及管理，为行政决策及养护管理提供科学依据。

随着园林绿化标准的提高，中央和地方各级政府都在相继出台鼓励园林绿化发展的政策，智能化园林管理平台的未来市场需求不可限量。随着社会经济发展，园林园艺工程产业将逐渐成为新兴的互联网新贵，正因为有了智能化园林管理平台的设计和建立，将为园林行业提供不同的价值，并为这个行业带来新的赋能。同时智能化园林管理平台，不仅可以实现园林养护的科学化管理，还可通过平台"物联网＋"模式促进园林行业进行更好的规划发展，对园林行业的技术革新、标准制定、规范管理均具有极大的促进作用。

【学习评价】

采用多元化的评价体系，将学生专业知识、技能操作、技能成果和个人的职业素养有效地结合在一起考评（表4-7-3）。

表 4-7-3　学生考核评价表

考核项目		权重	考核要点	考核评价		
				自我	小组	教师/专家
知识		20%	熟知智能化管理平台的各项系统构成			
技能	操作过程	30%	能准确画出智能化平台的顶层设计图			
	技能成果	25%	设计图符合实际、层次分明、线路清晰			
素质		25%	认真踏实，能吃苦耐劳；不旷课，不迟到早退；能与班级、小组同学很好配合；能提前预习和总结，能解决实际问题			

【练习设计】

一、填空题

智能化园林管理平台是以_____技术为连接纽带，充分利用_____技术（GIS）、_____技术（RS）、_____技术（GPS）、测绘技术、计算机技术、数据库技术、网络技术、机器人技术、无人机技术等现代信息与科技技术，将园林绿地各项指标汇总到智能管理平台，实现城市园林绿地规划设计、建设施工、管理养护、社会化服务等全过程的_____化、_____化、_____化、_____化和_____化。

二、判断正误（认为正确的请在括号内打"√"，错误的打"×"）

1. 将大数据和互联网等信息技术应用到园林管理中，构建城市园林信息管理平台，能够有效地提高园林管理效率，提升城市园林整体形象。　　　　　　　　　（　　）

2. 随着园林绿化标准的提高，中央和地方各级政府都在相继出台鼓励园林绿化发展的政策，智能化园林管理平台的未来市场需求将不可限量。　　　　　　　　（　　）

三、多项选择题

1. 当前园林绿地的养护中存在（　　）等不足。

A. 养护费用不足

B. 养护管理一刀切

C. 依赖人工操作，养护人员短缺明显

D. 养护信息不完整，园林养护有盲点

E. 提供公众延伸深度服务和互动体验差

2. 智能化园林管理平台主要包含（　　）系统。

A. 工作管理系统　　　　　　　　　B. 病虫害监控预警系统

C. 植物养护管理工作系统　　　　　D. 智能灌溉调度系统

E. 古树名木管理系统　　　　　　　F. 抢险救灾管理系统

G. 绿地公园管理系统　　　　　　　H. 园林管网管理系统

任务七总结

任务七主要介绍了园林植物的其他日常养护管理技术，主要包括其他危害的防治及智能化养护管理。通过任务七的学习，了解园林植物容易受到的其他危害的类型，熟悉对园林植物造成的伤害，掌握主要的防治措施；了解园林绿地智能化养护管理的意义，掌握各种新技术的应用以及设计的路径。

任务七　思政拓展

随着美丽中国、创建生态园林城市、美丽乡村建设等目标的提出与推动，全国各地的园林绿化建设有了突飞猛进的发展，城镇与乡村的面貌和生态环境也得到了极大的改善。党的十九大以来，我国更加重视节能型社会的发展建设，对城镇园林绿化的设计、施工、养护管理提出了更高的要求。园林绿化需要与节约各类资源更加紧密地结合起来，园林的智能化养护管理将发挥越来越重要的作用，在提供各种基础性数据信息的基础上，改变落后养护管理观念和手段，从节约用水、节约能源、节约人工、节约农药等环节入手，不仅有效节约养护管理的成本，同时更加有效地保护生态环境。

项目四总结

项目四详细阐述了园林植物养护管理技术与其相关的理论知识，主要包括园林植物栽植前整地、土壤改良以及中耕除草等技术，植物灌溉与排水，施肥，修剪工具、整形修剪基本方法、常见园林植物的整形修剪及常见园林植物的造型修剪，低温、高温、风害、雪害的灾害类型及防治措施；古树名木的日常养护管理和古树名木的复壮技术以及现代化智能养护管理技术。通过学习，学生能够获得常见园林植物养护管理技能。

附　录

附录一　园林育苗工职业技能岗位标准

育苗工是从事园林植物繁殖并进行抚育管理的工种，适用于园林植物繁殖、抚育管理。

（1）专业名称：园林绿化。

（2）岗位名称：育苗工。

（3）岗位定义：从事园林植物的繁殖并进行抚育管理。

（4）适用范围：园林植物的繁殖、抚育管理。

（5）技能等级：初、中、高。

（6）学徒期：两年，其中培训期一年，见习期一年。

一、初级育苗工

1. 知识要求（应知）

（1）了解育苗在园林绿化中的重要意义和工作内容。

（2）了解育苗的主要生产工序及操作规程和规范。

（3）熟悉常见的苗木树种，并区分其形态特征。

（4）掌握常见树种的基本育苗方法。

（5）了解苗圃常见病虫害的防治方法和常用农药、肥料的安全使用与保管知识。

（6）按苗木株行距估算育苗面积和苗木产量。

2. 操作要求（应会）

（1）识别常见苗木60种以上（包括20种冬态苗木）。

（2）掌握常见苗木的移植、假植、出圃技术及整地、开沟做畦、中耕除草等苗木抚育技术。

（3）在中、高级技工的指导下完成繁殖、修剪、病虫防治和水、肥管理等工作。

（4）正确使用和保养苗圃常用工具。

二、中级育苗工

1. 知识要求（应知）

（1）掌握育苗操作规程，掌握苗木的繁殖方法、苗木质量标准等理论知识。

（2）掌握常见苗木的习性，了解常见苗木的物候期，熟悉季节变化与苗木生长的关系。

（3）掌握一般苗木病虫害的发生规律及防治方法，了解新药剂的应用。

（4）掌握一般土壤种类的应用和改良方法；掌握肥料的利用和科学施用，了解微量元素肥料对苗木生长的作用。

（5）掌握苗圃常用机具的性能及操作规程，了解一般原理及排除故障方法，熟悉各种育苗设备的应用知识。

2. 操作要求（应会）

（1）识别苗木种子40种以上。

（2）熟练掌握各种常见苗木的繁殖技术。

（3）根据苗木的不同生长习性，进行合理的修剪、定型。掌握大规格苗木的移植、出圃技术，并做好移植后的养护管理工作。

（4）对苗圃常见病虫害采取有效的防治措施。

（5）掌握苗木抚育的管理技术，包括苗木的质量、规格、产量等。

（6）正确使用苗圃常用机具及设备，并能判断和排除其一般故障。

三、高级育苗工

1. 知识要求（应知）

（1）熟悉苗木的生理、生态习性及其在育苗工作中的应用。

（2）熟悉苗圃的全年工作计划及育苗全过程的操作方法。

（3）熟悉生长激素和除草剂的配置、保管、使用。

（4）了解无土育苗的方法和引种驯化、苗木遗传育种的一般知识，了解国内外育苗新技术。

（5）掌握中、小型苗圃的建圃知识。

（6）熟悉苗木在园林绿化中的配置知识。

2. 操作要求（应会）

（1）识别播种繁殖小苗20种以上。

（2）掌握名贵苗木的繁殖、抚育及修剪造型，熟练掌握非移植季节苗木移植的方法。

（3）掌握建圃工料估算和苗圃土地区划的方法，并能进行小型苗圃的建圃施工。

（4）在专业技术人员的指导下，进行树木的引种驯化、遗传育种、新技术育苗等试验工作，并收集、整理和总结育苗的技术资料。

（5）为初、中级技工进行示范操作，向他们传授技能，解决他们操作中的疑难问题。

附录二　园林花卉工职业技能岗位标准

花卉工是从事花卉的繁殖、栽培、管理和应用的工种，适用于花卉栽培、管理和应用。

（1）专业名称：园林绿化。

（2）岗位名称：花卉工。

（3）岗位定义：从事花卉的繁殖、栽培、管理和应用。

（4）适用范围：花卉栽培、管理和应用。

（5）技能等级：初、中、高。

（6）学徒期：两年，其中培训期一年，见习期一年。

一、初级花卉工

1. 知识要求（应知）

（1）了解花卉在园林绿化中的作用和意义。

（2）了解本岗位技术操作规程和规范。

（3）了解常见花卉的形态特征，并掌握繁殖和栽培管理操作程序及方法。

（4）了解当地土地的性状和基质土配制的要求。

（5）了解常见花卉病虫害种类、防治方法和常用农药及肥料的安全使用与保管。

2. 操作要求（应会）

（1）正确识别常见花卉（50种以上）及花卉病虫害。

（2）从事常见花卉的繁殖和栽培技术工作。

（3）在中、高级技工的指导下，进行常用农药的配制和使用。

（4）正确操作和保养常用的花卉栽培设备和设施。

二、中级花卉工

1. 知识要求（应知）

（1）掌握常见花卉的生态习性及环境因子对花卉生长的影响和作用。

（2）掌握土壤分类及其特性、常用肥料的性能和施用方法，并了解常用微量元素对花卉生长的作用。

（3）掌握常见花卉病虫害的发生时间、部位和防治方法。

（4）了解常见花卉栽培设备和设施。

（5）掌握一般花坛配置和花卉室内布置、展出及切花的应用等知识。

（6）了解常见花卉选育的一般知识。

2. 操作要求（应会）

（1）正确识别常见花卉80种以上。

（2）掌握常见花卉的各种繁殖技术，并能培育有一定技术难度的花卉品种。

（3）掌握各种花卉培养土的配制，并能根据花卉的生长发育阶段进行合理施肥和病虫害防治。

（4）掌握花坛配置、插花制作以及室内花卉布置。

三、高级花卉工

1. 知识要求（应知）

（1）掌握不同类别花卉的生物学特性和所需的生态条件。

（2）了解防止品种退化、改良花卉品种及人工育种的理论和方法。

（3）掌握无土栽培在花卉生产中的应用。

（4）掌握常见花卉病虫害的发生规律及有效防治措施。

（5）了解国家检疫的一般常识，掌握花卉产品及用具消毒的主要操作方法。

（6）了解国内外先进技术在花卉培育上的应用。

（7）掌握建立中、小型花圃的一般知识。

2. 操作要求（应会）

（1）正确选择花卉品种，采取有效方法控制花期，达到预期开花的效果。

（2）掌握几种名贵花卉的培育，具有一门以上花卉技术特长并能总结成文。

（3）应用国内外花卉栽培的先进技术。

（4）对初、中级技工进行示范操作、传授技能，解决本岗位技术上的关键性及疑难性问题。

附录三　园林绿化工职业技能岗位标准

绿化工是从事园林植物的栽培、移植、养护和管理的工种，适用于园林绿地建设和养护。

（1）专业名称：园林绿化。

（2）岗位名称：绿化工。

（3）岗位定义：从事园林植物的栽培、移植、养护和管理。

（4）适用范围：园林绿地建设和绿地养护。

（5）技能等级：初、中、高。

（6）学徒期：两年，其中培训期一年，见习期一年。

一、初级绿化工

1. 知识要求（应知）

（1）了解从事园林绿化工作的意义和工作内容。

（2）了解园林绿地施工及养护管理的操作规程和规范。

（3）认识常见的园林植物，会区分其形态特征，并了解环境因子对园林植物的影响。

（4）了解常见的园林植物病虫害和相应的防治方法，以及安全使用和保管药剂的知识。

（5）了解当地园林土壤的基本性状和常用肥料的使用和保管方法。

2. 操作要求（应会）

（1）识别常见的园林植物（至少50种）和园林植物病虫害（至少10种）。

（2）按操作规程初步掌握园林植物的移栽、运输等主要环节。

（3）在中、高级技工的指导下完成修剪、病虫防治和肥水管理等工作。

（4）正确操作和保养常用的园林工具。

二、中级绿化工

1. 知识要求（应知）

（1）掌握绿地施工及养护管理规程；了解规划设计和植物群落配置的一般知识，能看懂绿化施工图；掌握估算土方和识别植物材料的方法。

（2）掌握园林植物的生长习性、生长规律及其养护管理要求；掌握大树移植的操作规程和质量标准。

（3）掌握常见的园林植物病虫害的发生规律及常用药剂的使用，了解新药剂（包括生物药剂）的应用。

（4）掌握当地土壤的改良方法、肥料的性能及使用方法。

（5）掌握常用园林机具的性能及操作规程，了解一般原理及排除故障的办法。

2. 操作要求（应会）

（1）识别园林植物80种以上。

（2）按图纸放样，估算工料，并按规定的质量标准进行各类园林植物的栽植。

（3）按技术操作规程正确、安全地完成大树移植，并采取必要的养护管理措施。

（4）根据不同类型植物的生长习性和生长情况提出肥水管理的方案，进行合理的整形修剪。

（5）正确选择和使用农药，控制常见病虫害。

（6）正确使用常用的园林机具及设备，并判断和排除一般故障。

三、高级绿化工

1. 知识要求（应知）

（1）了解生态学和植物生理学的知识及其在园林绿化中的应用。

（2）掌握绿地的布局和施工理论，熟悉有关的技术规程和规范；掌握绿化种植、地形地貌改造知识。

（3）掌握各类绿地的养护管理技术，熟悉有关的技术规程和规范。

（4）了解国内外先进的绿化技术。

2. 操作要求（应会）

（1）组织完成各类复杂地形的绿地和植物配置的施工。

（2）熟练掌握常用观赏植物的整形、修剪和艺术造型。

（3）具有一门以上的绿化技术特长，并能进行总结。

（4）为初、中级技工进行示范操作，向他们传授技能，解决他们操作中的疑难问题。

参 考 文 献

[1] 赵和文. 园林树木选择·栽植·养护 [M]. 3 版. 北京：化学工业出版社，2020.

[2] 赵丹阳. 樟树有害生物鉴定与防治图鉴 [M]. 广州：广东科技出版社，2020.

[3] 吴成亮，张洋，路森. 城乡人居生态环境 [M]. 北京：中国建筑工业出版社，2020.

[4] 佘远国. 园林植物栽培与养护管理 [M]. 2 版. 北京：机械工业出版社，2019.

[5] 杨杰峰，蔡绍平，何利华. 园林植物栽培与养护 [M]. 武汉：华中科技大学出版社，2019.

[6] 肖国栋，刘婷，王翠. 园林建筑与景观设计 [M]. 长春：吉林美术出版社，2019.

[7] 唐岱，熊运海. 园林植物造景 [M]. 北京：中国农业大学出版社，2019.

[8] 杜迎刚. 园林植物栽培与养护 [M]. 北京：北京工业大学出版社，2019.

[9] 曾明颖. 园林植物与造景 [M]. 重庆：重庆大学出版社，2018.

[10] 孙会兵，邱新民. 园林植物栽培与养护 [M]. 北京：化学工业出版社，2018.

[11] 李庆卫. 园林树木整形修剪学 [M]. 2 版. 北京：中国林业出版社，2018.

[12] 黄凯. 园林绿化工操作技能 [M]. 2 版. 北京：化学工业出版社，2018.

[13] 朱志发，杨朝霞，张曼. 彩叶植物栽培技术及园林应用 [M]. 北京：中国农业大学出版社，2017.

[14] 李永红. 园林植物栽培技术 [M]. 北京：中国轻工业出版社，2017.

[15] 宁平. 园林工程施工现场管理从入门到精通 [M]. 北京：化学工业出版社，2017.

[16] 陈艳丽. 城市园林绿化工程施工技术 [M]. 北京：中国电力出版社，2017.

[17] 罗锡，秦琴. 园林植物栽培与养护 [M]. 3 版. 重庆：重庆大学出版社，2016.

[18] 钟少伟，刘兴锋，杨逸廷. 园林绿化植物高效栽培与应用技术 [M]. 长沙：湖南科学技术出版社，2015.

[19] 潘利. 园林植物栽培与养护 [M]. 北京：机械工业出版社，2015.

[20] 芦建国. 园林植物栽培学 [M]. 南京：南京大学出版社，2000.

[21] 王玉凤. 园林树木栽培与养护 [M]. 2 版. 北京：机械工业出版社，2019.

[22] 叶要妹，包满珠. 园林树木栽植养护学 [M]. 5 版. 北京：中国林业出版社，2019.

[23] 祝遵凌，王瑞辉. 园林植物栽培养护 [M]. 北京：中国林业出版社，2005.

[24] 王国东，周兴元. 园林植物栽培 [M]. 3 版. 北京：高等教育出版社，2020.

[25] 陈国元. 园艺设施 [M]. 北京：中国农业大学出版社，2018.

[26] 杨其长，魏灵玲，刘文科，等. 植物工厂系统与实践 [M]. 北京：化学工业出版社，2022.

[27] 郎咸白，江胜德. 容器苗木栽培 [M]. 北京：中国林业出版社，2018.

[28] 郭世荣. 无土栽培学 [M]. 3 版. 北京：中国农业出版社，2018.

[29] 吕晓琴，张彦林. 园林植物栽培与养护技术 [M]. 西安：西北农林科技大学出版社，2014.

[30] 虞佩珍. 花期调控原理与技术 [M]. 沈阳：辽宁科学技术出版社，2003.

[31] 高新一，王玉英. 林木嫁接技术图解 [M]. 2 版. 北京：金盾出版社，2018.

[32] 秦新惠. 无土栽培技术 [M]. 重庆：重庆大学出版社，2015.

[33] 王振龙. 无土栽培教程 [M]. 2 版. 北京：中国农业大学出版社，2014.

[34] 刘秀杰. 园林植物栽培养护 [M]. 兰州：甘肃文化出版社，2016.

[35] 陈志萍，夏重立. 园林植物栽培与养护 [M]. 北京：中国农业出版社，2016.

[36] 黄云玲，张君超．园林植物栽培养护 [M]．北京：中国林业出版社，2014.

[37] 中华人民共和国住房和城乡建设部．园林绿化工程施工及验收规范：CJJ 82—2012. [S]．北京：中国建筑工业出版社，2013.

[38] 全国林木种子标准化技术委员会．主要造林树种苗木质量分级：GB 6000—1999 [S]．北京：中国标准出版社，2004.

[39] 全国林木种子标准化技术委员会．苗圃建设规范：LY/T 1185—2013 [S]．北京：中国标准出版社，2013.

[40] 中华人民共和国住房与城乡建设部．园林绿化工程项目规范：GB 55014—2021 [S]．北京：中国建筑工业出版社，2021.

[41] 刘雷，何梓群，陈斯佳，等．园林养护智能管理系统设计与开发 [J]．农业科学，2018（8）：854 – 860.

[42] 于文华，周永南，姚玉敏，等．智慧园林——5G 高速信息时代下园林的智能改造 [J]．美与时代：城市，2019（11）：45 – 46.

[43] 张晓军．城市园林绿化数字化管理体系的构建与实现 [J]．中国园林，2013（12）：79 – 84.

[44] 金生英．有机覆盖物在节约型园林中的功能作用 [J]．绿色科技，2019（19）：62 – 65.

[45] 孙向阳，周伟，杨庆丽．关于我国北方城市园林绿地有机覆盖的思考和探索 [J]．国土绿化，2020（10）：46 – 49.

[46] 周翔．有机覆盖物在园林绿地中的应用研究 [D]．上海：上海交通大学，2011.

[47] 谷荣，戴其．基于园林大数据发展方向下的智慧园林规划与建设 [J]．现代国企研究，2017（2）：160.

[48] 胡永红，叶子易，秦俊．模块式绿化在竖向空间的设计与应用——以上海世博会主题馆植物墙为例 [J]．中国园林，2012，28（7）：111 – 114.

[49] 郑亚华，戚智勇．基于可持续理念的历史街区立体绿化应用研究 [J]．华中建筑，2017（8）：74 – 77.

[50] 谭一凡．国内外屋顶绿化公共政策研究 [J]．中国园林，2015（11）：5 – 8.

[51] 黄东光，刘春常，魏国锋，等．墙面绿化技术及其发展趋势——上海世博会的启发 [J]．中国园林，2011（2）：63 – 67.

[52] 邢强，秦俊，胡永红．可持续草坪绿化技术 [M]．北京：中国建筑工业出版社，2019.

[53] 邢强．绿色剧场草坪改造关键技术研究 [J]．江苏农业科学，2016，44（1）：208 – 212.

[54] 中华人民共和国住房和城乡建设部．城市古树名木养护和复壮工程技术规范：GB/T 51168—2016 [S]．北京：中国建筑工业出版社，2017.